图书在版编目（CIP）数据

混凝土工 / 高原主编. -- 北京 : 中国计划出版社,
2017.1
图文精解建筑工程施工职业技能系列
ISBN 978-7-5182-0528-8

Ⅰ. ①混… Ⅱ. ①高… Ⅲ. ①混凝土施工—职业培训
—教材 Ⅳ. ①TU755

中国版本图书馆CIP数据核字(2016)第267867号

图文精解建筑工程施工职业技能系列
混凝土工
高 原 主编

中国计划出版社出版发行
网址：www.jhpress.com
地址：北京市西城区木樨地北里甲11号国宏大厦C座3层
邮政编码：100038 电话：（010）63906433（发行部）
北京天宇星印刷厂印刷

787mm×1092mm 1/16 12.25印张 294千字
2017年1月第1版 2017年1月第1次印刷
印数 1—3000册

ISBN 978-7-5182-0528-8
定价：35.00元

图文精解建筑工程施工职业技能系列

混凝土工

高　原　主编

中国计划出版社

《混凝土工》编委会

主　编：高　原

参　编：徐　鑫　任明法　张俊新　刘凯旋

蒋传龙　王　帅　张　进　褚丽丽

许　洁　徐书婧　王春乐　李　杨

郭洪亮　陈金涛　刘家兴　唐　颖

前言

混凝土工是土建专业工种中的一个，专指将混凝土浇筑成构件、建筑物、构筑物的人员，主要从事材料的投放及混凝土的搅拌和运输，混凝土的浇筑和振捣，混凝土的养护及缺陷修补，以及混凝土的安全生产等工作。在目前的土建工程中，混凝土是施工建设的重要组成部分，混凝土施工技术对整个工程的质量来说也是至关重要的，所以在施工中对混凝土质量进行严格的监控必不可少，这一措施是保证土建工程顺利圆满完成的基础。混凝土作为多组成成分构成的一种材料，不仅需要注意包括水泥、砂石、水等在内的配用料，也要考虑到运输技术、施工环境等有着重要关系的因素，严格按照相关标准规程进行施工。因此，我们组织编写了这本书，旨在提高混凝土工专业技术水平，确保工程质量和安全生产。

本书根据国家新颁布的《建筑工程施工职业技能标准》JGJ/T 314—2016以及《混凝土结构工程施工质量验收规范》GB 50204—2015、《房屋建筑制图统一标准》GB/T 50001—2010、《建筑结构制图标准》GB/T 50105—2010、《普通混凝土配合比设计规程》JGJ 55—2011 等标准编写，主要介绍了混凝土基本知识、房屋构造基本知识、基槽（坑）的开挖、混凝土材料与施工机具、混凝土工安全生产相关知识、混凝土配合比设计、混凝土坍落度测定及试块制作、普通混凝土施工、混凝土工程施工等内容。本书采用图解的方式讲解了混凝土工应掌握的操作技能，内容丰富，图文并茂，针对性、系统性强，并具有实际的可操作性，实用性强，便于读者理解和应用。既可供混凝土工、建筑施工现场人员参考使用，也可作为建筑工程职业技能岗位培训相关教材使用。

由于作者的学识和经验所限，虽然经编者尽心尽力，但书中仍难免存在疏漏或未尽之处，敬请有关专家和读者予以批评指正（E－mail：zt1966@126.com）。

编　者

2016 年 10 月

目　　录

1　混凝土的基本知识

1.1　混凝土工职业技能等级要求

1.1.1　五级混凝土工

1. 理论知识

（1）熟悉砂石的种类、质量要求和保管方法。

（2）熟悉常用工具、量具名称，了解其功能和用途。

（3）熟悉安全生产基本常识及常见安全生产防护设施的功用。

（4）了解建筑识图中常见的名称、图例和代号。

（5）了解房屋的建筑组成，以及相关部位所起的作用和要求。

（6）了解混凝土拌合物工作性能的基本要求以及混凝土拌合物坍落度的测试方法。

（7）了解一般钢筋混凝土基础、墙、柱、梁、板的混凝土浇筑和操作要点。

（8）了解混凝土配合比及性能和养护的基本知识。

（9）了解钢筋保护层的作用，以及钢筋保护层厚度的规定。

2. 操作技能

（1）会操作使用插入式和平板式振动器，并能做简单的维护保养。

（2）会在师傅的指导下浇捣一般的钢筋混凝土基础、梁、柱、板和楼梯等建筑结构部位。

（3）会按柱、梁和板等结构混凝土中钢筋保护层的要求正确放置各类保护层垫块。

（4）会进行混凝土拌合物坍落度的测试。

（5）会按要求修复钢筋骨架在混凝土浇捣成型过程中变形和损坏，并对混凝土表面的麻面、蜂窝进行修补。

（6）会使用劳动防护用品进行必要的劳动防护。

1.1.2　四级混凝土工

1. 理论知识

（1）掌握混凝土搅拌、浇筑和振捣成型的操作步骤和方法。

（2）掌握普通水泥的水化凝结过程和混凝土养护的方法和要求。

（3）熟悉常用水泥的种类、强度等级和保管方法，以及砂石的性能和使用范围。

（4）熟悉混凝土拌合物工作性能的基本要求，以及坍落度的测试方法。

（5）熟悉混凝土施工的安全生产操作规程。

（6）了解较复杂的基础、墙、柱、梁、板的混凝土浇筑和操作要点。

（7）了解建筑识图的基本方法。

（8）了解单层工业厂房的组成，以及相关部位所起的作用和要求。

（9）了解普通混凝土配合比和商品混凝土的基本知识。

（10）了解主筋、架立筋、箍筋和分布筋等钢筋在混凝土结构中的作用。

2. 操作技能

（1）熟练操作使用各类振动器等施工机械，并能做简单的维护保养。

（2）能够浇捣一般的钢筋混凝土基础、梁、柱、板和楼梯等建筑结构部位。

（3）会按规范要求制作各种混凝土试件。

（4）会按规定要求对混凝土进行养护。

（5）会判断混凝土的工作性能。

（6）会根据砂石含水率进行混凝土施工配合比的计算。

1.1.3 三级混凝土工

1. 理论知识

（1）掌握混凝土浇捣过程中临时施工缝留置原理。

（2）熟悉不同结构拆模时对混凝土强度的要求，并掌握其拆模期限。

（3）熟悉较复杂的基础、墙、柱、梁和板的混凝土浇筑和操作要点。

（4）熟悉建筑施工图的有关知识。

（5）熟悉普通水泥、掺合料和外加剂的技术特性、使用方法和适用范围。

（6）熟悉预防和处理质量和安全事故方法及措施。

（7）了解轻质混凝土和加气混凝土的材料组成、技术性能和施工工艺过程。

（8）了解结构房屋的受力特点。

（9）了解屋架、吊车梁等预制构件的浇筑和操作方法。

（10）了解钢筋混凝土结构梁、柱、墙的受力特点及钢筋配置要求。

（11）了解一般钢筋混凝土基础、墙、柱、梁、板的浇筑对模板的要求。

2. 操作技能

（1）熟练掌握混凝土布料机进行混凝土施工。

（2）会浇捣钢筋混凝土基础、梁、柱、板和楼梯等建筑结构部位。

（3）会按质量要求进行自检和互检。

（4）会对常用的混凝土施工机械进行维修保养，并能排除其一般的电气、线路和机械故障。

（5）会根据砂石料的情况进行混凝土施工配合比的调整，会进行普通混凝土配合比的设计。

（6）会进行吊车梁、屋架、方桩等预制构件的制作。

（7）会进行轻质混凝土和加气混凝土的施工。

（8）会按图进行混凝土的工料计算。

1.1.4 二级混凝土工

1. 理论知识

（1）熟悉结构施工图的有关知识。

（2）熟悉特种水泥和外加剂的技术特性、使用方法和适用范围。

(3) 熟悉预防和处理质量和安全事故方法及措施。
(4) 熟悉混凝土工程施工组织设计编制的原理。
(5) 熟悉清水混凝土的施工工艺和缺陷的修补方法。
(6) 了解先张法和后张法预应力构件施工的技术知识。
(7) 了解特种功能混凝土材料组成、技术性能和施工工艺过程。
(8) 了解应用计算机辅助软件进行建筑图纸绘制的相关知识。

2. 操作技能

(1) 熟练掌握复杂基础、墙、柱、梁、板的混凝土浇筑和操作要点。
(2) 熟练掌握耐酸、耐碱和耐热等特种功能混凝土的配制。
(3) 会进行耐酸、耐碱和耐热等特种功能混凝土的施工。
(4) 会进行预应力吊车梁、屋架等预制构件的施工。
(5) 会编制本职业施工组织设计，并组织施工。
(6) 会按施工质量要求对工程质量进行验收和评定。
(7) 会根据施工现场情况提出安全生产建议，并会处理一般的安全事故。
(8) 会应用计算机辅助软件进行一般建筑施工图的绘制。

1.1.5 一级混凝土工

1. 理论知识

(1) 掌握应用计算机辅助软件进行建筑图纸绘制的相关的知识。
(2) 掌握有关安全法规及突发安全事故的处理程序。
(3) 熟悉特种材料混凝土的组成、分类和性能。
(4) 熟悉特种材料混凝土配合比设计的有关知识和配合比设计方法。
(5) 熟悉大模板、滑模、升板的应用原理和混凝土施工工艺流程。
(6) 熟悉筒仓、烟囱和水塔等构筑物的混凝土施工工艺流程。
(7) 熟悉设备施工图的有关知识，以及建筑、结构和设备施工图之间的相互关系。
(8) 熟悉不同季节施工的特点和措施。

2. 操作技能

(1) 熟练运用计算机辅助软件进行建筑图纸的绘制。
(2) 熟练掌握特种材料混凝土的配置。
(3) 会组织进行特种材料混凝土的施工。
(4) 会组织进行大模板、滑模和升板的施工。
(5) 会组织进行筒仓、烟囱和水塔等高耸构筑物的施工。
(6) 会提出解决本职业疑难问题的施工方案，并组织实施。
(7) 会编制突发安全事故处理的预案，并熟练进行现场处置。

1.2 建筑识图基础

1.2.1 基本规定

（1）图线宽度 b 应按现行国际标准《房屋建筑制图统一标准》GB/T 50001—2010 中的有关规定选用。

（2）每个图样应根据复杂程度与比例大小，先选用适当基本线宽度 b，再选用相应的线宽。根据表达内容的层次，基本线宽 b 和线宽比可适当地增加或减少。

（3）建筑结构专业制图应选用表 1－1 所示的图线。

表 1－1 图线

名称		线型	线宽	一般用途
实线	粗		b	螺栓、钢筋线、结构平面图中的单线结构构件线，钢木支撑及系杆线，图名下横线、剖切线
	中粗		$0.7b$	结构平面图及详图中剖到或可见的墙身轮廓线，基础轮廓线，钢、木结构轮廓线，钢筋线
	中		$0.5b$	结构平面图及详图中剖到或可见的墙身轮廓线、基础轮廓线、可见的钢筋混凝土构件轮廓线、钢筋线
	细		$0.25b$	标注引出线、标高符号线、索引符号线、尺寸线
虚线	粗		b	不可见的钢筋线、螺栓线、结构平面图中不可见的单线结构构件线及钢、木支撑线
	中粗		$0.7b$	结构平面图中的不可见构件、墙身轮廓线及不可见钢、木结构构件线、不可见的钢筋线
	中		$0.5b$	结构平面图中的不可见构件、墙身轮廓线及不可见钢、木结构构件线、不可见的钢筋线
	细		$0.25b$	基础平面图中的管沟轮廓线、不可见的钢筋混凝土构件轮廓线
单点长画线	粗		b	柱间支撑、垂直支撑、设备基础轴线图中的中心线
	细		$0.25b$	定位轴线、对称线、中心线、重心线

续表 1－1

名称		线型	线宽	一般用途
双点长画线	粗		b	预应力钢筋线
	细		0.25b	原有结构轮廓线
折断线			0.25b	断开界线
波浪线			0.25b	断开界线

（4）在同一张图纸中，相同比例的各图样，应选用相同的线宽组。

（5）绘图时根据图样的用途、被绘物体的复杂程度，应选用表 1－2 中的常用比例，特殊情况下也可选用可用比例。

表 1－2　比例

图　　名	常用比例	可用比例
结构平面图 基础平面图	1∶50，1∶100，1∶150	1∶60，1∶200
圈梁平面图、总图中管沟、地下设施等	1∶200，1∶500	1∶300
详图	1∶10，1∶20，1∶50	1∶5，1∶30，1∶25

（6）当构件的纵、横向断面尺寸相差悬殊时，可在同一详图中的纵、横向选用不同的比例绘制。轴线尺寸与构件尺寸也可选用不同的比例绘制。

（7）常用构件代号见表 1－3。

表 1－3　常用构件代号

序号	名称	代号	序号	名称	代号	序号	名称	代号
1	板	B	14	屋面梁	WL	27	檩条	LT
2	屋面板	WB	15	吊车梁	DL	28	屋架	WJ
3	空心板	KB	16	单轨吊车梁	DDL	29	托架	TJ
4	槽形板	CB	17	轨道连接	DGL	30	天窗架	CJ
5	折板	ZB	18	车挡	CD	31	框架	KJ
6	密肋板	MB	19	圈梁	QL	32	刚架	GJ
7	楼梯板	TB	20	过梁	GL	33	支架	ZJ
8	盖板或沟盖板	GB	21	连系梁	LL	34	柱	Z
9	挡雨板或檐口板	YB	22	基础梁	JL	35	框架柱	KZ
10	吊车安全走道板	DB	23	楼梯梁	TL	36	构造柱	GZ
11	墙板	QB	24	框架梁	KL	37	承台	CT
12	天沟板	TGB	25	框支梁	KZL	38	设备基础	SJ
13	梁	L	26	屋面框架梁	WKL	39	桩	ZH

续表 1 –3

序号	名称	代号	序号	名称	代号	序号	名称	代号
40	挡土墙	DQ	45	梯	T	50	天窗端壁	TD
41	地沟	DG	46	雨篷	YP	51	钢筋网	W
42	柱间支撑	ZC	47	阳台	YT	52	钢筋骨架	G
43	垂直支撑	CC	48	梁垫	LD	53	基础	J
44	水平支撑	SC	49	预埋件	M—	54	暗柱	AZ

注：1. 预制混凝土构件、现浇混凝土构件、钢构件和木构件，一般可以采用本表中的构件代号。在绘图中，除混凝土构件可以不注明材料代号外，其他材料的构件可在构件代号前加注材料代号，并在图纸中加以说明。

2. 预应力混凝土构件的代号，应在构件代号前加注“Y”，如 Y – DL 表示预应力混凝土吊车梁。

（8）当采用标准、通用图集中的构件时，应用该图集中的规定代号或型号注写。

（9）结构平面图应按图 1 – 1、图 1 – 2 的规定采用正投影法绘制，特殊情况下也可采用仰视投影绘制。

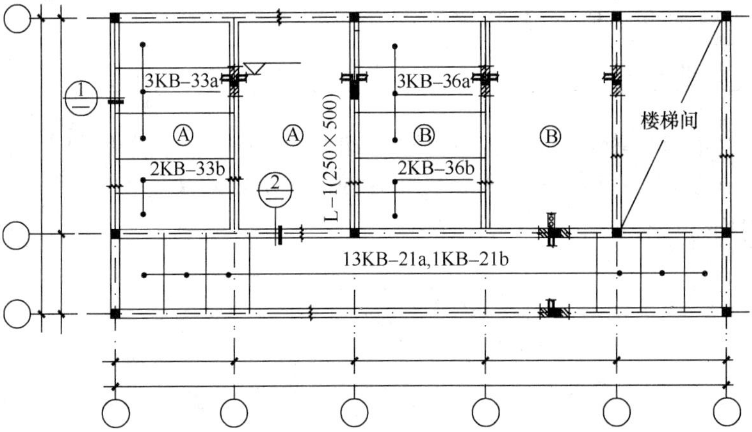

图 1 –1　用正投影法绘制预制楼板结构平面图

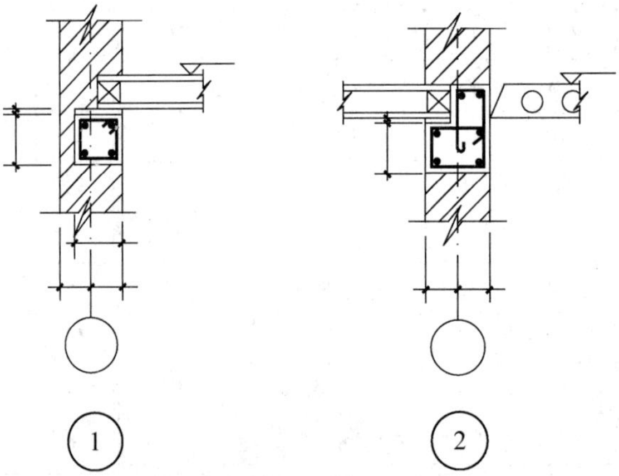

图 1 –2　节点详图

（10）在结构平面图中，构件应采用轮廓线表示，当能用单线表示清楚时，也可用单线表示。定位轴线应与建筑平面图或总平面图一致，并标注结构标高。

（11）在结构平面图中，当若干部分相同时，可只绘制一部分，并用大写的拉丁字母（A、B、C……）外加细实线圆圈表示相同部分的分类符号。分类符号圆圈直径为 8mm 或 10mm。其他相同部分仅标注分类符号。

（12）桁架式结构的几何尺寸图可用单线图表示。杆件的轴线长度尺寸应标注在构件的上方（图 1－3）。

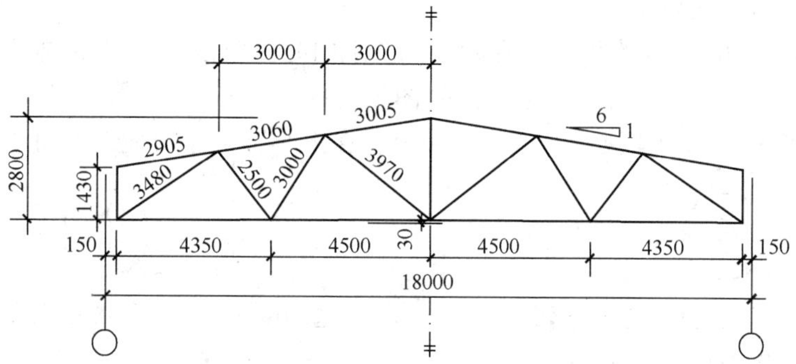

图 1－3　对称桁架几何尺寸标注方法

（13）在杆件布置和受力均对称的桁架单线图中，若需要时可在桁架的左半部分标注杆件的几何轴线尺寸，右半部分标注杆件的内力值和反力值；非对称的桁架单线图，可在上方标注杆件的几何轴线尺寸，下方标注杆件的内力值和反力值。竖杆的几何轴线尺寸可标注在左侧，内力值标注在右侧。

（14）在结构平面图中索引的剖视详图、断面详图应采用索引符号表示，其编号顺序宜按图 1－4 的规定进行编排，并符合下列规定：

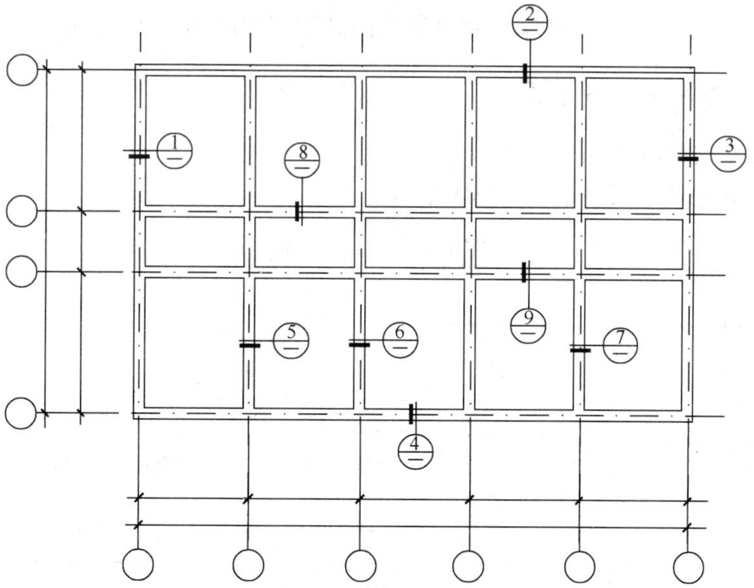

图 1－4　结构平面图中索引剖视详图、断面详图编号顺序表示方法

1）外墙按顺时针方向从左下角开始编号。

2）内横墙从左至右，从上至下编号。

3）内纵墙从上至下，从左至右编号。

（15）在结构平面图中的索引位置处，粗实线表示剖切位置，引出线所在一侧应为投射方向。

（16）索引符号应由细实线绘制的直径为 8 ~ 10mm 的圆和水平直径线组成。

（17）被索引出的详图应以详图符号表示，详图符号的圆应以直径为 14mm 的粗实线绘制。圆内的直径线为细实线。

（18）被索引的图样与索引位置在同一张图纸内时，应按图 1 –5 的规定进行编排。

（19）详图与被索引的图样不在同一张图纸内时，应按图 1 –6 的规定进行编排，索引符号和详图符号内的上半圆中注明详图编号，在下半圆中注明被索引的图纸编号。

图 1 –5　被索引图样在同一张图纸内的表示方法

图 1 –6　详图和被索引图样不在同一张图纸内的表示方法

（20）构件详图的纵向较长，重复较多时，可用折断线断开，适当省略重复部分。

（21）图样的图名和标题栏内的图名应能准确表达图样、图纸构成的内容，做到简练、明确。

（22）图纸上所有的文字、数字和符号等，应字体端正、排列整齐、清楚正确，避免重叠。

（23）图样及说明中的汉字宜采用长仿宋体，图样下的文字高度不宜小于 5mm，说明中的文字高度不宜小于 3mm。

（24）拉丁字母、阿拉伯数字、罗马数字的高度，不应小于 2. 5mm。

1. 2. 2　混凝土结构表示方法

1. 钢筋的一般表示方法

（1）普通钢筋的一般表示方法见表 1 –4。

表 1 –4　普通钢筋

序号	名　　称	图例	说　　明
1	钢筋横断面	•	—
2	无弯钩的钢筋端部		下图表示长、短钢筋投影重叠时，短钢筋的端部用 45°斜划线表示
3	带半圆形弯钩的钢筋端部		—
4	带直钩的钢筋端部		—

续表 1 – 4

序号	名　　称	图例	说　　明
5	带丝扣的钢筋端部		—
6	无弯钩的钢筋搭接		—
7	带半圆弯钩的钢筋搭接		—
8	带直钩的钢筋搭接		—
9	花篮螺丝钢筋接头		—
10	机械连接的钢筋接头		用文字说明机械连接的方式（或冷挤压或锥螺纹等）

（2）预应力钢筋的表示方法见表 1 – 5。

表 1 – 5　预应力钢筋

序号	名　　称	图　　例
1	预应力钢筋或钢绞线	
2	后张法预应力钢筋断面 无粘结预应力钢筋断面	
3	预应力钢筋断面	
4	张拉端锚具	
5	固定端锚具	
6	锚具的端视图	
7	可动连接件	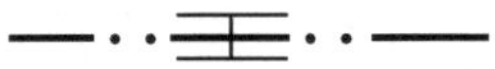
8	固定连接件	

（3）钢筋网片的表示方法见表 1 – 6。

表 1 – 6　钢筋网片

序号	名　　称	图　　例
1	一片钢筋网平面图	
2	一行相同的钢筋网平面图	

注：用文字注明焊接网或绑扎网片。

(4) 钢筋焊接接头的表示方法见表1－7。

表1－7　钢筋的焊接接头

序号	名　　称	接头型式	标注方法
1	单面焊接的钢筋接头		
2	双面焊接的钢筋接头		
3	用帮条单面焊接的钢筋接头		
4	用帮条双面焊接的钢筋接头		
5	接触对焊的钢筋接头（闪光焊、压力焊）		
6	坡口平焊的钢筋接头	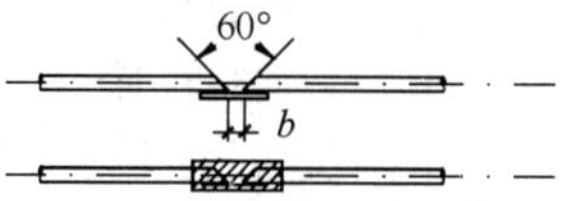	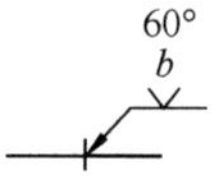
7	坡口立焊的钢筋接头	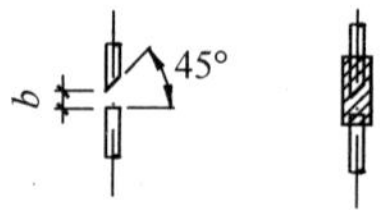	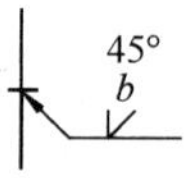
8	用角钢或扁钢做连接板焊接的钢筋接头	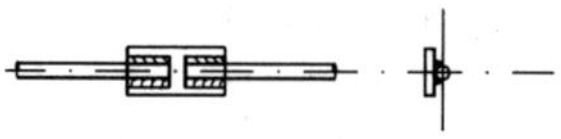	
9	钢筋或螺（锚）栓与钢板穿孔塞焊的接头	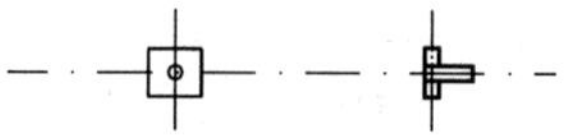	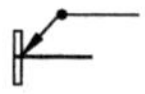

(5) 钢筋的画法见表1－8。

表1－8　钢筋画法

序号	说　明	图　例
1	在结构楼板中配置双层钢筋时，底层钢筋的弯钩应向上或向左，顶层钢筋的弯钩则向下或向右	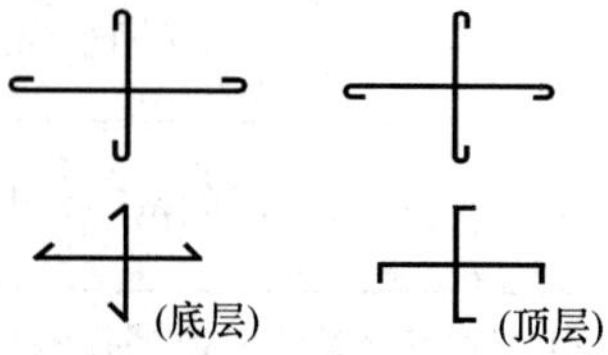

续表 1－8

序号	说　　明	图　　例
2	钢筋混凝土墙体配双层钢筋时，在配筋立面图中，远面钢筋的弯钩应向上或向左，而近面钢筋的弯钩向下或向右（JM 近面，YM 远面）	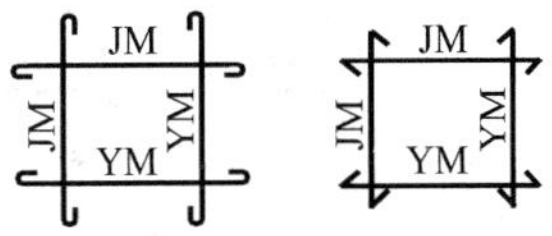
3	若在断面图中不能表达清楚的钢筋布置，应在断面图外增加钢筋大样图（如：钢筋混凝土墙、楼梯等）	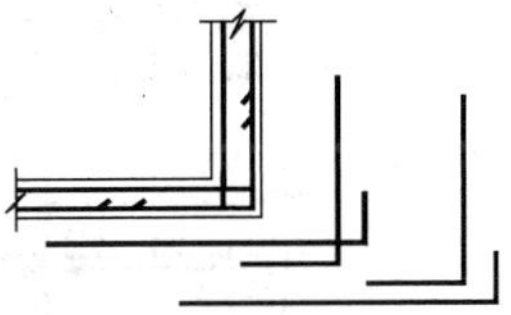
4	图中所表示的箍筋、环筋等若布置复杂时，可加画钢筋大样及说明	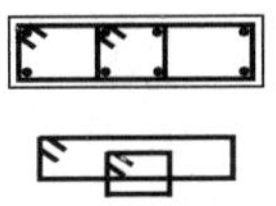
5	每组相同的钢筋、箍筋或环筋，可用一根粗实线表示，同时用一两端带斜短划线的横穿细线，表示其钢筋及起止范围	

（6）钢筋在平面、立面、剖（断）面中的表示方法应符合下列规定：

1）钢筋在平面图中的配置应按图 1－7 所示的方法表示。当钢筋标注的位置不够时，可采用引出线标注。引出线标注钢筋的斜短划线应为中实线或细实线。

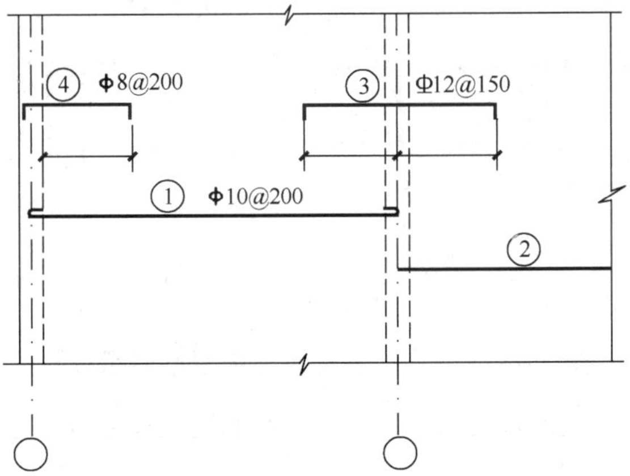

图 1－7　钢筋在楼板配筋图中的表示方法

2）当构件布置较简单时，结构平面布置图可与板配筋平面图合并绘制。

3）平面图中的钢筋配置较复杂时，可按表 1－8 及图 1－8 的方法绘制。

4）钢筋在梁纵、横断面图中的配置，应按图 1－9 所示的方法表示。

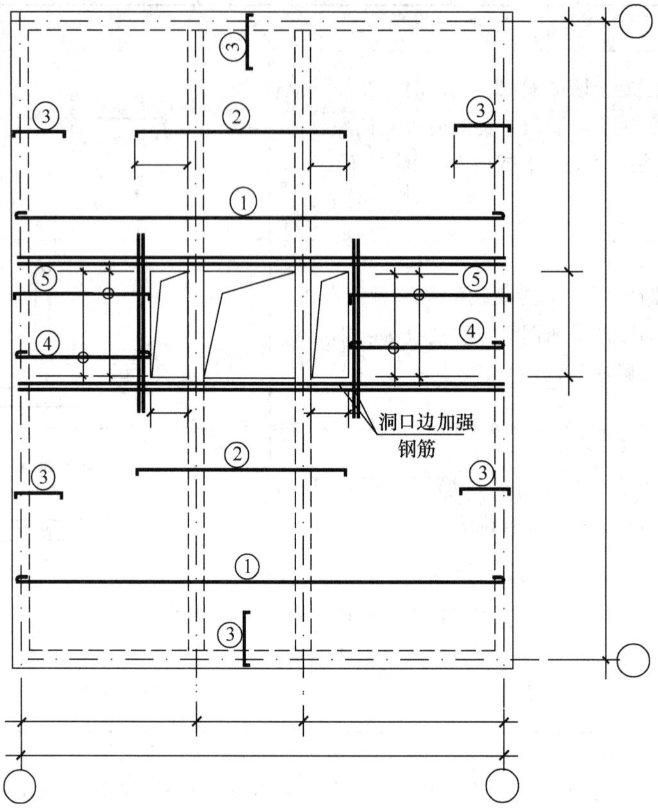

图 1－8　楼板配筋较复杂的表示方法

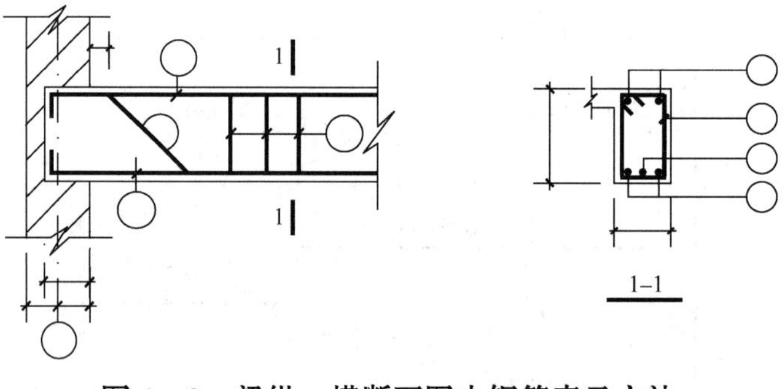

图 1－9　梁纵、横断面图中钢筋表示方法

5）构件配筋图中箍筋的长度尺寸，应指箍筋的里皮尺寸。弯起钢筋的高度尺寸应指钢筋的外皮尺寸（图 1－10）。

2. 钢筋的简化表示方法

（1）当构件对称时，采用详图绘制构件中的钢筋网片可按图 1－11 的一半或 1/4 表示。

（2）钢筋混凝土构件配筋较简单时，宜按下列规定绘制配筋平面图：

1）独立基础宜按图 1－12（a）的规定在平面模板图左下角，绘出波浪线，绘出钢筋并标注钢筋的直径、间距等。

2）其他构件宜按图 1 - 12（b）的规定在某一部位绘出波浪线，绘出钢筋并标注钢筋的直径、间距等。

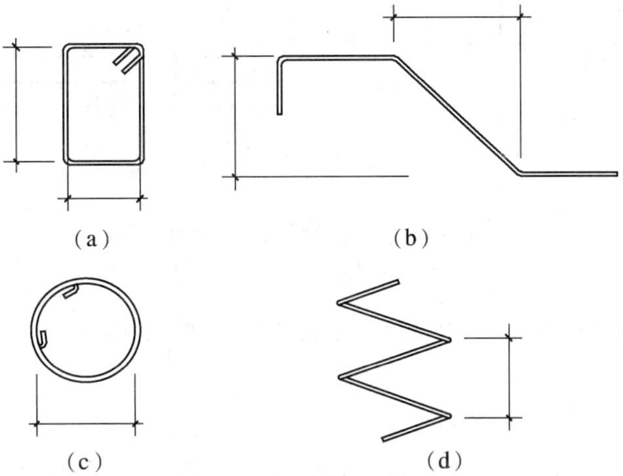

图 1 - 10　钢箍尺寸标注法

(a) 箍筋尺寸标注图；(b) 弯起钢筋尺寸标注图；(c) 环型钢筋尺寸标注图；(d) 螺旋钢筋尺寸标注图

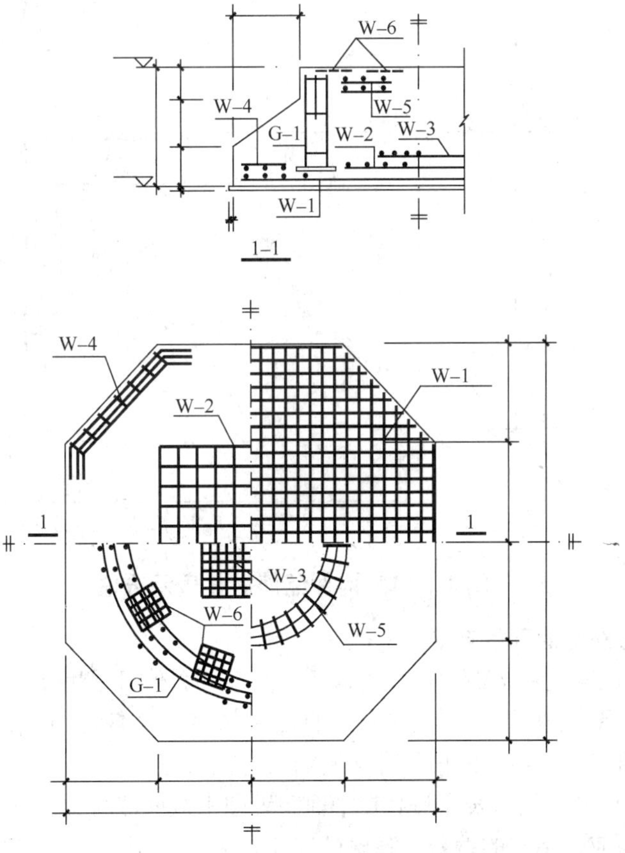

图 1 - 11　构件中钢筋简化表示方法

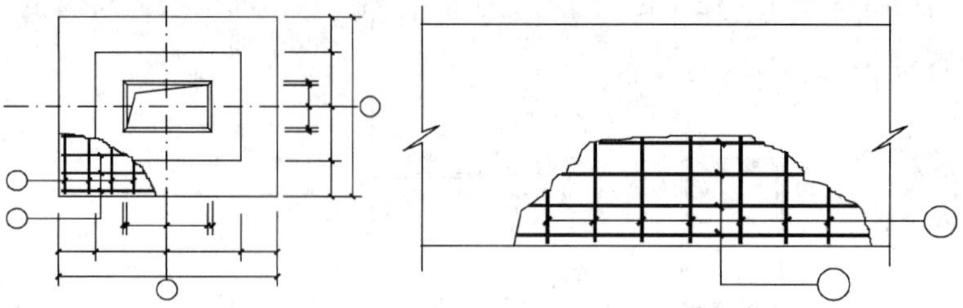

（a）　　　　（b）

图 1－12　构件配筋简化表示方法

（a）独立基础；（b）其他构件

（3）对称的混凝土构件，宜按图 1－13 的规定在同一图样中一半表示模板，另一半表示配筋。

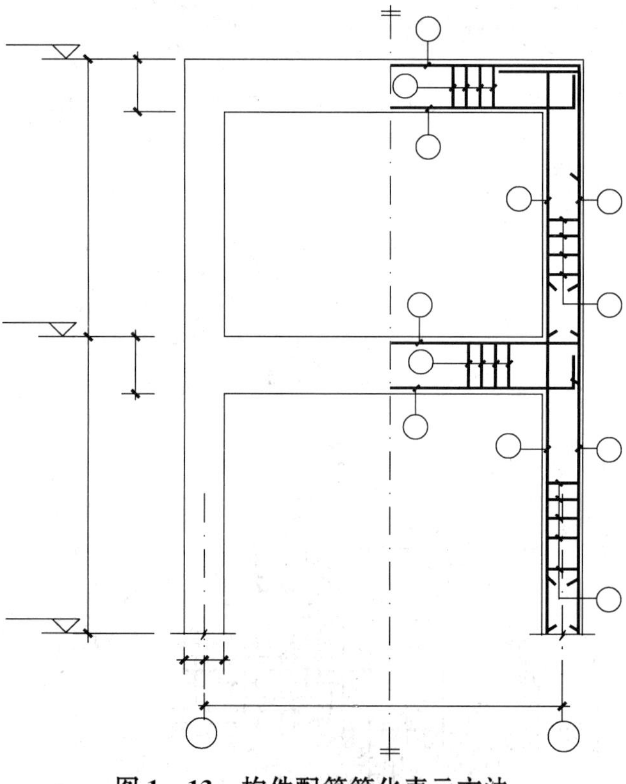

图 1－13　构件配筋简化表示方法

3. 文字注写构件的表示方法

（1）在现浇混凝土结构中，构件的截面和配筋等数值可采用文字注写方式表达。

（2）按结构层绘制的平面布置图中，直接用文字表达各类构件的编号（编号中含有构件的类型代号和顺序号）、断面尺寸、配筋及有关数值。

（3）混凝土柱可采用列表注写和在平面布置图中截面注写方式，并应符合下列规定：

1）列表注写应包括柱的编号、各段的起止标高、断面尺寸、配筋、断面形状和箍筋的类型等有关内容。

2）截面注写可在平面布置图中，选择同一编号的柱截面，直接在截面中引出断面尺寸、配筋的具体数值等，并应绘制柱的起止高度表。

（4）混凝土剪力墙可采用列表和截面注写方式，并应符合下列规定：

1）列表注写分别在剪力墙柱表、剪力墙身表及剪力墙梁表中，按编号绘制截面配筋图并注写断面尺寸和配筋等。

2）截面注写可在平面布置图中按编号，直接在墙柱、墙身和墙梁上注写断面尺寸、配筋等具体数值的内容。

（5）混凝土梁可采用在平面布置图中的平面注写和截面注写方式，并应符合下列规定：

1）平面注写可在梁平面布置图中，分别在不同编号的梁中选择一个，直接注写编号、断面尺寸、跨数、配筋的具体数值和相对高差（无高差可不注写）等内容。

2）截面注写可在平面布置图中，分别在不同编号的梁中选择一个，用剖面号引出截面图形并在其上注写断面尺寸、配筋的具体数值等。

（6）重要构件或较复杂的构件，不宜采用文字注写方式表达构件的截面尺寸和配筋等有关数值，宜采用绘制构件详图的表示方法。

（7）基础、楼梯、地下室结构等其他构件，当采用文字注写方式绘制图纸时，可采用在平面布置图上直接注写有关具体数值，也可采用列表注写的方式。

（8）采用文字注写构件的尺寸、配筋等数值的图样，应绘制相应的节点做法及标准构造详图。

4. 预埋件、预留孔洞的表示方法

（1）在混凝土构件上设置预埋件时，可按图 1－14 的规定在平面图或立面图上表示。引出线指向预埋件，并标注预埋件的代号。

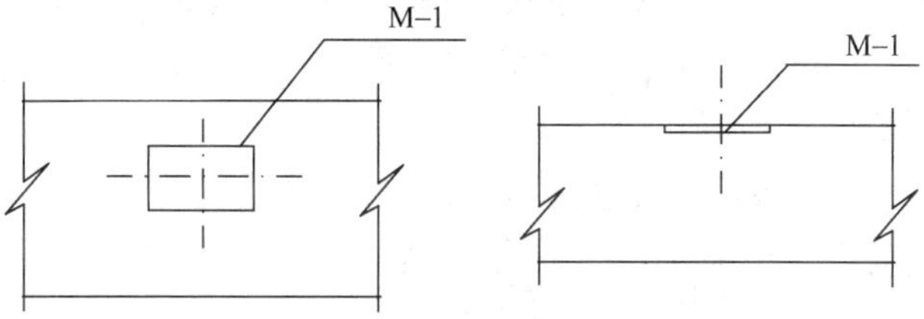

图 1－14 预埋件的表示方法

（2）在混凝土构件的正、反面同一位置均设置相同的预埋件时，可按图 1－15 的规定引出线为一条实线和一条虚线并指向预埋件，同时在引出横线上标注预埋件的数量及代号。

（3）在混凝土构件的正、反面同一位置设置编号不同的预埋件时，可按图 1－16 的规定引一条实线和一条虚线并指向预埋件。引出横线上标注正面预埋件代号，引出横线下标注反面预埋件代号。

（4）在构件上设置预留孔、洞或预埋套管时，可按图 1－17 的规定在平面或断面图中表示。引出线指向预留（埋）位置，引出横线上方标注预留孔、洞的尺寸，预埋套管的外径。横线下方标注孔、洞（套管）的中心标高或底标高。

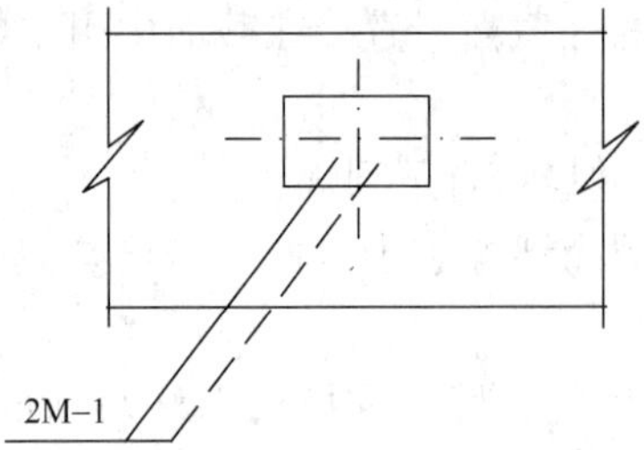

图 1 –15　同一位置正、反面预埋件相同的表示方法

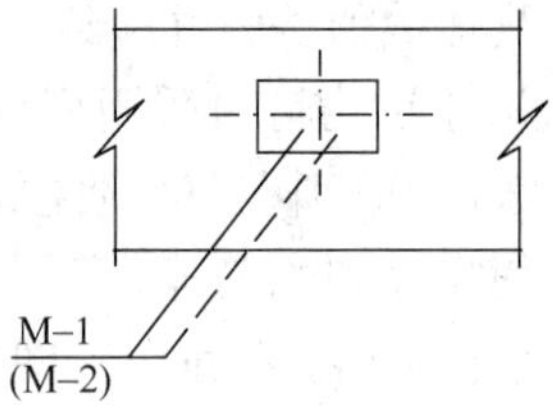

图 1 –16　同一位置正、反面预埋件不相同的表示方法

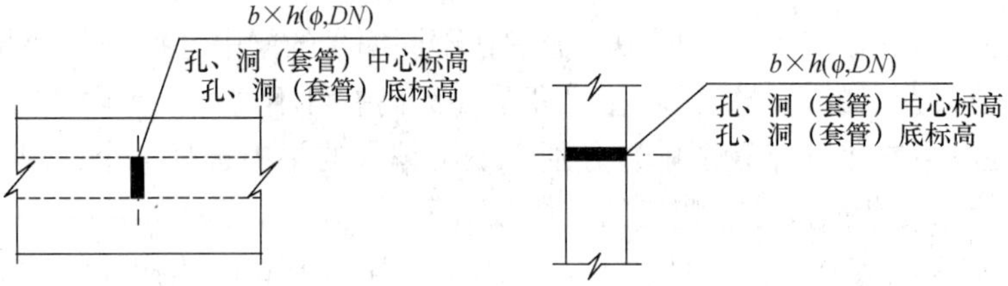

图 1 –17　预留孔、洞及预埋套管的表示方法

1.3　混凝土工程识图

1.3.1　钢筋混凝土构件详图

1. 现浇钢筋混凝土梁、柱结构详图

梁、柱的结构详图一般包括梁的立面图和截面图。

（1）立面图（纵剖面）。立面图表示梁、柱的轮廓与配筋情况，因是现浇，一般画出支撑情况、轴线编号。梁、柱的立面图纵横比例可以不一样，以尺寸数字为准。图上还有剖切线符号，表示剖切位置。

（2）截面图。可以了解到沿梁、柱长和高方向钢筋的所在位置、箍筋的肢数。

（3）钢筋表。钢筋表包括构件编号、形状尺寸、直径、单根长、根数、总长、总重等。

2. 预制构件详图

为加快设计速度，对通用、常用构件常选用标准图集。标准图集有国标、省标及各设计院自设的标准。一般施工图上只注明标准图集的代号及详图的编号，不绘出详图。查找标准图时，先要弄清是哪个设计单位编的图集，看总说明，了解编号方法，再按目录页次查阅。

1.3.2　钢筋混凝土构件配筋图

1. 钢筋混凝土构件配筋图阅读方法

（1）首先看图名、比例、必要的材料、施工等说明，尺寸单位一般为毫米，标高为米。

（2）根据所给图样读懂构件的形状、尺寸等。

（3）逐个分析所给的每一个配筋图样及钢筋数量表，读懂钢筋在构件内部的布置情况以及每一根钢筋的形状、等级、直径、长度、根数、间距等。

（4）了解该构件使用的材料用量与材料的规格。

（5）了解该构件各部位的具体尺寸、保护层厚度等。

2. 某钢筋混凝土现浇板配筋图阅读实例

由图 1 - 18 可知，在该块板中，①号钢筋为 HPB300 级钢筋，直径为 12mm，间距为 150mm，两端半圆弯钩向上，配置在板底层；②号钢筋为 HPB300 级钢筋，直径为 10mm，间距为 150mm，两端直弯钩向下，配置在板顶层；③号钢筋为 HPB300 级钢筋，直径为 8mm，间距为 200mm，两端直弯钩向右或向下，配置在板顶层四周支座处；另外，板上留有洞口，在洞口周边配有加强钢筋每边 2ϕ12，洞口两侧的板上还配置了④、⑤两种钢筋。

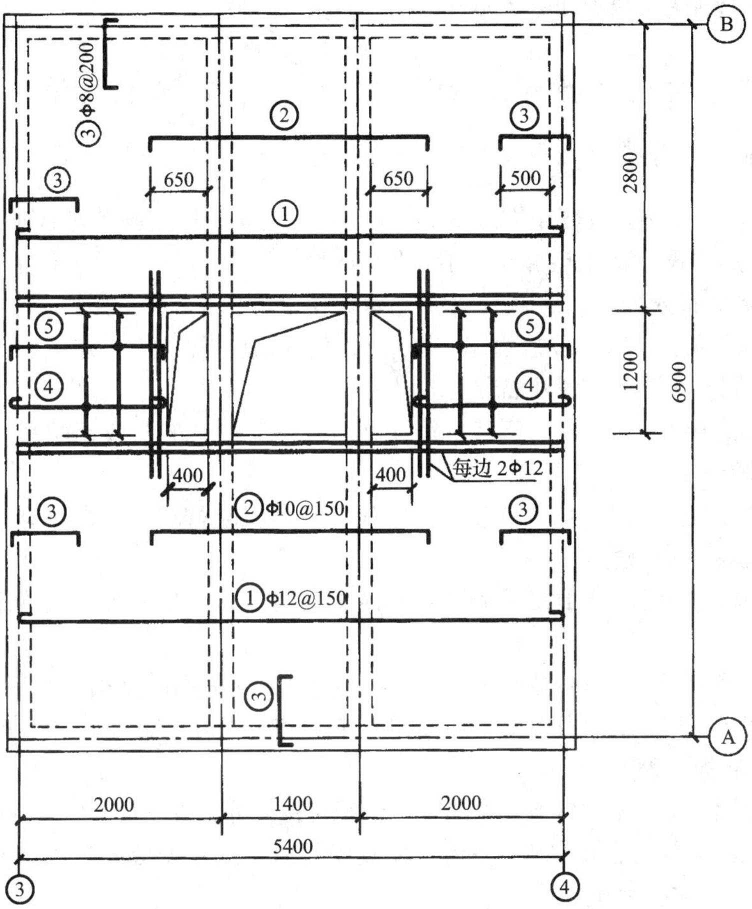

图 1 - 18　钢筋混凝土现浇板配筋图

1.4　混凝土的特点与分类

1.4.1　混凝土的特点

混凝土是由水泥、水、粗细骨料按一定的比例配合拌制而成的混合料，经硬化后形成的人造石材，是广泛应用于土木建筑工程中的主要建筑材料。

混凝土具有很多的优点，如：

（1）强度高。混凝土的抗压强度高，但抗拉强度较低。

（2）刚性好。承受设计荷载时，变形和挠度很小。

（3）整体性强。混凝土和钢筋混凝土连续浇灌，使建筑物成为整体，有良好的抗震能力。

（4）耐久性好。对机械作用、天然的风化和化学侵蚀作用的抵抗力强，在环境适宜时强度不但不衰减，反而有所增长。

（5）可模性好。利用模板可浇灌成各种不同形状和大小的构件。

（6）耐火性能好。混凝土是不良导热体，防火性较好。

（7）保养费用小。

由于混凝土具有上述各种优点，故广泛应用于建筑工程、水工结构物、道路路面等。

1.4.2 混凝土的分类

混凝土的品种很多，其分类方法各不相同，一般可按其所用胶骨料品种、性能用途和施工工艺、配筋方式及混凝土拌和物的流动性分类。

1. 按胶凝材料分类

（1）水泥混凝土。以硅酸盐水泥、普通水泥、矿渣水泥、火山灰质水泥、粉煤灰水泥等为胶凝材料。广泛用于各种混凝土工程。

（2）石灰混凝土。以石灰、天然水泥、火山灰等活性硅酸盐或铝酸盐与硝石灰的混合物为胶凝材料。

（3）石膏混凝土。以天然石膏及工业废料石膏为胶凝材料。可做小型砌块、板等内隔墙制品。

（4）碱矿渣混凝土。以磨细矿渣及碱溶液为胶凝材料，是一种新型混凝土，可做各种结构。

（5）水玻璃混凝土。以钠或钾水玻璃为胶凝材料，可做耐酸结构。

（6）硫黄混凝土。硫黄加热熔化后，注入粗、细骨料中，冷却硬化，可用作粘结剂及用于低温防腐蚀工程。

（7）沥青混凝土。用天然或人造沥青为胶凝材料，可做路面及耐酸、碱地面。

（8）聚合物水泥混凝土。以水泥为主要胶凝材料，加入少量乳胶或水溶性树脂，能提高和改善混凝土各种性能。

（9）树脂混凝土。以聚酯树脂、环氧树脂、尿醛树脂等为胶凝材料，用于侵蚀性介质中。

2. 按质量密度和形状分类

（1）特重混凝土。用钢球、铁矿石、重晶石等为粗骨料。混凝土表观密度大于 2700kg/m^3，用于防射线混凝土工程。

（2）普通混凝土。用普通砂、石做骨料，混凝土表观密度 1900～2500kg/m^3。

（3）轻混凝土。用天然或人造轻骨料，如浮石、火山渣和各种陶粒、矿渣等。混凝土表观密度为 1000 ~ 1900kg/m³，可用于承重构件或既承重又保温的围护结构。

（4）特轻混凝土。用人造轻骨料，混凝土表观密度小于 1000kg/m³，如泡沫混凝土、加气混凝土等。

（5）特细砂混凝土。凡以水泥作胶凝材料，细度模数小于 1.5，平均粒径在 0.25mm 以下的特细砂作细骨料，碎石或卵石作粗骨料和水配制而成的混凝土，可以配制成一般混凝土、钢筋混凝土和预应力混凝土。

（6）大孔混凝土。由水泥、粗骨料和水拌制而成的无砂混凝土，分普通大孔混凝土，堆积密度为 1500 ~ 1900kg/m³；轻骨料大孔混凝土，堆积密度为 500 ~ 1200kg/m³。前者可作预制墙板和多层、高层住宅墙体的承重墙，后者作预制或现浇砌块和墙板。

3. 按性能、用途分类

（1）防水混凝土。能承受 0.6MPa 以上的水压，为不透水的混凝土，用于地下防水工程和贮水构筑物。

（2）耐酸混凝土。用于化学工业的输液管、洗涤池、车间地面、设备基础等，要求能抵抗强酸和腐蚀性气体的侵蚀，如硫黄耐酸混凝土、沥青混凝土和水玻璃耐酸混凝土等。

（3）耐碱混凝土。以普通水泥与耐碱骨料、粉料、水配制而成，用作耐碱地坪、贮碱池、槽、罐体及受碱腐蚀的基础等。

（4）耐油混凝土。系在普通混凝土中掺入密实剂氢氧化铁、三氯化铁或三乙醇胺复合剂配制而成，可用于建造贮存轻油类、重油类的油槽，油罐设备及耐油底板、地坪等。

（5）耐热（火）混凝土。通常能承受 200 ~ 900℃高温的混凝土称耐热混凝土，承受 900℃以上高温的混凝土称耐火混凝土，具有能长期经受高温并保持所需的物理力学性能，用于热工设备内衬和受高温作用的结构，如水泥耐热混凝土、水玻璃耐热混凝土。

（6）抗冻混凝土。系在普通混凝土中掺入少量松香酸钠泡沫剂配制而成，具有良好的抗冻、抗渗性能，用于制冷设备基础工程。

（7）耐低温混凝土。系用水泥、膨胀珍珠岩砂和泡沫剂配制而成，用于深冷（-196 ~ 0℃）工程作隔热、保温材料以及管道、屋面等隔热保温工程。

（8）防辐射混凝土。系用水泥与特重的骨料配制而成的一种密度大、含有大量结合水的特重混凝土（密度达 3000 ~ 4000kg/m³），又称屏蔽混凝土，能屏蔽 X、α、β、γ 射线及中子射线等，是原子能反应堆、粒子加速器等常用的防护材料。

（9）水工混凝土。用于大坝等水工构筑物，多数为大体积工程，要求有抗冲刷、耐磨及抗大气腐蚀性，依其不同使用条件可选用普通水泥、矿渣水泥或火山灰水泥及大坝水泥等。

（10）水下不分散混凝土。系在普通混凝土中加入 UWB（丙烯系）速凝剂配制而成。具有混凝土拌和物遇水不离析、水泥不流失、可进行水中自落浇筑，适用于沉井封底、人工筑岛、围堰水下结构浇筑等。

（11）耐海水混凝土。凡直接受海水影响并且能够抵抗海水侵蚀和破坏、耐久性优良的混凝土，包括海岸工程（如港口、挡潮闸、跨海桥梁、海岸防护工程等）和离岸工程（如大型深水码头、海上采油平台等）混凝土。

（12）道路混凝土。可用水泥或沥青胶凝材料，要求具有较高的抗折强度和耐候性、耐磨性，用于路面的混凝土。

（13）膨胀混凝土。用膨胀水泥或掺加膨胀剂配制的混凝土，分为补偿收缩混凝土和自应力混凝土两类。可减轻或避免混凝土因体积收缩而引起的开裂以及可提高构件的承载和工作能力。应用于结构自防水、大体积混凝土裂缝控制、刚性防水屋面以及高性能混凝土。

（14）高强、超高强混凝土。强度等级≥C50 的称高强混凝土；≥C80 的称超高强混凝土。可用于高层、超高层建筑结构、铁路、公路桥梁等。

（15）耐磨耗混凝土。使用较多的有高性能抗磨蚀混凝土、钢屑耐磨混凝土、石英砂耐磨混凝土、钢纤维耐磨混凝土等。可用于耐磨地坪、机场跑道、道路、矿仓库的衬里、吊车轨道的垫层、楼梯踏步等。

（16）装饰混凝土。利用饰面和造型技术，进行建筑艺术加工的混凝土，有着色混凝土、清水装饰混凝土、露骨料装饰混凝土等，可使构件的承重、围护、耐久与装饰等多种功能集于一身。

（17）透水性混凝土。采用单一粒级的粗骨料与42.5 级以上硅酸盐水泥、普通水泥或高分子树脂配制而成的无砂多孔混凝土，有水泥透水性混凝土、高分子透水混凝土和烧结透水混凝土。主要用于公园内道路、人行道、轻量级道路、停车场及各种新型体育场。

（18）绿化混凝土。指能够适应绿色植被生长、进行绿色植被的混凝土及其制品，目前有孔洞型绿化混凝土、多孔连续型绿化混凝土和孔洞型多层结构绿化混凝土。主要用于城市道路两侧及中央隔离带、水边护坡、楼顶、停车场等部位。

4. 按施工工艺分类

（1）预拌混凝土。指集中搅拌后再以商品形式供应用户的混凝土，又称商品混凝土。

（2）泵送混凝土。用混凝土泵输送和浇筑的混凝土。用于大体积混凝土结构、大型设备基础、高层建筑结构以及隧洞、桥墩、城市中心建筑密集地段的工程。

（3）喷射混凝土。用压缩空气喷射施工的混凝土，分干式喷射法、湿式喷射法和造壳喷射法等。多用于井巷及隧道衬砌工程。

（4）裹砂混凝土。又称造壳混凝土或 S·E·C 混凝土，是一种用新型搅拌工艺配制的混凝土。适用于各种普通混凝土。

（5）磁化水混凝土。用磁化水拌制的水泥混凝土，可提高混凝土的各种性能。用于各种水泥混凝土及防水工程。

（6）真空混凝土。用真空泵将混凝土中多余的水分吸出，从而提高其密实度的一种工艺。用于道路、机场跑道、楼地面、薄壳等工程。

（7）预填骨料混凝土。先铺粗骨料，然后用压浆泵强制注入水泥砂浆的混凝土。适用于柱、墙的基础和大型设备基础以及混凝土蜂窝孔洞的加固。

（8）碾压混凝土。用振动压路机通过外部振动和碾压施工的一种干硬性混凝土。用于大坝、道路、机场跑道、停车场、堤岸等工程。

（9）挤压混凝土。用挤压机成型的混凝土。用于长线台座法的空心板、T 形小梁等构件生产。

（10）离心混凝土。用离心机成型的混凝土。用于混凝土管、电杆等管状构件。

5. 按配筋情况分类

（1）素混凝土。即无筋混凝土，用于基础及垫层等的低强度等级的混凝土。

（2）钢筋混凝土。用普通钢筋加强的混凝土。广泛用于各种工程结构。

（3）钢丝网混凝土。用钢丝网加强的无粗骨料混凝土，又称钢丝网砂浆。用于制作薄壳、船体等薄壁构件。

（4）纤维混凝土。用各种纤维加强的混凝土，如钢纤维混凝土、玻璃纤维混凝土、聚丙烯纤维混凝土等，其抗冲击、抗拉、抗弯性能好。可用于路面、桥面、机场跑道护面、隧道衬砌、刚性屋面等。

（5）预应力混凝土。用先张法、后张法或化学方法使混凝土预压以提高其抗拉、抗弯强度的配筋混凝土。用于各种建筑结构及构筑物，特别是大跨度桥梁等。

（6）钢管混凝土。在钢管中填充混凝土而形成的一种构件，可提高轴向承载力和塑性、韧性。可用于工业厂房柱、地铁站台柱、桥拱结构以及高层结构的框架柱等。

6. 按流动性分类

（1）干硬、超干硬性混凝土。指水泥用量小、石子较多，其坍落度≤10mm 的称干硬性混凝土，坍落度为 0 的称超干硬性混凝土，这种混凝土凝固前的性能不同于普通混凝土，硬化后的性能与普通混凝土相似。

（2）塑性混凝土。坍落度在 10～90mm 范围内的普通混凝土。

（3）流动性混凝土。坍落度在 100～150mm 的混凝土。其性能与普通混凝土除流动性稍大外，其他基本相似，特别适用于泵送混凝土。

（4）流态混凝土。在坍落度为 100～150mm 的流动性混凝土中，加入硫化剂（高效能减水剂）后，使坍落度增大至 180～220mm，能像水一样流动的混凝土。用于泵送施工及钢筋密集、捣实困难的薄壁结构。

（5）自流平、自密实混凝土。由水泥、砂、掺和料、超塑剂、稳定剂等混合配制而成，加水拌和后即可泵送施工。主要用于地面施工，不需振捣、抹平，可自流平、自密实。

1.5 混凝土的主要性能

在混凝土建筑物中，由于各个部位所处的环境不同，工作条件也不相同，对混凝土性能的要求也不一样，故必须根据具体情况，采用不同性能的混凝土，达到在满足性能要求的前提下，经济效益显著的目的。

1.5.1 混凝土拌合物特性

1. 混凝土拌合物的和易性

混凝土和易性是指混凝土在施工中是否易于操作，是否具有能使所浇筑的构件质量均匀、易于密实成型的性能。所谓和易性好，是指混凝土拌合物容易拌合，不易发生砂、石或水分离析现象，浇筑时能填满模板的各个角落，易于捣实，分布均匀，与钢筋粘结牢固，不易产生蜂窝、麻面等不良现象。和易性是一项综合的技术性质，包括有流动性、黏聚性和保水性等含义。可见，和易性是一项综合性能。

(1) 流动性。流动性指混凝土拌合物在自重或机械振动作用下能产生流动，并均匀、密实地填满模板的性能。流动性的大小反映拌合物的稠稀，它影响施工难易及混凝土结构质量。

(2) 黏聚性。黏聚性指混凝土拌合物中各种组成材料之间有较好的黏聚能力，在运输和浇筑过程中，不致产生分层离析，使混凝土保持整体均匀的性能。黏聚性差的拌合物中水泥浆或砂浆与石子易分离，混凝土硬化后会出现蜂窝、麻面、空洞等不密实现象，严重影响混凝土结构质量。

(3) 保水性。保水性指混凝土拌合物保持水分，不易产生泌水的性能。保水性差，泌水倾向加大，振捣后拌合物中的水分泌出、上浮，使水分流经的地方形成毛细孔隙，成为渗水通道；上浮到表面的水分，形成疏松层，如上面继续浇筑混凝土，则新旧混凝土之间形成薄弱的夹层；上浮过程中积聚在石子和钢筋下面的水分，形成水隙，影响水泥浆与石子和钢筋的粘结。

2. 和易性的测定

通常是指拌合物的流动性、黏聚性和保水性。

(1) 保水性测定时，将混凝土拌合物按规定方法装入坍落筒内，然后将筒垂直提起，由于自重会产生坍（塌）落现象，坍落的高度称为坍落度。坍落度越大，说明流动性越好。

(2) 黏聚性的检查方法，是用捣棒在已坍落的拌合物一侧轻敲，如果轻敲后拌合物保持整体，渐渐下沉，表明黏聚性好；如果拌合物突然倒塌，部分离析，表明黏聚性差。

(3) 保水性的检查方法，是当坍落筒提起后如有较多稀浆从底部析出而拌合物因失浆骨料外露，说明保水性差；如无浆或有少量的稀浆析出，拌合物含浆饱满，则保水性好。

3. 影响和易性的因素

(1) 用水量。用水量是决定混凝土拌合物流动性的主要因素。分布在水泥浆中的水量，决定了拌合物的流动性。拌合物中，水泥浆应填充骨料颗粒间的空隙，并在骨料颗粒表面形成润滑层以降低摩擦，由此可见，为了获得要求的流动性，必须有足够的水泥浆。试验表明，当混凝土所用粗、细骨料一定时，即使水泥用量有所变动，为获得要求的流动性，所用水量基本是一定的。流动性与用水量的这一关系称为恒定用水量法则。这给混凝土配合比设计带来很大方便。

注意：增加用水量虽然可以提高流动性，但用水量过多又使拌合物的黏聚性和保水性变差，影响混凝土的强度和易性。因此，为提高混凝土拌合物的流动性，必须在保持水灰比不变情况下，在增加用水量的同时，增加水泥的用量。

(2) 水胶比。水胶比决定着水泥浆的稀稠。为获得密实混凝土，所用的水胶比不宜过小；为保证拌合物有良好的黏取性和保水性，所用的水胶比又不能过大。水胶比一般在0.8～1.5。在此范围内，当混凝土中用水量一定时，水胶比的变化对流动性影响不大。

(3) 砂率。砂率是指混凝土中砂的用量占砂、石总量比例。当砂率过大时，由于骨料的空隙率与总表面积增加，在水泥浆用量一定的条件下，包覆骨料的水泥浆层减薄，流动性变差；若砂率过小，砂的体积不足以填满石子的空隙，要用部分水泥浆填充，使起润滑作用的水泥浆层减薄，混凝土变得粗涩，和易性变差，出现离析、溃敞现象。而合理砂率在水泥浆量一定的情况下，使混凝土拌合物有良好的和易性，或者说，当采用合理砂率时，在混凝土拌合物有良好的和易性条件下，可使水泥用量最少。可见合理砂率，就是保持混凝土拌合物有良好黏聚性和保水性的最小砂率。

（4）其他影响因素。影响和易性的其他因素有水泥品种、骨料条件、施工时的环境条件及掺加外加剂等。

1.5.2 混凝土的强度

1. 混凝土强度等级

按照国家标准《混凝土结构设计规范》GB 50010—2010，混凝土强度等级应该按立方体抗压强度标准值进行确定。立方体抗压强度标准值系指的是按标准方法制作和养护的边长为150mm的立方体试件，采用28d龄期用标准试验方法测得的具有95%保证率的抗压强度，以f_{ck}表示。一般普通混凝土划分为14个强度等级：C15、C20、C25、C30、C35、C40、C45、C50、C55、C60、C65、C70、C75和C80。混凝土强度等级是混凝土结构设计、施工质量控制和工程验收工作的重要依据。不同的建筑工程及建筑部位需要采用不同强度等级的混凝土，一般有一定的选用范围和标准。

2. 立方体抗压强度

国家标准《普通混凝土力学性能试验方法标准》GB/T 50081—2002规定，将混凝土拌和物制作边长为150mm的立方体试件，并在标准条件（温度为20℃ ±2℃，相对湿度达95%以上）下，养护到28d龄期，测得的抗压强度值称为混凝土立方体试件抗压强度（简称立方体抗压强度），以f_{cc}表示。

3. 混凝土的轴心抗压强度和轴心抗拉强度

混凝土的轴心抗压强度的测定要采用150mm ×150mm ×300mm棱柱体作为标准试件。轴心抗压强度设计值以f_{cp}表示，轴心抗压强度标准值以f_{ck}表示。

混凝土轴心抗拉强度f_t可按劈裂抗拉强度f_{ts}换算得到，换算系数可以由试验确定。混凝土劈裂抗拉强度采用立方体劈裂抗拉试验来进行测定，称之为劈裂抗拉强度f_{ts}。

4. 混凝土的弯曲强度

混凝土的弯曲抗拉强度试验采用150mm ×150mm ×550mm的梁形试件，并按三分点加荷方式加载。由于混凝土是一种非线性的材料，因此，混凝土的弯曲抗拉强度要大于轴心抗拉强度。

1.5.3 混凝土的变形性能

1. 化学变形

混凝土在硬化的过程中，由于水泥水化产物的体积小于反应物（水泥与水）的体积，结果导致混凝土在硬化时产生收缩，称之为化学收缩。混凝土的化学收缩是不可恢复的，收缩量随混凝土的硬化龄期的延长而逐渐增加，一般会在40d内逐渐趋向稳定。

2. 干湿变形

混凝土因周围环境湿度的变化会产生干缩湿胀变形等现象。水泥石内吸附水和毛细孔水蒸发时，会引起凝胶体紧缩和毛细孔负压，从而促使混凝土产生收缩。当混凝土吸湿时，由于毛细孔负压减小或消失而产生膨胀。影响混凝土干湿变形的原因有很多种。

3. 温度变形

对大体积混凝土工程来说，在凝结硬化初期，由于水泥水化放出的水化热不易散发而聚集在内部，从而造成混凝土内外温差很大，有时可达40℃～50℃，从而导致混凝土表面开裂。

混凝土在正常使用条件下也会随温度的变化而产生热胀冷缩等变形现象。混凝土的热膨胀系数与混凝土的组成材料及用量有关，但影响不大。混凝土的热膨胀系数一般为$(0.6 \sim 1.3) \times 10^{-5}/℃$。

4. 荷载作用下的变形

(1) 混凝土在短期荷载作用下的变形。混凝土是一种非均质材料属于弹塑性体。在外力的作用下，既能产生弹性变形，又能产生塑性变形，即混凝土的应力与应变的关系不是直线而是曲线。混凝土的塑性变形是内部微裂纹产生、增多、扩展与汇合等共同的结果。

(2) 混凝土在长期荷载作用下的变形－徐变。混凝土在长期均匀荷载作用下，沿作用力方向，随时间而产生的塑性变形称之为混凝土的徐变。

1.5.4 混凝土的耐久性

进入21世纪以来，混凝土的耐久性已经被工程界作为混凝土的主要性能之一予以很大的重视。

1. 混凝土耐久性的概念

混凝土的耐久性指的是混凝土在使用环境下，抵抗各种物理和化学作用破坏的能力。混凝土的耐久性会直接影响结构物的安全和使用性能。耐久性主要包括抗渗性、抗冻性、化学侵蚀和碱骨料反应等。

(1) 抗渗性。抗渗性指的是混凝土抵抗水、油等液体在压力作用下渗透的性能。抗渗性对混凝土的耐久性起重要作用，因为抗渗性控制着水分渗入的速率，这些水可能含有侵蚀性的化合物，同时控制混凝土受热或受冻时水的移动。

(2) 抗冻性。混凝土的抗冻性指的是混凝土在饱合水状态下，经受多次冻融循环作用，仍然能保持强度和外观完整性的能力。在寒冷的北方地区，尤其是在接触水又受冻的环境下的混凝土，要求必须具有较高的抗冻性能。

(3) 化学侵蚀。混凝土暴露在有化学物的环境和介质当中，有可能会遭受化学侵蚀而破坏。一般的化学侵蚀有水泥浆体组分的浸出、硫酸盐侵蚀、氯化物侵蚀、碳化等。

(4) 碱骨料反应。某些含活性组分的骨料与水泥水化析出的KOH及NaOH相互作用，对混凝土具有破坏作用。一般情况下，碱骨料反应主要有三种类型：碱－氧化硅反应、碱－碳酸盐反应和碱－硅酸盐反应。

2. 提高混凝土耐久性的措施

提高混凝土耐久性的措施，主要包括以下几个方面：

(1) 要选用适当品种的水泥及掺和料。

(2) 要适当控制混凝土的水灰比及水泥用量。

(3) 长期处于潮湿和严寒环境中的混凝土，应该掺用引气剂。

（4）要选用较好的砂、石骨料。

（5）并掺用加气剂或减水剂。

（6）改善混凝土的施工操作方法。

3. 混凝土孔结构对耐久性的影响

A、B 两混凝土都采用相同的水泥、砂、石，A 掺用了引气剂，并且降低了水灰比，其抗渗性优于 B。

A 混凝土虽然有较多气泡，但这些气泡是不连通的，很好地截断了毛细管通道，从而提高了抗渗性。且其减少了水灰比，使其他部分更为致密。从而可见，改善混凝土孔结构，提高混凝土密实度，可提高混凝土抗渗性。

1.6 混凝土试件的留置与评定

在目前的建筑施工工程中，钢筋混凝土结构是最常见的建筑结构形式之一，为了检验混凝土结构的质量，留置混凝土试件并对其实验结果进行评定是目前最常用使用的方法。而在实际施工操作中，很多施工人员对于混凝土试件的留置与评定等，还不甚了解或掌握不够全面。

1.6.1 试件的留置组数

同条件养护试件所对应的结构构件或结构部位，应由监理（建设）、施工等各方共同进行选定，并在混凝土浇筑入模处进行见证取样；对混凝土结构工程中的各混凝土强度等级，均应留置同条件养护试件；同一强度等级的同条件养护试件，其留置的数量应该按混凝土的施工质量控制要求确定，同一强度等级的同条件养护试件的留置数量不可以少于 10 组，以构成按统计方法评定混凝土强度的基本条件；对于按非统计方法评定混凝土强度时，其留置数量不应该少于 3 组，以保证有充足、足够的代表性。

1.6.2 试件的尺寸

立方体抗压强度标准值试件是以按标准方法制作的边长为 150mm 的立方体试件为标准试件，由于粗骨料粒径的不同，也可以采用其他尺寸的试件，但检验评定混凝土强度用的混凝土试件的尺寸及强度的尺寸应进行正确换算。

1.6.3 混凝土强度的检验评定

（1）结构构件的混凝土强度应按现行国家标准《混凝土强度检验评定标准》GB/T 50107—2010 的规定分批进行检验评定。对于采用蒸汽法养护的混凝土结构构件，其混凝土试件应先随同结构构件同条件蒸汽养护，然后再转入标准条件养护共 28d。当混凝土中掺用矿物掺和料时，由于其强度增长速度较慢，以 28d 为验收龄期可能并不合适。所以，确定混凝土强度时的龄期可以按现行国家标准《粉煤灰混凝土应用技术规范》GB/T 50146—2014 等的规定取值。

（2）检验评定混凝土强度用的混凝土试件尺寸及强度的尺寸换算系数应按表 1－9 进

行取用；其标准成型方法、标准养护条件及强度试验方法应该符合普通混凝土力学性能试验方法标准的规定。

表 1–9 混凝土试件尺寸及强度的尺寸换算系数

骨料最大粒径（mm）	试件尺寸（mm）	强度的尺寸换算系数
≤31.5	100×100×100	0.95
≤40	150×150×150	1.00
≤63	200×200×200	1.05

注：对强度等级为 C60 及以上的混凝土试件，其强度的尺寸换算系数可通过试验确定。

（3）由于同条件养护试件具有与结构混凝土相同的原材料、配合比和养护条件，所以能有效代表结构混凝土的实际质量。结构构件拆模、出池、出厂、吊装、张拉、放张以及施工期间临时负荷时的混凝土强度，都应根据同条件养护的标准尺寸试件的混凝土强度来确定。

（4）当混凝土试件强度评定为不合格时，可以采用非破损或局部破损的检测方法（例如回弹法、超声回弹综合法、钻芯法、后装拔出法等），按国家现行有关标准的有关规定对结构构件中的混凝土强度进行推定，并且作为处理的依据。

（5）如果室外日平均气温连续 5d 稳定低于 5℃时，混凝土分项工程应立即采取冬期施工措施，混凝土的冬期施工应符合现行国家现行行业标准《建筑工程冬期施工规程》JGJ 104—2011 和施工技术方案的规定。

1.7 钢筋保护层

钢筋的保护层就是钢筋外边缘与混凝土外表面之间的距离。钢筋保护层顾名思义就是保护钢筋，其作用是根据建筑物耐久性要求，在设计年限内防止钢筋产生危及结构安全的锈蚀；其次是保证钢筋与混凝土之间有足够的粘结力，保证钢筋与其周围混凝土能共同工作，并使钢筋充分发挥计算所需的强度。如果没有钢筋保护层或钢筋保护层不足，钢筋就会受到水分或有害气体的侵蚀，会生锈剥落，截面减小，使构件承载能力降低；钢筋生锈后体积增大，使周围混凝土产生裂缝，裂缝展开后又促使钢筋进一步锈蚀，形成恶性循环，进一步导致混凝土构件保护层剥落，钢筋截面减少，承载力降低，削弱构件的耐久性。混凝土保护层过小将导致混凝土对钢筋握裹不好，使钢筋锚固能力降低，影响构件受力性能。混凝土保护层过大也会降低构件的有效高度和承载力。对有防火要求的建筑物，为了保证构件在火灾发生前的强度和承载力，设计中应要求在构件表面粘贴或涂刷隔热的防火保护层，以提高构件的耐火极限。

混凝土结构中，钢筋被包裹在混凝土内，由受力钢筋外边缘到混凝土构件表面的最小距离称为保护层厚度。混凝土保护层的作用为：

（1）保证混凝土与钢筋共同工作。混凝土与钢筋共同工作确保结构力性能，是保证结构构件承载能力和结构性能的基本条件。

混凝土是抗压性能较好的脆性材料，钢筋是抗拉性能较好的延性材料。这两种材料各以其抗压、抗拉性能优势相结合，就构成了具有抗压抗弯抗剪抗扭等结构性能的各种结构形式的建筑物或结构物。混凝土与钢筋共同工作的保证条件，是依靠混凝土与钢筋之间有足够的握裹力。握裹力主要有三种力构成：

1）粘结力（粘着力）。它是混凝土与钢筋表面的粘结力。

2）摩擦力。当结构处于受力状态时混凝土与钢筋表面产生一种摩擦力。

3）机械咬合力。它是由于钢筋表面凸凹不平与混凝土接触面产生一种咬合力。由粘着力、摩擦力、咬合力这三种力构成的握裹力，直接关系到钢筋混凝土结构的性能和承载能力。保证混凝土与钢筋之间的握裹力，就要求保护层要有一定的厚度。如果保护层厚度过小，则混凝土与钢筋之间不能发挥握裹力的作用。因此规范规定混凝土保护层厚度的最小尺寸，不应小于受力钢筋的一个直径值。

（2）保护钢筋不锈蚀，确保结构安全和耐久性。

影响钢筋混凝土结构耐久性，造成其结构破坏的因素很多，如氯离子侵蚀、冻融破坏；混凝土不密实，裂缝；混凝土碳化，碱—集反应，在一定环境条件下都能造成钢筋锈蚀引起结构破坏。钢筋锈蚀后，铁锈体积膨胀，体积一般增加到 2 ~4 倍，致使混凝土保护层开裂，潮气或水分渗入，加快和加重钢筋继续锈蚀，使钢筋锈短，导致建筑物破坏。混凝土保护层对防止钢筋锈蚀具有保护作用。这种保护作用在无有害物质侵蚀下才能有效。但是，保护层混凝土的碳化，给钢筋锈蚀提供了外部条件。因此，混凝土碳化对钢筋锈蚀有很大影响，关系到结构耐久性和安全性。

（3）保护钢筋不应受高温（火灾）影响。使结构急剧丧失承载力保护层具有一定厚度，可以使建筑物的结构在高温条件下或遇有火灾时，保护钢筋不因受到高温影响，使结构急剧丧失承载力而倒塌。因此保护层的厚度与建筑物耐火性有关。混凝土和钢筋均属非燃烧体，以砂石为骨料的混凝土一般可耐高温 700℃。钢筋混凝土结构都不能直接接触明火火源，应避免高温辐射，由于施工原因造成保护层过小，一旦建筑物发生火灾，会造成对建筑物耐火等级或耐火极限的影响。这些因素在设计时均应考虑，混凝土保护层按建筑物耐火等级要求规定的厚度设计时，遇有火灾可保护结构或延缓结构倒塌时间，可为人口疏散和物资转移提供一定的缓冲时间。如保护层过小，可能会失去这个缓冲时间，造成生命、财产的更大损失。

混凝土保护层的最小厚度取决于构件的耐久性、耐火性和受力钢筋粘结锚固性能的要求，同时与环境类别有关。混凝土结构的环境类别见表 1 – 10。

表 1 – 10　混凝土结构的环境类别

环境类别	条　　件
一	室内干燥环境 无侵蚀性静水浸没环境
二 a	室内潮湿环境 非严寒和非寒冷地区的露天环境 非严寒和非寒冷地区与无侵蚀性的水或土壤直接接触的环境 严寒和寒冷地区的冰冻线以下与无侵蚀性的水或土壤直接接触的环境

续表 1－10

环境类别	条　件
二 b	干湿交替环境 水位频繁变动环境 严寒和寒冷地区的露天环境 严寒和寒冷地区冰冻线以上与无侵蚀性的水或土壤直接接触的环境
三 a	严寒和寒冷地区冬季水位变动区环境 受除冰盐影响环境 海风环境
三 b	盐渍土环境 受除冰盐作用环境 海岸环境
四	海水环境
五	受人为或自然的侵蚀性物质影响的环境

注：1. 室内潮湿环境是指构件表面经常处于结露或湿润状态的环境。

2. 严寒和寒冷地区的划分应符合国家现行标准《民用建筑热工设计规范》GB 50176—1993 的有关规定。

3. 海岸环境和海风环境宜根据当地情况，考虑主导风向及结构所处迎风、背风部位等因素的影响，由调查研究和工程经验确定。

4. 受除冰盐影响环境是指受到除冰盐盐雾影响的环境；受除冰盐作用环境是指被除冰盐溶液溅射的环境以及使用除冰盐地区的洗车房、停车楼等建筑。

5. 暴露的环境是指混凝土结构表面所处的环境。

纵向受力钢筋的混凝土保护层的最小厚度应符合表 1－11 的要求。

表 1－11　纵向受力钢筋的混凝土保护层的最小厚度（mm）

环境类别	板、墙	梁、柱
一	15	20
二 a	20	25
二 b	25	35
三 a	30	40
三 b	40	50

注：1. 表中混凝土保护层厚度指最外层钢筋外边缘至混凝土表面的距离，适用于设计使用年限为 50 年的混凝土结构。

2. 构件中受力钢筋的保护层厚度不应小于钢筋的公称直径。

3. 设计使用年限为 100 年的混凝土结构，一类环境中，最外层钢筋的保护层厚度不应小于表中数值的 1.4 倍；二、三类环境中，应采取专门的有效措施。

4. 混凝土强度等级不大于 C25 时，表中保护层厚度数值应增加 5mm。

5. 基础地面钢筋的保护层厚度，有混凝土垫层时应从垫层顶面算起，且不应小于 40mm；无垫层时不应小于 70mm。

1.8　钢筋的作用

钢筋按其在构件中起的作用不同，通常加工成各种不同的形状。构件中常见的钢筋可分为主钢筋（纵向受力钢筋）、弯起钢筋（斜钢筋）、箍筋、架立钢筋、腰筋、拉筋和分布钢筋几种类型，如图 1－19 所示。各种钢筋在构件中的作用如下。

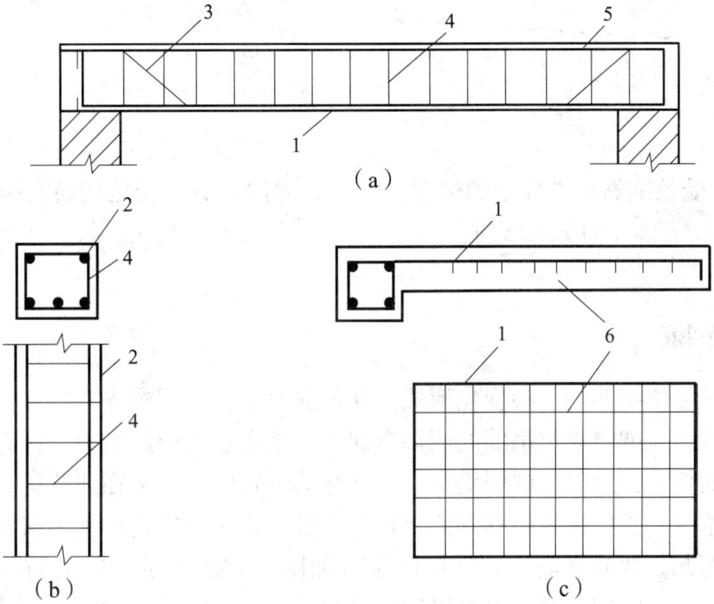

图 1－19　钢筋在构件中的种类

（a）梁；（b）柱；（c）悬壁板

1—受拉钢筋；2—受压钢筋；3—弯起钢筋；4—箍筋；5—架立钢筋；6—分布钢筋

1.8.1　主钢筋

主钢筋又称纵向受力钢筋，可分受拉钢筋和受压钢筋两类。受拉钢筋配置在受弯构件的受拉区和受拉构件中承受拉力；受压钢筋配置在受弯构件的受压区和受压构件中，与混凝土共同承受压力。一般在受弯构件受压区配置主钢筋是不经济的，只有在受压区混凝土不足以承受压力时，才在受压区配置受压主钢筋以补强。受拉钢筋在构件中的位置如图 1－20 所示。

受压钢筋是通过计算用以承受压力的钢筋，一般配置在受压构件中，例如各种柱子、桩或屋架的受压腹杆内，还有受弯构件的受压区内也需配置受压钢筋。虽然混凝土的抗压强度较大，然而钢筋的抗压强度远大于混凝土的抗压强度，在构件的受压区配置受压钢筋，帮助混凝土承受压力，就可以减小受压构件或受压区的截面尺寸。受压钢筋在构件中的位置如图 1－21 所示。

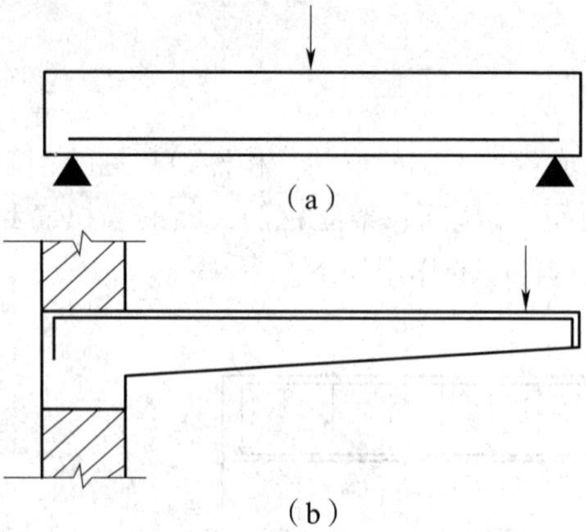

（a）简支梁；（b）雨篷

图 1－20 受拉钢筋在构件中的位置

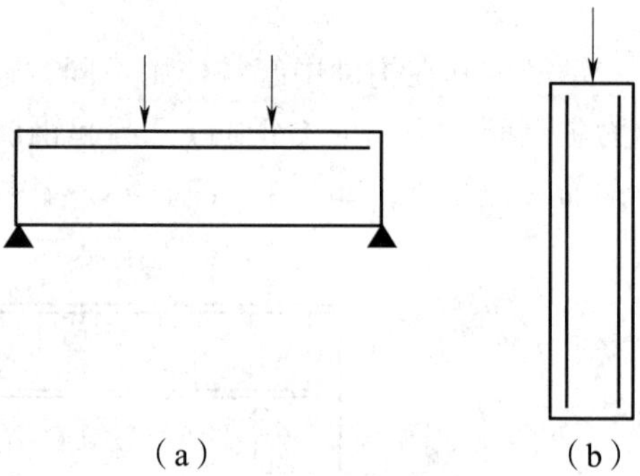

（a）梁；（b）柱

图 1－21 受压钢筋在构件中的位置

1.8.2 弯起钢筋

弯起钢筋是受拉钢筋的一种变化形式。在简支梁中，为抵抗支座附近由于受弯和受剪而产生的斜向拉力，就将受拉钢筋的两端弯起来，承受这部分斜拉力，称为弯起钢筋。但在连续梁和连续板中，经实验证明受拉区是变化的：跨中受拉区在连续梁、板的下部；到接近支座的部位时，受拉区主要移到梁、板的上部。为了适应这种受力情况，受拉钢筋到一定位置就须弯起。弯起钢筋在构件中的位置如图 1－22 所示。斜钢筋一般由主钢筋弯起，当主钢筋长度不够弯起时，也可采用吊筋（图 1－23），但不得采用浮筋。

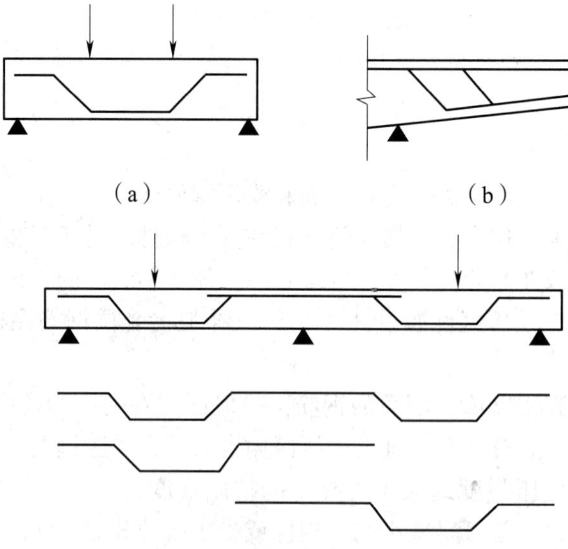

图 1－22 弯起钢筋在构件中的位置

（a）简支梁；（b）悬臂梁；（c）横梁

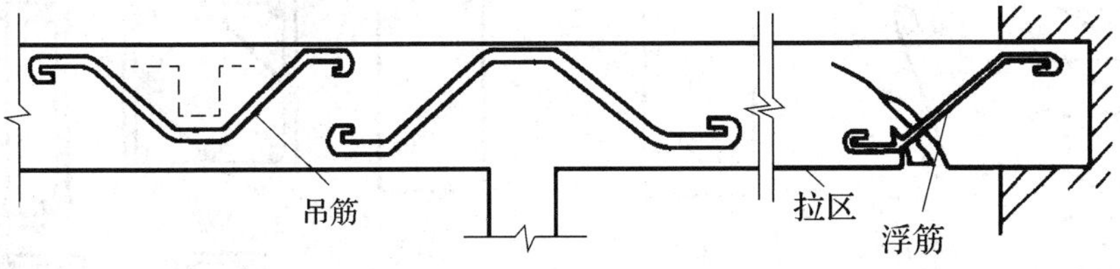

图 1－23 吊筋布置图

1.8.3 架立钢筋

架立钢筋能够固定箍筋，并与主筋等一起连成钢筋骨架，保证受力钢筋的设计位置，使其在浇筑混凝土过程中不发生移动。

架立钢筋的作用是使受力钢筋和箍筋保持正确位置，以形成骨架。但当梁的高度小于150mm 时，可不设箍筋，在这种情况下，梁内也不设架立钢筋。架立钢筋的直径一般为 8～12mm。架立钢筋位置如图 1－24 所示。

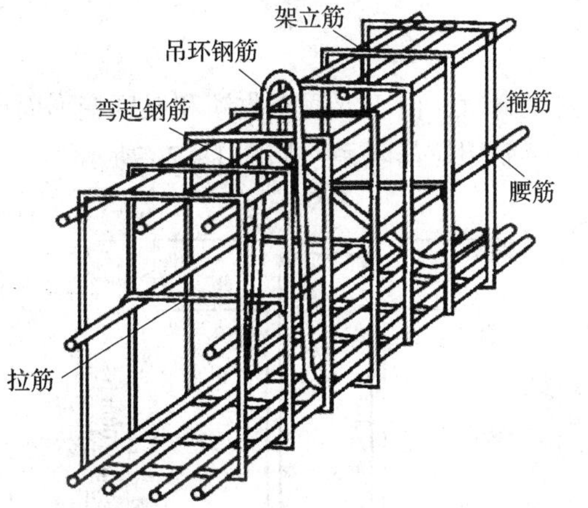

图 1－24 架立筋、腰筋等在钢筋骨架中的位置

1.8.4 箍筋

箍筋除了可以满足斜截面抗剪强度外，还有使连接的受拉主钢筋和受压区的混凝土共同工作的作用。此外，亦可用于固定主钢筋的位置而使梁内各种钢筋构成钢筋骨架。

箍筋的主要作用是固定受力钢筋在构件中的位置，并使钢筋形成坚固的骨架，同时箍筋还可以承担部分拉力和剪力等。

箍筋的形式主要有开口式和闭口式两种。闭口式箍筋有三角形、圆形和矩形等多种形式。

单个矩形闭口式箍筋也称双肢箍；两个双肢箍拼在一起称为四肢箍。在截面较小的梁中可使用单肢箍；在圆形或有些矩形的长条构件中也有使用螺旋形箍筋的。

箍筋的构造形式如图 1－25 所示。

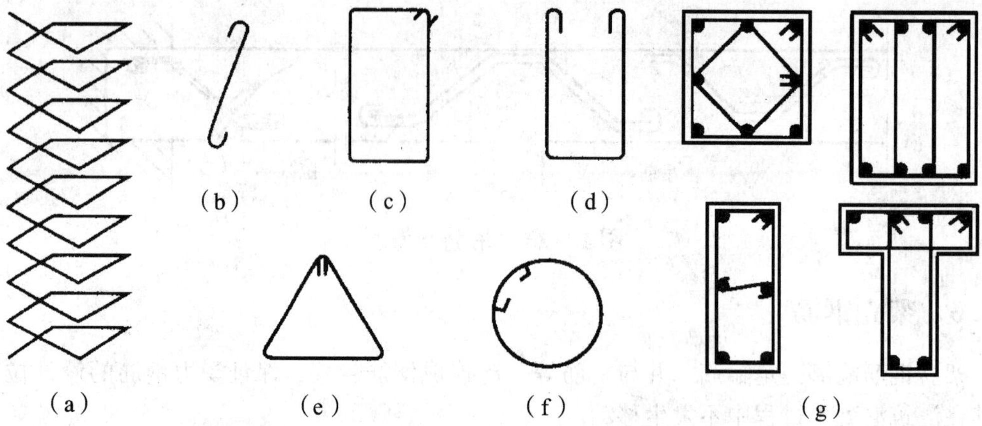

图 1－25　箍筋的构造形式

（a）螺旋形箍筋；（b）单肢箍；（c）闭口双肢箍；（d）开口双肢箍；
（e）闭口三角箍；（f）闭口圆形箍；（g）各种组合箍筋

1.8.5　腰筋与拉筋

腰筋的作用是防止梁太高时，由于混凝土收缩和温度变形而产生的竖向裂缝，同时亦可加强钢筋骨架的刚度。腰筋用拉筋联系，如图 1－26 所示。

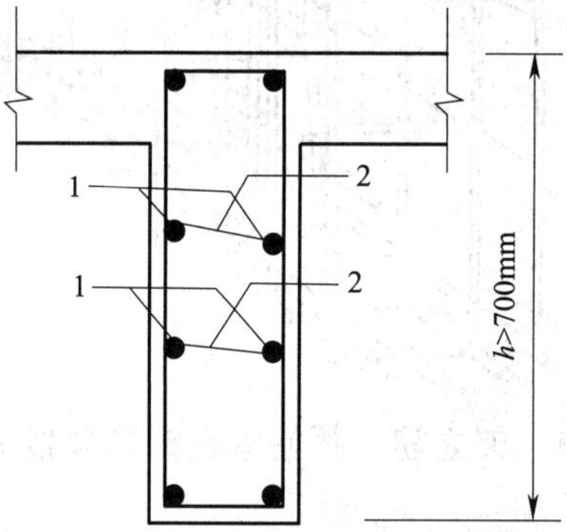

图 1－26　腰筋与拉筋布置

1—腰筋；2—拉筋

当梁的截面高度超过 700mm 时，为了保证受力钢筋与箍筋整体骨架的稳定，以及承受构件中部混凝土收缩或温度变化所产生的拉力，在梁的两侧面沿高度每隔 300～400mm 设置一根直径不小于 10mm 的纵向构造钢筋，称为腰筋。腰筋要用拉筋联系，拉筋直径采用 6～8mm。

由于安装钢筋混凝土构件的需要，在预制构件中，根据构件体形和质量，在一定位置设置有吊环钢筋。在构件和墙体连接处，部分还预埋有锚固筋等。

腰筋、拉筋、吊环钢筋在钢筋骨架中的位置如图 1－24 所示。

1.8.6　分布钢筋

分布钢筋是指在垂直于板内主钢筋方向上布置的构造钢筋。其作用是将板面上的荷载更均匀地传递给受力钢筋，同时在施工中可通过绑扎或点焊以固定主钢筋位置，同时亦可抵抗温度应力和混凝土收缩应力。

分布钢筋在构件中的位置如图 1－27 所示。

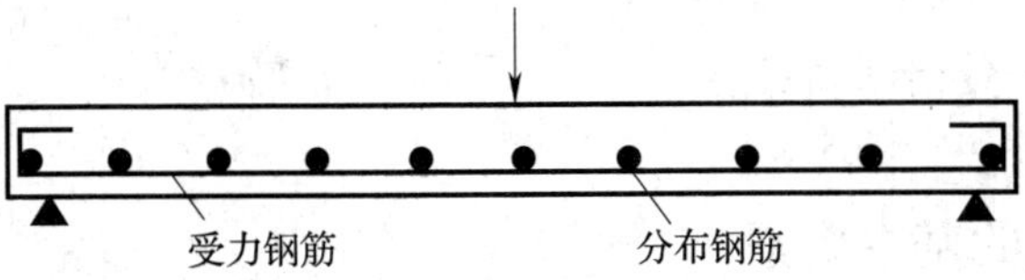

（a）

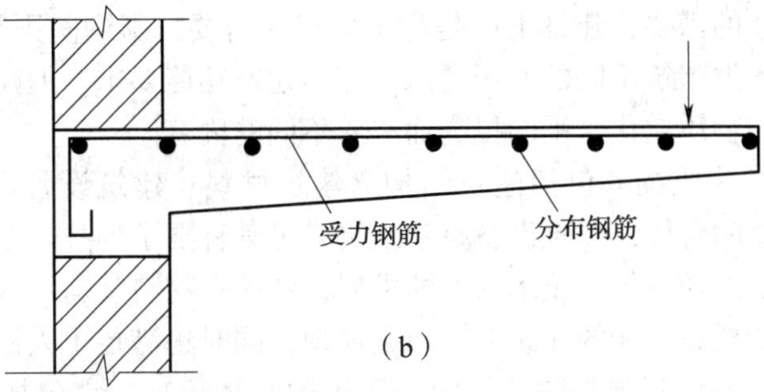

（b）

图 1－27　分布钢筋在构件中的位置

（a）简支板；（b）雨篷

2　房屋构造基本知识

2.1　民用建筑设计与构造

2.1.1　建筑构成的基本要素

建筑功能、建筑技术、建筑形象通称为建筑构成的三要素。

（1）建筑功能。人们建造房屋时有着明显的要求，它体现了建筑的目的性。例如，住宅建设是为了居住的需要，建设工厂是为了生产的需要，影剧院则是文化生活的需要。因此，满足人们对各类建筑不同的使用要求，即为建筑功能要求。但建筑功能要求随着人类社会的发展和人们物质文化水平的提高而有着不同的内容。

（2）建筑技术。建筑技术包括建筑结构、建筑材料、建筑设备和建筑施工等内容。材料和结构是建筑物的骨架，建筑设备是建筑物满足某种要求的技术条件，施工是保证建筑物实施的重要手段。随着科学技术的不断发展，各种新材料、新结构、新设备的不断出现和施工工艺的不断提高，新的建筑形式不断涌现，同时也满足了人们不同的功能要求。

（3）建筑形象。建筑形象是建筑物内外观感的具体体现，它包括建筑体形、立面形式、建筑色彩、材料质感等内容。良好的建筑形象给人们以艺术的感染力，如庄严雄伟、朴素大方、简洁明快、生动活泼等不同的感觉。建筑形象因功能要求以及社会、民族、地域的不同而不同，从而表现出绚丽多彩的建筑风格和建筑特色。

建筑功能、建筑技术、建筑形象三者是辩证统一不可分割的整体。一般情况下，建筑功能起着主导作用，它体现房屋建造的目的；建筑技术是达到这一目的的手段，但同时又有制约和促进作用；而建筑形象则是建筑功能、建筑技术与建筑艺术的综合表现。总之，在一个优秀的建筑作品中，这三者是和谐统一的。

2.1.2　民用建筑的分类和分级

建筑物按照它的使用性质，通常可分为生产性建筑和非生产性建筑。工业建筑、农业建筑是生产性建筑，民用建筑是属于非生产性建筑的范畴。

（1）按民用建筑的使用功能分类。

1）居住建筑。主要是提供人们生活起居用的建筑物，如住宅、宿舍、公寓等。

2）公共建筑。主要是指提供人们进行各种社会活动的建筑物，如行政办公建筑、文教建筑、托幼建筑、科研建筑、医疗建筑、商业建筑、观览建筑、体育建筑、旅馆建筑、交通建筑、通信建筑、园林建筑、纪念性建筑等。

（2）按民用建筑的规模分类。

1）大量性建筑。指单体建筑规模不大，但兴建数量多、分布广的建筑，如住宅、学校、普通办公楼、商店、医院等。

2）大型性建筑。指建筑规模大、耗资多、在一个地区有较大影响的建筑，如大型火车站、航空港、大型体育馆、大型展览馆、大会堂等。

（3）按民用建筑的层数分类。

1）低、多层建筑。通常称 1 ~2 层建筑为低层建筑，3 ~6 层建筑为多层建筑。

2）高层建筑。超过一定高度和层数的建筑，为高层建筑。世界各国对高层建筑的界定不尽相同。根据我国《建筑设计防火规范》GB 50016—2014 规定，建筑高度大于 27m 的住宅建筑和建筑高度大于 24m 的非单层厂房、仓库和其他民用建筑为高层建筑。高层民用建筑根据建筑高度、使用功能和楼层的建筑面积可分为一类和二类。

（4）按建筑物的耐久年限分级。建筑物的耐久年限一般是根据建筑物的重要性和规模来划分，作为基本建设投资的依据。以建筑物主体结构确定的建筑耐久年限分为四级，见表 2 –1。

表 2 –1 建筑物耐久年限和适用范围

级　　别	耐久年限	适用于建筑性质
一	100 年以上	重要的建筑和高层建筑
二	50 ~100 年	一般性建筑
三	25 ~50 年	次要建筑
四	15 年以下	临时建筑

（5）按建筑物的耐火等级分级。建筑物的耐火等级是由建筑物构件的燃烧性能和耐火极限两个方面决定的，共分四级，见表 2 –2。

表 2 –2 建筑物构件的燃烧性能和耐火极限

构件名称		耐火等级			
		一级	二级	三级	四级
墙	防火墙	不燃性 3.00	不燃性 3.00	不燃性 3.00	不燃性 3.00
	承重墙	不燃性 3.00	不燃性 2.50	不燃性 2.00	难燃性 0.50
	非承重外墙	不燃性 1.00	不燃性 1.00	不燃性 0.50	可燃性
	楼梯间和前室的墙 电梯井的墙 住宅建筑单元之间的墙和分户墙	不燃性 2.00	不燃性 2.00	不燃性 1.50	难燃性 0.50
	疏散走道两侧的隔墙	不燃性 1.00	不燃性 1.00	不燃性 0.50	难燃性 0.25
	房间隔墙	不燃性 0.75	不燃性 0.50	难燃性 0.50	难燃性 0.25
柱		不燃性 3.00	不燃性 2.50	不燃性 2.00	难燃性 0.50

续表 2-2

构件名称	耐火等级			
	一级	二级	三级	四级
梁	不燃性 2.00	不燃性 1.50	不燃性 1.00	难燃性 0.50
楼板	不燃性 1.50	不燃性 1.00	不燃性 0.50	可燃性
屋顶承重构件	不燃性 1.50	不燃性 1.00	可燃性 0.50	可燃性
疏散楼梯	不燃性 1.50	不燃性 1.00	不燃性 0.50	可燃性
吊顶（包括吊顶搁栅）	不燃性 0.25	难燃性 0.25	难燃性 0.15	可燃性

1）构件的燃烧性能。按建筑构件在空气中遇火时的不同反应，将燃烧性能分为下述三类：

①不燃烧体：用不燃材料制成的构件。不燃材料指的是在空气中遇到火烧或高温作用时不起火、不微燃、不炭化的材料。如砖、石、钢材等。

②难燃烧体：用难燃性材料做成的构件或用燃烧性材料做成而用不燃烧材料做保护层的构件。难燃性材料是指在空气中遇到火烧或高温作用时难起火、难微燃、难碳化，当火源移走后燃烧或微燃立即停止的材料。如经过阻燃处理的木材、沥青混凝土、水泥刨花板等。

③燃烧体：用燃烧材料做成的构件。燃烧性材料是指在空气中遇到火烧或高温作用时立即起火或微燃，且火源移走后仍继续燃烧或微燃的材料。如木材。

2）构件的耐火极限。对任一建筑构件，按时间—温度曲线进行耐火实验，从受到火的作用起，到失去支持能力，或完整性被破坏，或失去隔火作用为止的这段时间，称为耐火极限，用小时（h）表示。

2.1.3 建筑设计的内容和程序

（1）设计内容。建筑设计是建筑工程设计的一部分，建筑工程设计是指设计一个建筑物或一个建筑群体所要做的全部工作，包括建筑设计、结构设计、设备设计等三个方面的主要内容。

1）建筑设计。建筑设计在整个民用建筑工程设计中起着主导和“龙头”的作用，一般是由建筑师来完成。建筑设计主要是根据业主提供的设计任务书，在满足总体规划的前提下，对基地环境、建筑功能、结构施工、建筑设备、建筑经济和建筑美观等方面做全面的分析，并与有关专业进行协调，在此基础上提出建筑设计方案，再将这一方案逐步深化到指导施工的建筑设计施工图。

2）结构设计。这是完成建筑工程的“骨架”，包括选择结构方案、确定结构类型、进行结构计算和构件设计，最后，绘出结构施工图。结构设计是由结构工程师来完成。

3）设备设计。包括给水排水、采暖通风、电气照明、通信、燃气、动力、网络等专业的设计，确定其方案类型、设备选型和相应的智能化设计，并完成施工图设计。设备设计由各有关专业的工程师来完成。

以上几个专业的工作，构成了建筑工程设计的主要内容，是一个既有明确分工，又需密切配合的整体。

（2）设计程序。

1）设计前的准备工作。在进行建筑设计前，应结合设计任务书的要求认真地分析，调查研究，收集必要的设计基础资料，做到心中有数。

①熟悉设计任务书或可行性研究报告。它是由业主提供，作为建设单位的设计依据之一。它包括建设项目的用途、目的、规模；建筑项目总投资及土建、装修、设备、室外工程等投资分配；各类房间面积、装修标准；供水、供电、采暖空调、消防、通信、电视、网络等方面的要求；建设基地的范围及周边环境；项目建设进度计划和设计期限等。

设计人员在了解设计任务书和可行性研究报告时，要对照国家有关规范规定、定额指标，校核有关内容，可根据情况向有关部门提出补充内容和修改建议。

②调查研究、搜集有关设计资料。通过查阅资料、参观、走访等形式，调查同类建筑在使用中出现的情况，通过分析和研究，总结经验，吸取教训；要进行现场踏勘，深入了解基地的周围环境以及当地传统的建筑形式、文化背景、风土人情等，作为建筑设计的参考和借鉴；了解当地建筑材料的特性、价格、规格和施工单位的技术力量、施工条件等；搜集有关国家、行业、地区对该类型建设项目的规范、条例、规定；全面了解该地区的气象、地形、地质、水文资料等。

2）设计阶段的划分。建筑工程设计一般分为初步设计和施工图设计两个阶段，技术复杂的建设项目，可以按照初步设计、技术设计和施工图设计三个阶段进行。

①初步设计。设计人员根据设计任务书的要求，在掌握调查研究资料的基础上，综合考虑建筑功能、技术条件、建筑形象等因素，提出设计方案，并征得建设单位同意，然后报城建管理部门批准后，确定为实施方案。

初步设计一般包括设计说明书、设计图纸、主要设备材料表和工程概算四部分。

设计说明书的内容包括设计指导思想及主要依据；建筑结构方案特点及材料装修标准；主要技术经济指标和建筑设备等系统的说明。

设计图纸主要包括建筑总平面图、各层平面图、剖面图、立面图等。根据工程性质，必要时可绘制透视效果图或制作模型。

主要材料及设备表要写明主要材料和设备的名称、规格、数量及有关要求。

工程概算书主要是建筑物投资估算及单位消耗量。

对于有些做技术设计的工程，待初步设计批准后即可进行。它是初步设计阶段的深化和完善，也是各工种协调、最后定案的阶段。技术设计阶段的文件和图纸与初步设计阶段大致相同，但每一部分要求更具体、详细。对于有特殊要求的建筑物，各专业还要编制相应的专篇加以说明，如防火专篇、环保专篇、节能专篇等。

②施工图设计。施工图设计是建筑设计的最后阶段，是在有关主管部门审批同意后的初步设计（或技术设计）基础上进行的，是设计单位提交给建设单位的最终成果，是施工单位进行施工的依据。

施工图设计的内容包括建筑、结构、水电、采暖、空调通风、电视、网络、楼宇自控等工种的设计图纸以及相应的说明书和全部工程的预算书。

建筑设计施工图的全部内容包括详细的建筑说明、总平面图、各层平面图、剖面图、立面图、构造详图等。要求各种图纸全面具体、准确无误、满足施工要求。

除完成上述图纸外，建筑设计人员还需将有关声学、热工、视线要求、安全疏散等方面的计算书，作为技术文件归档，以备查用。

2.1.4 建筑物的构造组成及作用

一幢建筑物，一般由基础、墙或柱、楼板层和地层、楼梯、屋顶和门窗等六大部分组成，如图 2－1 所示。

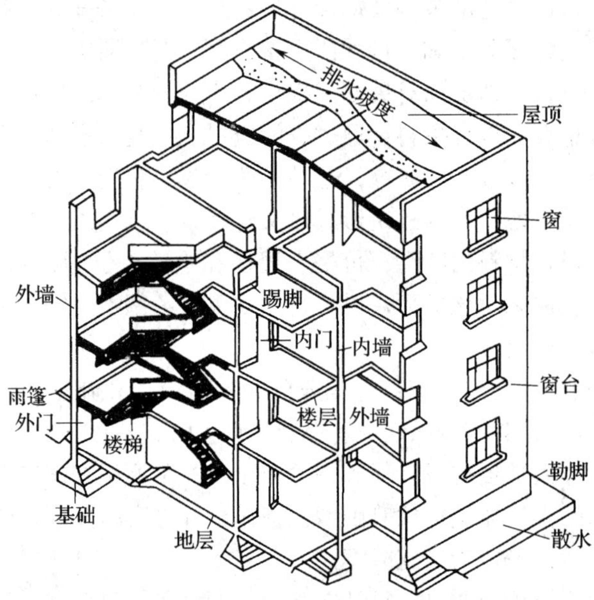

图 2－1 民用建筑物的组成

（1）基础。基础是建筑物最下部的承重构件，其作用是承受建筑物的全部荷载，并将这些荷载传给地基。因此，基础必须坚固、稳定，并能抵御地下各种有害因素的侵蚀。

（2）墙或柱。墙是建筑物的承重、围护和分隔构件。作为承重构件，墙承受着屋顶和楼板层传来的荷载，并将其传给基础；作为围护构件，可抵御自然界各种有害因素对室内的侵袭；内墙主要起分隔空间的作用。因此，墙体应具有足够的强度、稳定性，具有保温、隔热、防水、防火等性能。

柱是框架或排架结构中的竖向承重构件，必须具有足够的强度和稳定性。

（3）楼板层和地层。楼板是建筑物水平方向的承重构件，并用来分隔楼层之间的空间。楼板承受家具设备和人体荷载，并将其传给墙或柱，同时对墙体起着水平支撑作用。

因此，楼板应具有足够的强度、刚度和隔声性能，对有水侵蚀的房间还应具有防潮、防水性能。

地层是底层房间与土壤之间的分隔构件，起承受底层房间荷载的作用。地层应具有耐磨、防潮、防水、防尘和保温性能。

(4) 楼梯。楼梯是建筑物的垂直交通设施，供人们上下楼层和紧急疏散之用，应具有足够的通行宽度，并且满足防滑、防火等要求。

(5) 屋顶。屋顶是建筑物的承重兼围护构件，承受风、雨、雪荷载及施工、检修等荷载。故屋顶应具有足够的强度、刚度及防水、保温、隔热等性能。

(6) 门窗。门窗属非承重构件。门主要起交通联系、分隔之用；窗主要起通风、采光、分隔、眺望等作用。故要求其开关灵活，关闭紧密，坚固耐久，必要时应具有保温、隔声、防火能力。

建筑物除以上六大基本组成部分以外，对不同使用功能的建筑物，还有许多特有的构配件，如阳台、坡道、雨篷、烟囱、台阶、垃圾井、花池等。

2.1.5 影响建筑构造的因素

(1) 外界环境因素的影响。

1) 外力作用的影响。作用在建筑物上的各种外力统称为荷载。荷载可分为恒载（如结构自重）和活荷载（如人群、雪荷载、风荷载等）两大类。荷载的大小是建筑结构设计的主要依据，决定着构件的尺度和用料。而构件的材料、尺寸、形状等又与构造密切相关。

2) 自然气候的影响。太阳的热辐射，自然界的风、霜、雨、雪等，构成了影响建筑物和建筑构件使用质量的多种因素。在进行构造设计时，应采取必要的防范措施。

3) 各种人为因素的影响。人们所从事的生产和生活活动，也往往会造成对建筑物的影响，如机械振动、化学腐蚀、爆炸、火灾、噪声等，都属人为因素的影响。因此在进行建筑构造设计时，必须针对各种有关的影响因素，从构造上采用防振、防腐、防火、隔声等相应的措施。

(2) 物质技术条件的影响。建筑材料和结构等物质技术条件是构成建筑的基本要求。材料是建筑物的物质基础，结构则是构成建筑物的骨架，这些都与建筑构造密切相关。

随着建筑业的不断发展，物质技术条件的改变，新材料、新工艺、新技术的不断涌现，同样也会对构造设计带来很大影响。

(3) 经济条件的影响。随着建筑技术的不断发展和人们生活水平的提高，人们对建筑的使用要求，包括居住条件及标准也随之改变标准的变化势必带来建筑的质量标准、建筑造价等出现较大差别。在这样的前提下，对建筑构造的要求将随着经济条件的改变而发生极大的变化。

2.2 工业建筑设计与构造

2.2.1 工业建筑的特点

工业建筑是指为工业生产需要而建造的各种房屋，通常称为厂房。它和民用建筑一样，具有建筑的共同性质，在设计原则、建筑技术、建筑材料等方面有许多相同之处。但由于工业建筑直接为生产服务，而生产工艺的复杂多样，使它具有以下几个方面的特点：

（1）生产工艺流程直接影响各生产工段的布置和相互关系，决定着厂房的建筑空间形式、平面布置和形状。

（2）厂房内各种生产设备和起重运输设备的设置，直接影响到厂房的大小、布置及结构形式的选择。由于设备之间生产联系或运行上的需要，使得厂房具有较大的柱网尺寸及高大畅通的内部空间。

（3）生产特征直接影响建筑平面布置、结构和构造等方面。由于生产工艺不同的厂房具有不同的生产特征，需要采用相应的措施，致使结构和构造比较复杂，技术要求较高。

2.2.2 工业建筑的分类

工业建筑种类繁多，为了便于掌握工业建筑的设计规律，通常按用途、内部生产状况和层数进行分类。

（1）按厂房的用途分。

1）主要生产厂房。用于直接进行主要产品加工及装配的厂房，如机械制造厂中的铸造车间、机械加工车间和装配车间等。

2）辅助生产厂房。为主要生产厂房服务的厂房，如机械制造厂中的工具车间、机修车间等。

3）动力用厂房。为生产提供能源的厂房，如发电站、氧气站、压缩空气站等。

4）贮藏用建筑。用于贮存各种原材料、半成品、成品的仓库，如金属材料库、燃料库、成品库等。

5）运输用建筑。用于存放、检修各种运输工具的建筑，如汽车库、电瓶车库等。

（2）按厂房内部生产状况分。

1）热加工车间。在生产过程中散发大量余热、烟尘的车间，如铸造车间、锻压车间等。

2）冷加工车间。在正常的温湿度条件下进行生产的车间，如机械加工车间、装配车间等。

3）恒温恒湿车间。在稳定的温湿度条件下进行生产的车间，如纺织车间、精密机械车间等。

4）洁净车间。控制生产环境中的尘粒、温湿度等，在洁净条件下进行生产的车间，如集成电路车间、精密仪器仪表加工及装配车间等。

（3）按厂房层数分。

1）单层厂房。只有一层的厂房。广泛应用于机械制造、冶金等部门。主要适用于需要水平方向组织工艺流程、使用大型设备、生产重型产品的车间［图2-2（a）］。

2）多层厂房。两层及两层以上的厂房。多用于轻工业、食品、电子、精密仪器仪表等工业部门。适用于需要垂直方向布置工艺流程、设备和产品较轻且运输量不大的车间［图2-2（b）］。

3）混合层次厂房。既有单层跨也有多层跨的厂房。多用于化学、电子等工业部门［图2-2（c）］。

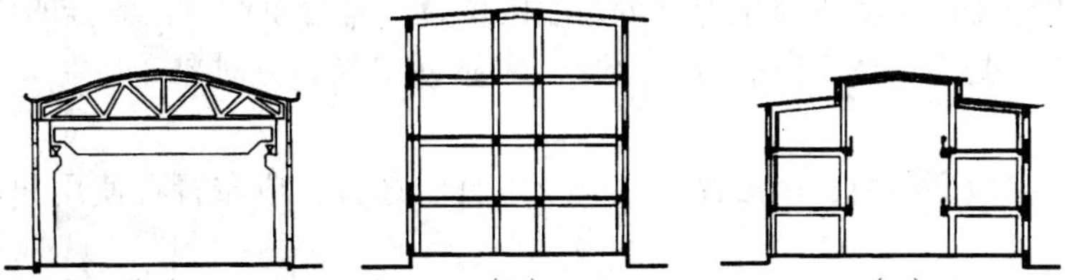

图 2-2 工业建筑的类型（按层数分）

(a) 单层厂房；(b) 多层厂房；(c) 混合层次厂房

2.2.3 厂房内部的起重运输设备

为在生产中运送原材料、半成品、成品及安装和检修设备，厂房内常需设置起重运输设备，其中各种形式的吊车与厂房的设计关系密切。常用的吊车有以下几种：

(1) 单轨悬挂式吊车。在厂房的屋架下弦（或屋面梁的下翼缘）悬挂工字形钢轨（单轨），吊车安装在钢轨上，沿轨道运行。单轨悬挂式吊车的起重量较小，一般为 1～2t，且起吊范围较窄。

(2) 梁式吊车。梁式吊车由起重行车和工字形横梁组成。吊车可悬挂在屋架下弦（或屋面梁下翼缘）上，也可支承在柱牛腿上的吊车梁上。梁式吊车的起重量不大，一般不超过 5t，但起吊范围较大。

(3) 桥式吊车。桥式吊车由起重行车和桥架组成。起重行车安装在桥架上面的轨道上，沿桥架轨道（厂房横向）运行。桥架支承在吊车梁上面的钢轨上，沿厂房纵向运行。司机室通常设在桥架一端。桥式吊车起重量可为 5t 至数百吨，起吊范围较大，在工业建筑中应用较为广泛（图 2-3）。

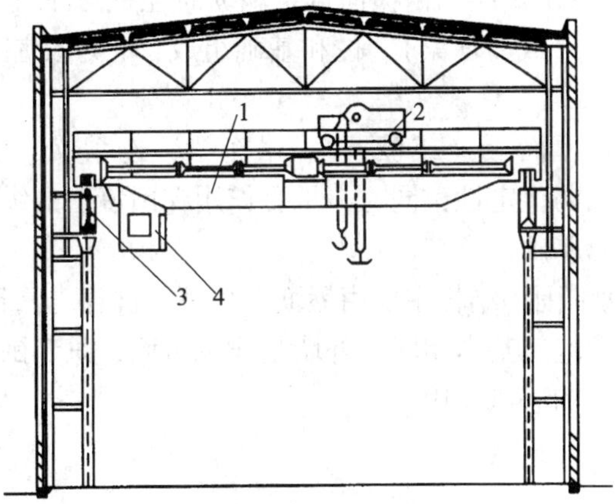

图 2-3 桥式吊车

1—桥架；2—起重行车；3—吊车梁；4—司机室

2.2.4 单层厂房的组成

(1) 单层厂房的空间组成。单层厂房是由生产工段、辅助工段、仓库及生活间组成。

1）生产工段是厂房的主要生产部分，它的位置应符合生产工艺流程的要求。

2）辅助工段是为生产工段服务的部分，应靠近主要服务对象布置，并与之有密切的联系。

3）仓库是存放原材料、半成品、成品及工具的地方，应布置在使用和运输方便的地方。

4）生活间包括生活和办公用房等，可集中布置在厂房附近或贴建于厂房周围，也可布置在厂房内部。

（2）单层厂房的构件组成。由于结构形式不同，组成厂房的构件种类有所不同，下面着重介绍装配式钢筋混凝土排架结构的单层厂房构件组成（图2－4）。

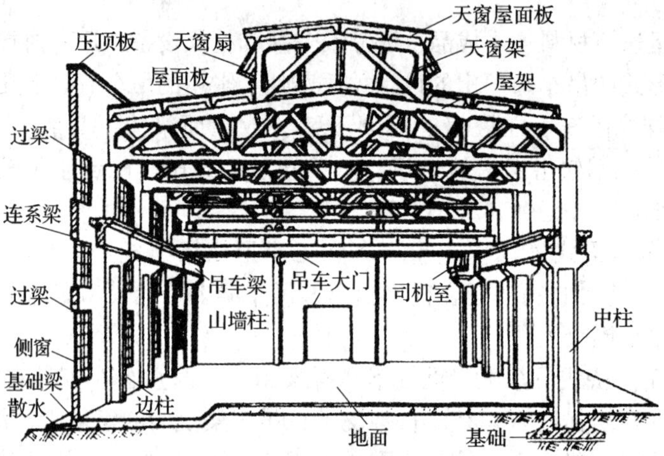

图2－4　装配式钢筋混凝土排架结构的单层厂房构件组成

1）承重结构。厂房的承重结构由横向排架和纵向连系构件组成。

①横向排架。由屋架（或屋面梁）、柱和基础组成，它承受屋顶、天窗、外墙和吊车荷载。

②纵向连系构件。由屋面板（或檩条）、吊车梁、连系梁、柱间和屋架间支撑等组成。它们能保证横向排架的稳定性，同时，承受作用在山墙上的纵向风荷载及吊车的纵向水平荷载，并通过柱传给基础。

2）围护结构。厂房的围护结构主要由屋面、外墙、门窗、天窗和地面等组成。屋面、门窗和地面的作用与民用建筑基本相同。外墙是非承重墙，只起围护作用。天窗是开设在厂房屋顶的窗，起着采光和通风作用。

3 基槽（坑）的开挖

3.1 人工土方开挖

3.1.1 作业条件

（1）土方开挖前，应详细查明施工区域内的地下、地上障碍物。对位于基坑、管沟内的管线和相距较近的地上、地下障碍物已按拆、改或加固方案处理完毕。

（2）根据给定的控制坐标和水准点，按建筑物总平面要求，引测到现场。在工程施工区域设置测量控制网，包括控制基线、轴线和水平基准点；做好轴线控制测量的校核。

（3）夜间施工时，应有足够的照明设施；在危险地段应设置明显标志，并要合理安排开挖顺序，防止错挖或超挖。

（4）施工机械进入现场所经过的道路、桥梁和卸车设施等，应事先经过检查，必要时要做好加固或加宽等准备工作。

（5）在机械无法作业的部位，修整边坡坡度以及清理槽底等均应配备人工进行。

（6）当开挖深度范围内遇有地下水时，应根据当地工程地质资料采取措施降低地下水位。一般应降至开挖面以下0.5m，然后才能进行土方开挖。做好施工场地防洪排水工作，全面规划场地，平整各部分的标高，保证施工场地排水通畅不积水，场地周围设置必要的截水沟，排水沟。

（7）选择土方机械，应根据施工区域的地形与作业条件、土壤类别与厚度、总工程量和工期综合考虑，发挥施工机械效率。

（8）在施工现场内修筑供汽车行走的坡道，坡度应小于1∶6。当坡道路面强度偏低时，路面土层应铺填筑适当厚度的碎石或渣土；挖土机械所占土层当处于饱和状态时，应当填筑适用厚度的碎石或渣土，以免施工机械出现塌陷。

（9）根据土方和基础工程规模、工期长短、施工力量安排等修建简易的临时性生产和生活设施，同时敷设现场供水、供电、供压缩空气（爆破石方用）管线路，并进行试水、试电、试气。

（10）基坑边缘堆置土方或建筑材料或沿挖方边缘移动运输工具和机械，一般应距基坑上部边缘不少于2m，弃土堆置高度不应超过1.5m。重物距边坡距离：汽车不小于3m，起重机不小于4m。

3.1.2 场地开挖

（1）对于小面积，多用人工或配合小型机具开挖。采取由上而下，分层分段，一端向另一端进行。土方运输采用手推车、皮带运输机、机动翻斗车、自卸汽车等机具。对于大面积，宜用推土机、装卸机、铲运机或挖掘机等大型土方机械。

（2）土方开挖应具有一定的边坡坡度，以防塌方和保证施工安全。确定挖方边坡坡度应据使用时间、土的种类、物理力学性能、水文情况等确定。一般说来，临时性挖方边坡坡值见表3－1。

表3－1 临时性挖方边坡值

土的类别		边坡值（高: 宽）
砂土（不包括细砂、粉砂）		1: 1.25～1: 1.50
一般性黏土	硬	1: 0.75～1: 1.10
	硬塑	1: 1.10～1: 1.25
	软	1: 1.50 或更缓
碎石类土	充填坚硬、硬塑黏性土	1: 0.50～1: 1.10
	充填砂土	1: 1.00～1: 1.50

注：1. 设计有要求时，应符合设计标准。

2. 如采用降水或其他加固措施，可不受本表限制，但应计算复核。

3. 开挖深度，对软土不应超过4m，对硬土不应超过8m。

3.1.3 边坡开挖

（1）场地边坡开挖应采用沿等高线自上而下分层、分段依次进行。在边坡上采用多台阶同时进行开挖，上台阶比下台阶开挖进深不小于30m，以防塌方。

（2）边坡台阶开挖，应做成一定坡势，以利泄水。边坡下部设有护脚及排水沟时，在边坡修完之后，应立即处理台阶的反向排水坡并进行护脚矮墙和排水沟的砌筑和疏通，以保证坡面不被冲刷和边坡稳定范围内不积水，否则应采取临时性排水措施。

3.1.4 基坑（槽）开挖

（1）基坑（槽）和管沟开挖上部应有排水措施，防止地面水流入坑内，以防冲刷边坡造成塌方和破坏基土。

（2）基坑开挖，应先进行测量定位，抄平放线，定出开挖宽度，按放线分块（段）分层挖土。根据土质和水文情况采取在四侧或两侧直立开挖或放坡，以保证施工操作安全。

当土质为天然湿度、构造均匀、水文地质条件良好（即不会发生坍滑、移动、松散或不均匀下沉）且无地下水时，开挖基坑亦可不必放坡，采取直立开挖不加支护，但挖方深度应按表3－2规定深度，基坑宽应稍大于基础宽。如超过表3－3规定深度，但不大于5m时，应根据土质和施工具体情况进行放坡，以保证不塌方，其最大允许坡度按表3－3采用。放坡后基坑上口宽度由基础底面宽度及边坡坡度来决定，坑底宽度每边应比基础宽出15～30cm，以便于施工操作。

表3－2 基坑（槽）和管沟不加支撑时的允许深度

土的种类	容许深度（m）
坚硬的黏土	2.00
硬塑、可塑的黏土和碎石类土（充填物为黏土）	1.50
硬塑、可塑的粉质黏土及粉土	1.25
密实、中密的砂子和碎石类土（充填物为砂土）	1.00

表3-3 深度在5m内的基坑（槽）、管沟边坡的最陡坡度（不加支撑）

土的类别	边坡坡度容许值（高:宽）		
	坡顶有动载	坡顶有静载	坡顶无荷载
中密的砂土	1:1.50	1:1.25	1:1.00
中密的碎石类土（填充物为砂土）	1:1.25	1:1.00	1:0.75
硬塑的黏质粉土	1:1.00	1:0.75	1:0.67
中密的碎石类土（填充物为黏性土）	1:0.75	1:0.67	1:0.50
硬塑的粉质黏土、黏土	1:0.50	1:0.50	1:0.33
老黄土	1:0.33	1:0.25	1:0.10
软土（经井点降水后）	—	—	1:1.00

注：1. 静载指堆土或材料等，动载指机械挖土或汽车运输作业等。静载或动载应距挖方边缘0.8m以外，堆土或材料高度不宜超过1.5m。

2. 当有成熟经验时，可不受本表限制。

（3）当开挖基坑（槽）的土层含水量大而不稳定，或基坑较深，或受到周围场地限制而需用较陡的边坡或直立开挖而土质较差时，应采用临时性支撑加固。由于支撑结构需要足够的宽度，故坑、槽宽度应比基础宽每边加10～15cm。挖土时，土壁要求平直，挖好一层，支一层支撑，挡土板要紧贴土面，并用小木桩或横撑木顶住挡板。开挖宽度较大的基坑，当在局部地段无法放坡，或下部土方受到基坑尺寸限制不能放较大坡度时，则应在下部坡脚采取加固措施，如采用短桩与横隔板支撑或砌砖、毛石或用编织袋、草袋装土堆砌临时矮挡土墙保护坡脚。当开挖深基坑时，则须采取半永久性、安全、可靠的支护措施。

（4）基坑开挖程序一般是：测量放线→切线分层开挖→排降水→修坡→整平→留足预留土层等。相邻基坑开挖时，应遵循先深后浅或同时进行的施工程序。挖土应自上而下水平分段分层进行，每层0.3m左右，边挖边检查坑底宽度，不够时及时修整，每3m左右修一次坡，至设计标高，再统一进行一次修坡清底，检查坑底宽和标高，要求坑底凹凸不超过1.5cm。在已有建筑物侧挖基坑（槽）应间隔分段进行，每段不超过2m，相邻段开挖应待已挖好的槽段基础完成并回填夯实后进行。

（5）基坑开挖应尽量防止对地基土的扰动。当采用人工挖土基坑挖好后不能立即进行下道工序时，应预留15～30cm一层土不挖，待下道工序开始再挖至设计标高。采用机械开挖基坑时，为避免破坏基底土层，应在基底标高以上预留一层人工清理。使用铲运机、推土机或多斗挖土机时，保留土层厚度为20cm；使用正铲、反铲或拉铲挖土时为30cm。

（6）在地下水位以下挖土，应在基坑（槽）四侧或两侧挖好临时排水沟和集水井，将水位降至坑、槽底以下500mm，以利挖方进行。降水工作应持续到基础（包括地下水位下回填土）施工完成。

（7）雨期施工时，基坑槽应分段开挖，挖好一段浇筑一段垫层，并在基槽两侧围以土堤或挖排水沟，以防地面雨水流入基坑槽，同时应经常检查边坡和支护情况，以防止坑壁受水浸泡造成塌方。

（8）在基坑（槽）边缘上侧堆土或堆放材料以及移动施工机械时，应与基坑边缘保持1m以上距离，以保证坑边直立壁或边坡的稳定。当土质良好时，堆土或材料应距挖方边缘0.8m以外，高度不宜超过1.5m，并应避免在已完基础一侧过高堆土，使基础、墙、柱歪斜而酿成事故。

（9）开挖的基坑槽深于邻近建筑基础时，开挖应保持一定的距离和坡度（图3－1），以免影响邻近建筑基础的稳定，一般应满足下列要求：$h:l \leqslant 0.5 \sim 1.0$。如不能满足要求，应采取在坡脚设挡墙或支撑进行加固处理。

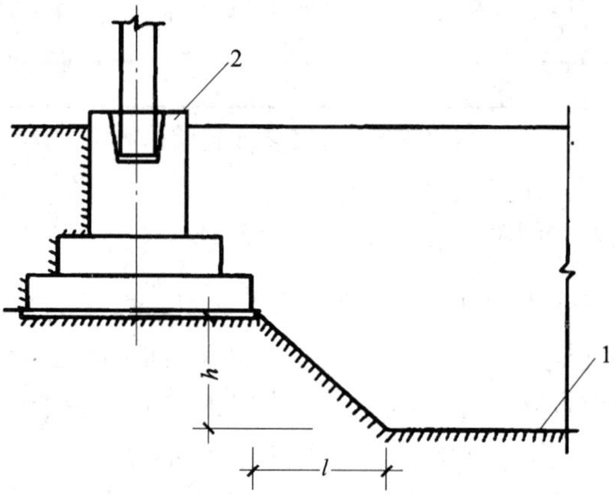

图3－1　基坑槽与邻近基础应保持的距离

1—开挖深基坑槽底部；2—邻近基础

（10）基坑挖完后应进行验槽，做好记录，如发现地基土质与地质勘探报告、设计要求不符时，应与有关人员研究并及时处理。

3.1.5　岩石基坑开挖

（1）对有工艺要求、深入基岩面以下的基坑，应用边线控制爆破方法松爆后再挖，但不得振坏基岩面及边坡。

（2）岩石基坑开挖，一般采用控制爆破方法，按开挖边线先将基坑松动爆破成碎块，其块度应不大于铲斗宽的2/3，再用挖土机挖出，以防破坏邻近基础和地基。对大面积较深基坑，宜采用打竖井方式进行松爆，使一次基本达到要求深度，此项松爆工序一般应在工程整平场地时同时完成。

（3）在厂房内开挖岩石基坑（槽），宜采用打眼放炮方式，采用多打炮孔，少装药量，分层松动爆破，分层清渣，每层厚1.2m左右。

（4）基坑开挖需配备一定数量人工，挖除松爆不到和机械难以开挖到的边角部位石方和修整边坡，并及时清理、运出。

（5）土石方的运输，一般宜采用自卸汽车装车，运到弃土场。另配1～2台推土机堆高土方，并作平整场地等辅助性工作。

3.1.6 施工注意要点

（1）防止基底超挖。

开挖基坑（槽）、管沟不得超过基底标高，如个别地方超挖时，其处理方法应取得设计单位同意，不得私自处理。

（2）基底保护。

基坑（槽）开挖后应尽量减少对基土的扰动。如果基础不能及时施工时，可在基底标高以上预留 300mm 地层不挖，待做基础时再挖。

（3）合理安排施工顺序。

土方开挖的顺序、方法必须与设计工况相一致，并遵循“开槽先撑，先撑后挖，分层开挖，严禁超挖”的原则，宜先从低处进行，分层分段依次开挖，形成一定坡度，以利排水。

（4）防止施工机械下沉。

施工时必须了解土质和地下水位情况。推土机、铲土机一般需要在地下水位 0.5m 以上推铲土；挖土机一般需在地下水位 0.8m 以上挖土，以防机械自身下沉。正铲挖土机挖方的台阶高度，不得超过最大挖掘高度的 1.2 倍。

（5）控制开挖尺寸，防止边坡过陡。

基坑（槽）或管沟底部的开挖宽度和坡度，除应考虑结构尺寸要求外，应根据施工需要增加工作面宽度，如排水设施、支撑结构等所需宽度。

（6）在地下水位以下挖土，必须有相应的施工方案。

对于地质资料反映有粉细砂、粉土、中粗砂等土层的工程项目，必须有截水、降水等有效防止流砂的措施，制定有效的降排水方案。

（7）防止地下设施受损。

使用机械挖掘，在开工前应核查公用地下设施（管线、电缆等）的位置。不容许挖掘机在还要保留的地下设施附近作业。剩余地段，由工人挖掘来完成。

（8）挖掘机在挖比较深的基槽、地沟时，机身离边口应不少于 3m，并用坚木垫实机身，方可进行作业。堆土离边口不得少于 1m，但也不能抛到工区的通道上或其他作业区域。也可用薄板或低矮的建筑物把挖掘的土石围起，以防进入邻区。冬天要防止冻土融化造成的塌方。挖掘机在挖掘大的石块等物件时，会使机身失掉平衡而翻倒。因此，挖掘机在遇到较大的石块、混凝土块、钢渣或其他障碍物时，应采用正确措施处理后，方可继续作业。

（9）施工机械进入施工现场所经过的道路、桥梁和卸车设备等，应事先做好检查和必要的加宽、加固工作。

（10）在雨期开挖基坑，应距坑边 1m 远处挖截水沟或筑挡水堤，防止雨水灌入淹泡基坑或冲刷边坡，造成边坡失稳塌方。

（11）雨期施工时，基槽、坑底应预留 0.3m 土层，在打混凝土垫层前再挖至设计标高。

3.2 素土垫层施工

3.2.1 施工准备

（1）材料准备。

1）土宜优先采用基槽中挖出的土，但不得含有有机杂质，使用前应先过筛，其粒径不大于15mm。

2）土的含水量应符合规定。根据规范要求，当开挖原土层含水率与最优含水率相差超出±2%时，原现场开挖出土的土质就不能满足素土回填要求，需改用灰土回填。

（2）主要机械及机具准备。压路机、装载机、蛙式打夯机、刮杠、耙子、平头铁锹、线绳、钢筋头、水准仪等。

（3）作业条件。

1）基坑在铺土前必须先进行普探、验槽，并按设计及勘探部门的要求处理完地基，办完隐检手续。

2）施工前，应做好水平高程的标志。将控制标高引测至坑壁，在坑壁上每隔5m处打上木橛，以其上平为标高控制点。

3.2.2 施工流程

（1）检查土料。检查素土及灰土的质量是否符合设计及规范要求。

（2）槽底清理。开始铺土前，应将基坑表面清理干净。特别是基坑掉下的虚土，风吹入的树叶、木屑、纸片、塑料袋等垃圾杂物。

（3）分层铺土。对于压路机碾压不到的部位，在大面积碾压完后，用蛙式打夯机进行夯实。在施工时严格控制虚铺厚度，掌握好标高。

（4）夯打密实。每层灰土碾压完后应及时进行环刀取样，测算出灰土的质量密度，达到设计要求时，才能进行上一层施工。

（5）找平验收。在最上一层施工完后，应用靠尺及水准仪检查其平整度、标高。对于超高处应用铁锹铲平，低洼处及时补土。

3.2.3 成品保护

（1）施工时，注意保护建筑物轴线定位桩，防止碰撞位移。

（2）夜间施工时，应合理安排施工顺序，要配备足够的照明设施，防止铺填超厚或配合比错误。

3.2.4 质量控制要点

（1）素土垫层施工前，必须处理完问题坑，并做好隐蔽验收手续，控制好槽底标高，低于设计标高的槽底用素土回填夯实至设计标高处。

（2）从槽底设计标高处向上分皮施工，每皮素土的虚铺厚度用红漆号在槽壁的各个控制点处，每层虚铺时必须用拉线控制标高和平整度。

（3）土采用现场土，土的质量必须符合规范要求，不得含有杂质，粒径不得大于2cm。

（4）土的铺摊必须用人工配合小三轮车进行施工，防止由于大型车辆碾压造成槽底出现“橡皮土”现象。

（5）每层土虚铺完成后，用12t压路机进行碾压夯实，确保素土的压实系数，压路机碾压的轮距及遍数必须符合规范要求，碾压完成后，对碾压不到的边角部位，用蛙式夯进行补夯，同时，用环刀进行取样，现场测量素土的压实系数，如压实系数不符合设计要求，用压路机继续进行碾压，直到符合设计要求。

（6）每层素土施工完成后，必须报监理进行隐蔽验收，待监理签字认可后，方可进行下一道工序的施工。

3.3 灰土垫层施工

灰土垫层是用一定比例的石灰与土充分拌合，分层回填和碾压夯实而成。灰土拌合料的体积比宜为3:7（熟化石灰：黏土），或按设计要求配料。

3.3.1 施工准备

（1）材料准备：

1）土：采用黏性土，土内有机质含量不超过5%，土粒必须过筛，要求其颗粒粒径不大于15mm。

2）石灰：采用新鲜的块灰，在使用前1～2d进行消解并过筛，其颗粒粒径不得大于5mm，且不得含有未熟化的生石灰颗粒及其他杂质，也不得含有过多的水分。

（2）施工机具准备。拌合机、打夯机、16t振动式压路机、挖掘机、自卸汽车、机动翻斗车、手推车、铁锹、铁耙、人工夯、环刀、水准仪、塔尺、钢尺等。

3.3.2 工艺流程

（1）土方开挖。土方开挖采用机械大开挖，先向下挖至1m深，要避免机械开挖超挖，采用人工开挖向下挖0.2m至设计标高。待有关部门验收合格后进行三七灰土施工。

（2）灰土拌制。灰土的配合比一般采用3:7（石灰：土，体积比），石灰和土料应计量，使达到均匀、颜色一致。并适当控制含水量，现场以手握成团，两指轻捏即散为宜，如土料水分过多或过少时，应晾干或洒水湿润。

（3）灰土铺设。灰土摊铺虚铺厚度一般不超过300mm（夯实后约200mm厚），各层厚度钉标桩控制，压实采用压路机，碾压遍数一般不少于6遍，边角处压路机压实不到的位置采用蛙式打夯机进行人工夯实，应根据设计要求的干密度，在现场试验确定。

（4）质量验收。灰土应逐层检查，用环刀取样检验灰土的干密度，检验点数，对大面积每1000m^2以上工程不应少于3点，灰土最小干密度（t/m^3）：对黏土为1.45；粉质黏土为1.50；粉土为1.55。灰土夯实后，压实系数不小于0.97。

3.3.3 质量控制标准

（1）灰土材料的质量：熟化石灰颗粒粒径不大于5mm，黏土（或粉质土、粉土）内不含有有机物质，颗粒粒径不大于15mm。

（2）表面平整度：8mm，用2m靠尺和楔形塞尺检查。

（3）标高：±10mm，用水准仪检查。

（4）厚度：在个别地方不大于设计厚度的1/10，尺量检查。

（5）成品保护：

1）施工时应注意对定位定高的标准桩、尺、线的保护，不得触动、移位。

2）垫层铺设完毕后，应尽快进行面层施工，防止长期暴晒。

3）刚施工完的垫层，雨天应做好临时覆盖，3天内不得受雨水浸泡。

4）已铺好的垫层不得随意挖掘，不得堆放重物。

3.3.4 雨期施工

灰土应连续施工，尽快完成，施工中应有防雨排水措施，刚打完的或尚未夯实的灰土，如遭受雨淋浸泡，应将积水和松散灰土除去，并补填夯实；受浸泡的灰土应晾干后再夯打密实。

3.3.5 施工注意事项

（1）灰土施工使用块灰必须充分熟化，按要求过筛，以免颗粒过大，熟化时体积膨胀将垫层胀裂，造成返工。

（2）灰土施工时每层应测定夯实后土的干密度，检验取压实系数和压实范围，符合设计要求后才能继续作业，避免出现干密度达不到设计要求的质量事故。

（3）灰土铺设、熟化石灰和石灰过筛，操作人员应戴口罩、风镜、手套、套袖等劳动保护用品。

（4）碾压灰土前，应先检查压路机性能是否良好。

（5）在运输、堆放、施工土料过程中应注意避免扬尘、遗撒、沾带等现象，应采取遮盖、封闭、洒水、冲洗等必要措施。

（6）运输、施工所用车辆、机械的废气、噪声等应符合环保要求。

（7）用电设备必须做到一机一闸一保护。

（8）所有进入现场人员必须正确佩戴合格安全帽。

（9）施工现场一切电源、电路安装拆除必须由持证电工操作，所有用电设备必须使用四芯橡胶电缆。

（10）所有进入现场作业人员必须做到三不伤害：不伤害别人；不伤害自己；不被别人伤害。不熟练的机手（包括新机手）严禁单独操作设备。

（11）严禁穿拖鞋、带儿童进入现场；设备传动皮带必须有防护罩，杜绝一切事故发生。

3.4 三合土垫层施工

三合土垫层是用一定比例的石灰、砂与碎砖或碎石充分拌合，分层回填和碾压夯实而成。

3.4.1 施工准备

（1）材料准备：

1）石灰应为消石灰，应充分熟化过筛，粒径不得大于5mm，不得含有生石灰块。

2）碎砖或外石的抗压极限强度不应小于50kg/cm^2，其粒径不应大于60mm，且不得大于垫层厚度的2/3，并不得含有有机杂质。

3）砂应选中砂，并不得含有草根等有机物；碎砖不得采用风化、酥松和含有有机杂质的砖料。

（2）主要机具设备准备：根据土质和施工条件，应合理选用适当的摊铺、平整、碾压、夯实机具设备和辅助用具，以能达到设计要求为基本原则。兼顾进度、经济要求。

常用机具设备有：蛙式打夯机、柴油打夯机，手推车、筛子、木耙、铁锹、小线、钢尺、胶皮管等；工程量较大时，装运土方机械有：铲土机、自卸汽车、推土机、铲运机及翻斗车等。

3.4.2 工艺流程

（1）检验石灰、砂、砖质量。

（2）实验确定施工参数。

（3）技术交底。

（4）准备机具设备。

（5）基底清理。

（6）过筛。

（7）灰砂砖拌合。

（8）分层铺筑、耙平。

（9）分层夯实。

（10）检验密实度。

（11）修整找平验收。

3.4.3 操作工艺

（1）铺筑前应将基底地坪上的杂物、浮土清理干净。

（2）检验石灰的质量，确保粒径和熟化程度符合要求；检验碎砖的质量，其粒径不得大于60mm。

（3）拌合：灰、砂、砖的配合比应用体积比，应按照实验确定的参数或设计要求控制配合比。拌合时必须均匀一致，至少翻拌两次，拌合好的土料颜色应一致。

（4）三合土施工时应适当控制含水量，如砂水分过大或过干，应提前采取晾晒或洒水等措施。

（5）填土应分层摊铺：每层铺土厚度应根据土质、密实度要求和机具性能通过压实实验确定。作业时，应严格按照实验所确定的参数进行。每层摊铺后，随之耙平。

（6）回填土每层的夯压遍数：根据压实实验确定：作业时，应严格按照实验所确定的参数进行。打夯应一夯压半夯，夯夯相接，行行相连，纵横交叉。

（7）三合土分段施工时，应留成斜坡接槎，并夯压密实；上下两层接槎的水平距离不得小于500mm。

（8）三合土每层夯实后应按规范进行试验，测出压实度（密实度）；达到要求后，再进行上一层的铺土。

（9）垫层全部完成后，应进行表面拉线找平，凡超过标准高程的地方，及时依线铲平；凡低于标准高程的地方，应补土夯实。

3.4.4 质量控制要点

（1）三合土垫层下土层不应被扰动，或扰动后未能恢复初始状态，清除被扰动土。三合土垫层在硬化期间应避免受水浸湿。

（2）作业应连续进行，尽快完成。在雨季应有防雨措施，防止遭到雨水浸泡；冬季应有保温防冻措施，防止受冻。

（3）在雨、雪、低温、强风条件下，在室外或露天不宜进行三合土垫层作业。

（4）凡检验不合格的部位，均应返工纠正，并制定纠正措施，防止再次发生。

（5）三合土垫层采用先拌合后铺设的方法时，其配合比应符合设计要求。拌合应均匀一致，每层虚铺厚度不应大于150mm，并应铺平夯实，夯实后的厚度一般为虚铺厚度的3/4。

（6）三合土垫层采用先铺设碎料后灌砂浆的方法时，碎料应分层铺设，并适当洒水湿润。每层虚铺厚度不大于120mm，并应铺平拍实，然后灌以1:2～4的石灰砂浆，再行夯实。

3.4.5 安全环境保护措施

（1）推土机上下坡时的坡度不得超过35°，横坡不得超过10°。推土机在建筑物附近工作时，与建筑物的墙、柱、台阶等的距离不得小于1m。

（2）铲运机行驶时，驾驶室外不得载人。在新填土堤上作业时，铲斗离坡边不得小于1m。铲运机上下坡的坡度不得超过25°，横坡不得超过6°。

（3）机械行驶时不得上下人员及传递物件，严禁在陡坡上转弯、倒行或停车，下坡时不得用空挡滑行。停车或在坡道上熄火时，必须将车刹住，刀片、铲斗落地。

（4）蛙式打夯机手柄上应装按钮开关并包以绝缘材料，操作时应戴绝缘手套。打夯机必须使用绝缘良好的橡胶绝缘软线，作业中严禁夯击电源线。

（5）在坡地或松土层上打夯时，严禁背着牵引。操作中，夯机前方不得站人。几台同时工作时，各机之间应保持一定的距离，平行不得小于5m，前后不得小于10m。暂停工作时，应切断电源。电气系统及电动机发生故障时，应由专职电工处理。

（6）在运输、堆放、施工土料和石灰过程中应注意避免扬尘、遗撒、沾带等现象，应采取遮盖、封闭、洒水、冲洗等必要措施。

（7）运输、施工所用车辆、机械的废气、噪声等应符合环保要求。

4　混凝土材料与施工机具

4.1　混凝土组成材料

4.1.1　水泥

1. 通用硅酸盐水泥

是以硅酸盐水泥熟料和适量的石膏，及规定的混合材料制成的水硬性胶凝材料。通用硅酸盐水泥按混合材料的品种和掺量分为硅酸盐水泥、普通硅酸盐水泥、矿渣硅酸盐水泥、火山灰质硅酸盐水泥、粉煤灰硅酸盐水泥和复合硅酸盐水泥。

（1）通用硅酸盐水泥的组分应符合表4－1的规定。

表4－1　通用硅酸盐水泥的组分（%）

品　　种	代号	组分（质量分数）				
		熟料＋石膏	粒化高炉矿渣	火山灰质混合材料	粉煤灰	石灰石
硅酸盐水泥	P·Ⅰ	100	—	—	—	—
	P·Ⅱ	≥95	≤5	—	—	—
		≥95	—	—	—	≤5
普通硅酸盐水泥	P·O	≥80且＜95	＞5且≤20			—
矿渣硅酸盐水泥	P·S·A	≥50且＜80	＞20且≤50	—	—	—
	P·S·B	≥30且＜50	＞50且≤70	—	—	—
火山灰硅酸盐水泥	P·P	≥60且＜80	—	＞20且≤40	—	—
粉煤灰硅酸盐水泥	P·F	≥60且＜80	—	—	＞20且≤40	—
复合硅酸盐水泥	P·C	≥50且＜80	＞20且≤50			

（2）通用硅酸盐水泥的技术要求见表4－2。

表4－2　通用硅酸盐水泥的技术要求

项　　目	要　　求
化学指标	通用硅酸盐的化学指标应符合表4－3的规定
碱含量	水泥中碱含量按 $Na_2O+0.658K_2O$ 计算值表示。若使用活性骨料，用户要求提供低碱水泥时，水泥中的碱含量应不大于0.60%或由买卖双方协商确定
凝结时间	硅酸盐水泥初凝不小于45min，终凝不大于390min 普通硅酸盐水泥、矿渣硅酸盐水泥、火山灰质硅酸盐水泥、粉煤灰硅酸盐水泥和复合硅酸盐水泥初凝不小于45min，终凝不大于600min

续表 4-2

项目	要　求
安定性	沸煮法合格
细度	硅酸盐水泥和普通硅酸盐水泥以比表面积表示，不小于 300m²/kg；矿渣硅酸盐水泥、火山灰质硅酸盐水泥、粉煤灰硅酸盐水泥和复合硅酸盐水泥以筛余表示，80μm 方孔筛筛余不大于 10% 或 45μm，方孔筛筛余不大于 30%

表 4-3　通用硅酸盐水泥化学指标

<table>
<tr><th>品种</th><th>代号</th><th>不溶物
（质量分数）</th><th>烧失量
（质量分数）</th><th>三氧化硫
（质量分数）</th><th>氧化镁
（质量分数）</th><th>氯离子
（质量分数）</th></tr>
<tr><td rowspan="2">硅酸盐水泥</td><td>P·Ⅰ</td><td>≤0.75</td><td>≤3.0</td><td rowspan="3">≤3.5</td><td rowspan="3">≤5.0①</td><td rowspan="8">≤0.06③</td></tr>
<tr><td>P·Ⅱ</td><td>≤1.50</td><td>≤3.5</td></tr>
<tr><td>普通硅酸盐水泥</td><td>P·O</td><td>—</td><td>≤5.0</td></tr>
<tr><td rowspan="2">矿渣硅酸盐水泥</td><td>P·S·A</td><td>—</td><td>—</td><td rowspan="2">≤4.0</td><td>≤6.0②</td></tr>
<tr><td>P·S·B</td><td>—</td><td>—</td><td>—</td></tr>
<tr><td>火山灰硅酸盐水泥</td><td>P·P</td><td>—</td><td>—</td><td rowspan="3">≤3.5</td><td rowspan="3">≤6.0②</td></tr>
<tr><td>粉煤灰硅酸盐水泥</td><td>P·F</td><td>—</td><td>—</td></tr>
<tr><td>复合硅酸盐水泥</td><td>P·C</td><td>—</td><td>—</td></tr>
</table>

注：①是指如果水泥压蒸试验合格，则水泥中氧化镁的含量（质量分数）允许放宽至6.0%。

②是指如果水泥中氧化镁的含量大于6.0%时，需进行水泥压蒸安定性试验并合格。

③是指当有更低要求时，该指标由买卖双方协商确定。

（3）通用硅酸盐水泥的主要特征见表 4-4。

表 4-4　通用硅酸盐水泥的主要特征

水泥品种	优　点	缺　点
硅酸盐水泥	（1）早期强度高； （2）凝结硬化快； （3）抗冻性好	（1）水化热较高； （2）耐热性较差； （3）耐酸碱和硫酸盐类的化学侵蚀性差
普通硅酸盐水泥	（1）早期强度高； （2）凝结硬化快； （3）抗冻性好	（1）水化热较高； （2）耐热性较高； （3）抗水性差； （4）耐酸碱和硫酸盐类化学侵蚀性差

续表 4－4

水泥品种	优　　点	缺　　点
矿渣硅酸盐水泥	（1）对硫酸盐类侵蚀性的抵杭能力及抗水性好； （2）耐热性好； （3）水化热低； （4）在蒸汽养护中强度发展较快； （5）在潮湿环境中后期强度增长率大	（1）早期强度较低，凝结较慢，在低温环境中尤甚； （2）抗冻性较差； （3）干缩性大，有泌水现象
火山灰硅酸盐水泥	（1）对硫酸盐类侵蚀的抵杭能力及抗水性较好； （2）水化热较低； （3）在潮湿环境中后期强度增长率大； （4）在蒸汽养护中强度发展较快	（1）早期强度低，凝结较慢，在低温环境中尤甚； （2）抗冻性较差； （3）吸水性大； （4）干缩性较大
粉煤灰硅酸盐水泥	（1）水化热较低； （2）对硫酸盐侵蚀的抵抗能力和抗水性好； （3）干缩性小； （4）耐磨性好； （5）后期强度增长率大	（1）早期强度低； （2）耐热性较差，抗冻性较差； （3）抗碳化能力较差

（4）常用水泥品种的选用见表 4－5。

表 4－5　常用水泥品种的选用

混凝土工程特点或所处的环境条件		优先选用	可以选用	不宜选用
普通混凝土	在普通气候环境中的混凝土	普通硅酸盐水泥	矿渣硅酸盐水泥 火山灰硅酸盐水泥 粉煤灰硅酸盐水泥	—
普通混凝土	在干燥环境条件中的混凝土	普通硅酸盐水泥	矿渣硅酸盐水泥	火山灰硅酸盐水泥 粉煤灰硅酸盐水泥
普通混凝土	在高温环境中或处于水下的混凝土	矿渣硅酸盐水泥	矿渣硅酸盐水泥 火山灰硅酸盐水泥 粉煤灰硅酸盐水泥	—
普通混凝土	厚大体积的混凝土	粉煤灰硅酸盐水泥 矿渣硅酸盐水泥 火山灰硅酸盐水泥	普通硅酸盐水泥	硅酸盐水泥 快硬硅酸盐水泥

续表 4－5

混凝土工程特点或所处的环境条件		优先选用	可以选用	不宜选用
有特殊要求的混凝土	要求快硬的混凝土	快硬硅酸盐水泥 硅酸盐水泥	普通硅酸盐水泥	矿渣硅酸盐水泥 火山灰硅酸盐水泥 粉煤灰硅酸盐水泥
	高强（大于C40）混凝土	硅酸盐水泥	普通硅酸盐水泥 矿渣硅酸盐水泥	火山灰硅酸盐水泥 粉煤灰硅酸盐水泥
	严寒地区的露天混凝土和处在水位升降范围内的混凝土	普通硅酸盐水泥	矿渣硅酸盐水泥	火山灰硅酸盐水泥 粉煤灰硅酸盐水泥
	严寒地区处在水位升降范围内的混凝土	普通硅酸盐水泥	—	矿渣硅酸盐水泥 火山灰硅酸盐水泥 粉煤灰硅酸盐水泥
	有抗渗要求的混凝土	普通硅酸盐水泥 火山灰硅酸盐水泥	—	矿渣硅酸盐水泥
	有耐磨性要求的混凝土	硅酸盐水泥 普通硅酸盐水泥	矿渣硅酸盐水泥	火山灰硅酸盐水泥 粉煤灰硅酸盐水泥

（5）水泥强度等级的选择：

1）硅酸盐水泥的强度等级可分为 42.5、42.5R、52.5、52.5R、62.5、62.5R 六个等级。

2）普通硅酸盐水泥的强度等级可分为 42.5、42.5R、52.5、52.5R 四个等级。

3）矿渣硅酸盐水泥、火山灰质硅酸盐水泥、粉煤灰硅酸盐水泥、复合硅酸盐水泥的强度等级可分为 32.5、32.5R、42.5、42.5R、52.5、52.5R 六个等级。

不同品种不同强度等级的通用硅酸盐水泥，其不同各龄期的强度应符合表 4－6 的规定。

表 4－6　通用硅酸盐水泥的强度（MPa）

品　种	强度等级	抗压强度		抗折强度	
		3d	28d	3d	28d
硅酸盐水泥	42.5	≥17.0	≥42.5	≥3.5	≥6.5
	42.5R	≥22.0		≥4.0	
	52.5	≥23.0	≥52.5	≥4.0	≥7.0
	52.5R	≥27.0		≥5.0	
	62.5	≥28.0	≥62.5	≥5.0	≥8.0
	62.5R	≥32.0		≥5.5	

续表 4-6

品　种	强度等级	抗压强度		抗折强度	
		3d	28d	3d	28d
普通硅酸盐水泥	42.5	≥17.0	≥42.5	≥3.5	≥6.5
	42.5R	≥22.0		≥4.0	
	52.5	≥23.0	≥52.5	≥4.0	≥7.0
	52.5R	≥27.0		≥5.0	
矿渣硅酸盐水泥 火山灰硅酸盐水泥 粉煤灰硅酸盐水泥 复合硅酸盐水泥	32.5	≥10.0	≥32.5	≥2.5	≥5.5
	32.5R	≥15.0		≥3.5	
	42.5	≥15.0	≥42.5	≥3.5	≥6.5
	42.5R	≥19.0		≥4.0	
	52.5	≥21.0	≥52.5	≥4.0	≥7.0
	52.5R	≥23.0		≥4.5	

2. 特种水泥

(1) 低热微膨胀水泥。低热微膨胀水泥具有低水化热和微膨胀的特性，主要适用于要求较低水化热和要求补偿收缩的混凝土、大体积混凝土，也适用于要求抗渗和抗硫酸盐侵蚀的工程。其定义和技术要求见表 4-7。

表 4-7　低热微膨胀水泥的定义和技术要求

项目	内　容
定义	凡以粒化高炉矿渣为主要组分，加入适量硅酸盐水泥熟料和石膏，磨细制成具有低水化热和微膨胀性能的水硬性胶凝材料，称为低热微膨胀水泥，代号 LHEC
技术要求	(1) 三氧化硫 (SO_3)：三氧化硫 (SO_3) 含量（质量分数）应为 4.0% ~ 7.0%； (2) 比表面积：比表面积不得小于 $300m^2/kg$； (3) 凝结时间：初凝不得早于 45min，终凝不得迟于 12h；也可由生产单位和使用单位商定； (4) 安定性：用沸煮法检验，必须合格； (5) 强度：各龄期强度不得低于表 4-8 中的数值； (6) 水化热：水泥的各龄期水化热应不大于表 4-9 的数值； (7) 线膨胀率：水泥净浆试体水中养护时各龄期的线膨胀率应符合以下要求： 1d 不得小于 0.05%； 7d 不得小于 0.10%； 28d 不得小于 0.60%； (8) 氯离子：水泥的氯离子含量（质量分数）不得大于 0.06%

表 4－8　水泥的等级与各龄期强度（MPa）

强度等级	抗压强度		抗折强度	
	7d	28d	7d	28d
32.5	18.0	32.5	5.0	7.0

表 4－9　水泥的各龄期水化热

强度等级	水化热（kJ/kg）	
	3d	7d
32.5	185	220

（2）抗硫酸盐硅酸盐水泥。抗硫酸盐硅酸盐水泥的定义及技术要求见表 4－10。

表 4－10　抗硫酸盐硅酸盐水泥的定义及技术要求

项目	内　　容
分类与定义	按其抗硫酸盐侵蚀程度分为中抗硫酸盐硅酸盐水泥和高抗硫酸盐硅酸盐水泥两类 以特定矿物组成的硅酸盐水泥熟料，加入适量石膏，磨细制成的具有抵抗中等浓度硫酸根离子侵蚀的水硬性胶凝材料，称为中抗硫酸盐硅酸盐水泥，简称中抗硫水泥，代号 P·MSR 以特定矿物组成的硅酸盐水泥熟料，加入适量石膏，磨细制成的具有抵抗较高浓度硫酸根离子侵蚀的水硬性胶凝材料，称为高抗硫酸盐硅酸盐水泥，简称高抗硫水泥，代号 P·HSR
技术要求	（1）组分： 中抗硫水泥：硅酸三钙含量：≤55.0%，铝酸三钙含量：≤5.0%； 高抗硫水泥：硅酸三钙含量：≤50.0%，铝酸三钙含量：≤3.0%； （2）烧失量：水泥中烧失量不大于 3.0%； （3）氧化镁（MgO）：氧化镁（MgO）含量不大于 5.0%。如果经过压蒸安定性试验合格，则水泥中氧化镁（MgO）含量允许放宽到 6.0%； （4）三氧化硫（SO_3）：水泥中三氧化硫的含量应不大于 2.5%； （5）不溶物：水泥中的不溶物应不大于 1.5%； （6）比表面积：水泥的比表面积不应小于 280m^2/kg； （7）凝结时间：初凝时间不早于 45min，终凝时间应不迟于 10h； （8）安定性：用沸煮法检验，必须合格； （9）各龄期强度：各龄期抗压强度和抗折强度应不低于见表 4－11 的数值； （10）抗硫酸盐性： 中抗硫酸盐水泥 14d 线膨胀率应不大于 0.060%； 高抗硫酸盐水泥 14d 线膨胀率应不大于 0.040%

表 4－11 水泥的等级和各龄期的强度（MPa）

强度等级＼强度及龄期	抗压强度		抗折强度	
	3d	28d	3d	28d
32. 5	10. 0	32. 5	2. 5	6. 0
42. 5	15. 0	42. 5	3. 0	6. 5

（3）钢渣硅酸盐水泥。钢渣硅酸盐水泥适用于一般工业与民用建筑、地下工程与防水工程、大体积混凝土工程等。钢渣硅酸盐水泥的定义及技术要求应符合表 4－12 中的规定。

表 4－12 钢渣砌筑水泥的定义及技术要求

项目	内　容
定义	凡由硅酸盐水泥熟料和转炉或电炉钢渣（简称钢渣）、适量粒化高炉矿渣、石膏，磨细制成的水硬性胶凝材料，称为钢渣硅酸盐水泥，水泥中的钢渣掺加量（按质量的百分比计）不应少于 30%，代号为 P·SS
技术要求	（1）三氧化硫：水泥中的三氧化硫含量不得超过 4. 0%； （2）比表面积：水泥比表面积不得小于 $350m^2/kg$； （3）凝结时间：初凝时间不得早于 45min，终凝时间不得迟于 12h； （4）安定性：必须合格。用氧化镁含量大于 13% 的钢渣制成的水泥，经压蒸安定性检验，必须合格； （5）强度。钢渣硅酸盐水泥强度等级分为 32. 5、42. 5。各等级水泥的各龄期强度均不得低于表 4－13 中的数值

表 4－13 水泥的强度等级与各龄期强度（MPa）

强度等级	抗压强度		抗折强度	
	3d	28d	3d	28d
32. 5	10. 0	32. 5	2. 5	5. 5
42. 5	15. 0	42. 5	3. 5	6. 5

（4）硫铝酸盐水泥。硫铝酸盐水泥是以适当成分的生料，经煅烧所得以无水硫铝酸钙和硅酸二钙为主要矿物成分的水泥熟料掺加不同量的石灰石、适量石膏共同磨细制成，具有水硬性的胶凝材料。硫铝酸盐水泥分成快硬硫铝酸盐水泥、低碱度硫铝酸盐水泥、自应力硫铝酸盐水泥，其定义及技术要求见表 4－14。

表 4 – 14 硫铝酸盐水泥的定义及技术要求

项目	内 容
定义	快硬硫铝酸盐水泥：由适当成分的硫铝酸盐水泥熟料和少量石灰石、适量石膏共同磨细制成的，具有早期强度高的水硬性胶凝材料，代号 R · SAC 低碱度硫铝酸盐水泥：由适当成分的硫铝酸盐水泥熟料和较多量石灰石、适量石膏共同磨细制成的具有碱度低的水硬性胶凝材料，代号 L · SAC 自应力硫铝酸盐水泥：由适当成分的硫铝酸盐水泥熟料加入适量石膏磨细制成的具有膨胀性的水硬性胶凝材料，代号 S · SAC
技术要求	（1）硫铝酸盐水泥物理性能、碱度和碱含量应符合表 4 – 15 的规定； （2）强度指标： ①快硬硫铝酸盐水泥各强度等级水泥应不低于表 4 – 16 的数值； ②低碱度硫铝酸盐水泥各强度等级水泥不低于表 4 – 17 的数值； ③自应力硫铝酸盐水泥所有自应力等级的水泥抗压强度 7d 不小于 32.5MPa，28d 不小于 42.5MPa。自应力硫铝酸盐水泥各级别各龄期自应力值应符合表 4 – 18 中的要求

表 4 – 15 硫铝酸盐水泥性能指标

项 目		指 标		
		快硬硫铝酸盐水泥	低碱度硫铝酸盐水泥	自应力硫铝酸盐水泥
比表面积（m^2/kg）		≥350	≥400	≥370
凝结时间*（min）	初凝	≤25		≤40
	终凝	≥180		≥240
碱度 pH 值		—	≤10.5	—
28d 自由膨胀率（%）		—	≤0.00 ~ 0.15	—
自由膨胀率（%）	7d	—	—	≤1.30
	28d	—	—	≤1.75
水泥中的碱含量（$Na_2O + 0.658K_2O$）（%）		—	—	<0.50
28d 自应力增进率（MPa/d）		—	—	≤0.010

注：* 用户要求时，可以变动。

表 4－16 快硬硫铝酸盐水泥强度（MPa）

强度等级	抗压强度			抗折强度		
	1d	3d	28d	1d	3d	28d
42.5	30.0	42.5	45.0	6.0	6.5	7.0
52.5	40.0	52.5	55.0	6.5	7.0	7.5
62.5	50.0	62.5	65.0	7.0	7.5	8.0
72.5	55.0	72.5	75.0	7.5	8.0	8.5

表 4－17 低碱度硫铝酸盐水泥强度（MPa）

强度等级	抗压强度		抗折强度	
	1d	7d	1d	7d
32.5	25.0	32.5	3.5	5.0
42.5	30.0	42.5	4.0	5.5
52.5	40.0	52.5	4.5	6.0

表 4－18 自应力硫铝酸盐水泥的各龄期强度（MPa）

<table>
<tr><th rowspan="2">强度等级</th><th colspan="2">抗压强度</th><th colspan="3">抗折强度</th></tr>
<tr><th>7d</th><th>28d</th><th>7d</th><th colspan="2">28d</th></tr>
<tr><td>3.0</td><td rowspan="4">≥32.5</td><td rowspan="4">≥42.5</td><td>≥2.0</td><td>≥3.0</td><td>≤4.0</td></tr>
<tr><td>3.5</td><td>≥2.5</td><td>≥3.5</td><td>≤4.5</td></tr>
<tr><td>4.0</td><td>≥3.0</td><td>≥4.0</td><td>≤5.0</td></tr>
<tr><td>4.5</td><td>≥3.5</td><td>≥4.5</td><td>≤5.5</td></tr>
</table>

3. 水泥的水化与凝结硬化

水泥由于能够生成水化合物，才会凝结、变硬而成为结构材料。水泥和水混合在一起时，立即发生水化反应。水泥和水混合成水泥浆。水泥浆随时间的推移，会逐渐僵化、凝结，以致最后硬化。水泥的水化是一个复杂的物理化学过程，包括：

（1）水泥中某些组分的溶解。

（2）溶液中的化学反应以及各种电解质离子间相互作用。

（3）在溶液中以及固体表面附近水泥水合物及其他沉淀物的生成。

（4）水化合物及沉淀物在固体表面的沉积，渗透膜的生成。

（5）水泥成分透过渗透膜的继续溶解以及沉淀物的不断沉积。

（6）水化合物晶体的生成、生长以及形态变化。

（7）水化合物的晶体在固体颗粒空隙间充填、搭桥，从而形成三维结构等等。

水泥的水化过程，对于最早形成的水泥材料的结构和性质有极重要的影响，因此，长期以来都是水泥工业研究的一个重要领域，直到最近，有关的研究工作仍然十分活跃。影响水泥水化的因素很多，包括：

1）水泥的组成、颗粒的细度。

2）水/水泥的重量比，叫作水灰比，用 *W/C* 表示，是一个经常使用的控制量。

3）外加剂的种类、数量及加入方式。

4）温度、湿度、搅拌情况等等。

水泥的水化与凝结硬化是一个连续过程，先水化，后凝结，凝结硬化结果如何要取决于水化条件，也就是说，只要水化充分、有良好的水养护条件，其粘结性和质量稳定性都是有可靠保证的。

水泥的强度形成是一个渐进式的过程，在良好的持续性自养护状况下，几年后或更长时间，它的强度仍会有所提高。有一个例证，就是打水泥地面或修建水泥路，当水泥层厚度达到几十厘米时，施工后在几个月内不能完全干燥的情况下，工人师傅还要连续很长时间浇水并盖上草帘子进行水养护，其目的主要是让水泥充分水化，减缓水泥的凝结硬化速度，提高水泥的后期强度，降低水泥干缩性，防止产生裂缝等。此外，水泥的水化、凝结硬化速度受环境温度的影响也是很明显的，即环境温度降低时，水泥的水化、凝结硬化速度会慢，而当环境温度升高时，水泥的水化、凝结硬化速度就会随之自动加快。经试验与研究，除特殊养护条件（如水泥预制件等）外，凡是早强、早硬的水泥砂浆，其后期强度都较差，也很容易出现龟裂、空鼓、脱落等现象；凡是晚干、晚硬、晚强的水泥砂浆，其后期强度都较高，抗裂性也较好，也很稳定。因此，早强、早硬的水泥，如硫铝酸盐水泥、白水泥或其他特种水泥等是不宜用于生产聚合物干混砂浆的。

水泥的水化、水养护是水泥砂浆强度形成的必要条件，普通砂浆由于没有加入聚合物树脂胶粉等聚合物，其保水性和利用环境条件自养护能力较差，而聚合物树脂胶粉可以提高水泥初期强度，具有向水泥砂浆提供良好的保水、养护功能，使水泥达到最佳强度，同时控制水泥干缩力，防止裂缝产生等。

4. 水泥保管

（1）储存水泥必须严格防水、防潮，并保持干净。

（2）临时露天存放，必须下垫上盖。

（3）堆放时，应按厂别、品种、强度等级、批号以及出厂日期严格分开堆放。水泥的储存期一般为三个月，快硬水泥为一个月，储存期超过规定应取样复验，按试验结果的强度等级使用。

4.1.2 水

（1）混凝土拌和用水所含物质对混凝土、钢筋混凝土和预应力混凝土不应产生下列有害作用：

1）影响混凝土的和易性和凝结。

2）有损于混凝土的强度发展。

3）降低混凝土的耐久性，加快钢筋腐蚀及导致预应力钢筋脆断。

4）污染混凝土表面。

（2）采用待检验水和蒸馏水或符合国家标准的生活用水，试验所得的水泥初凝时间差及终凝时间差均不得超过标准规定时间30min。

(3) 采用待检验水配制的水泥砂浆或混凝土的28d抗压强度，不得低于用蒸馏水或符合国家标准的生活饮用水拌制的对应砂浆或混凝土抗压强度的90%。若有早期抗压强度要求时，需增加7d的抗压强度试验。

(4) 水的pH值、不溶物、可溶物、氯化物、硫酸盐以及硫化物的含量应符合表4-19的要求。

表4-19　混凝土拌合用水中物质含量限值

项　　目	预应力混凝土	钢筋混凝土	素混凝土
pH值	5.0	4.5	4.5
不溶物（mg/L）	2000	2000	5000
可溶物（mg/L）	2000	5000	10000
氯化物（以 Cl^- 计）（mg/L）	500*	1000	3500
硫酸盐（以 SO_4^{2-} 计）（mg/L）	600	2000	2700
碱含量（mg/L）	1500	1500	1500

注：*使用钢丝或经热处理钢筋的预应力混凝土氯化物含量不得超过350mg/L。

4.1.3　砂

1. 砂的种类

按产地不同，砂可分为山砂、海砂和河砂。山砂中含有较多粉状黏土和有机质；海砂中含有贝壳、盐分等有害物质，需经处理、检验合格后方可使用；河砂中所含杂质较少，所以使用最多；按直径不同，砂可分为粗砂、中砂和细砂。粗砂的平均直径不小于0.5mm；中砂的平均直径不小于0.35mm；细砂的平均直径不小于0.25mm。砂的密度一般为2.6~2.7g/cm^3。砂在干燥状态下，其堆密度一般约为1500kg/m^3。

2. 砂的质量要求

(1) 细度模数要求。粗细砂的细度模数 μ_f 范围如下：

1) 粗砂：$\mu_f = 3.7 \sim 3.1$。

2) 中砂：$\mu_f = 3.0 \sim 2.3$。

3) 细砂：$\mu_f = 2.2 \sim 1.6$。

4) 特细砂：$\mu_f = 1.5 \sim 0.7$。

(2) 颗粒级配要求。砂的公称粒径、砂筛筛孔的公称直径和方孔筛筛孔边长尺寸应符合表4-20的规定。

表4-20　砂的公称粒径、砂筛筛孔的公称直径和方孔筛筛孔边长尺寸

砂的公称粒径	砂筛筛孔的公称直径	方孔筛筛孔边长
5.00mm	5.00mm	4.75mm
2.50mm	2.50mm	2.36mm

续表 4-20

砂的公称粒径	砂筛筛孔的公称直径	方孔筛筛孔边长
1.25mm	1.25mm	1.18mm
630μm	630μm	600μm
315μm	315μm	300μm
160μm	160μm	150μm
80μm	80μm	75μm

1）除特细砂外，砂的颗粒级配可按公称直径630μm筛孔的累计筛余量（以质量百分率计），分成三个级配区，具体见表4-21，且砂的颗粒级配应处于表4-21中的某一区内。

表4-21　砂颗粒级配区

公称粒径 \ 累计筛余（%） \ 级配区	Ⅰ区	Ⅱ区	Ⅲ区
5.00mm	10~0	10~0	10~0
2.50mm	35~5	25~0	15~0
1.25mm	65~35	50~10	25~0
630μm	85~71	70~41	40~16
315μm	95~80	92~70	85~55
160μm	100~90	100~90	100~90

2）砂的实际颗粒级配与表4-21中的累计筛余相比，除公称粒径为5.00mm和630μm的累计筛余外，其余公称粒径的累计筛余可稍有超出分界线，但总超出量不应大于5%。

（3）混凝土用砂选配要求：

1）配制混凝土时宜优先选用表4-21中的Ⅱ区砂。当采用表4-21中的Ⅰ区砂时，应提高砂率，并保持足够的水泥用量，以满足混凝土的和易性；当采用表4-21中的Ⅲ区砂时，宜适当降低砂率。

2）配制泵送混凝土，宜选用中砂。

3）若用特细砂配制的混凝土拌合物黏度较大，则应采用机械搅拌和振捣。搅拌时间要比中、粗砂配制的混凝土延长1~2min。配制混凝土的特细砂细度模数应满足表4-22的要求。

表 4-22 配制混凝土的特细砂细度模数的要求

强度等级	C50	C40~45	C35	C30	C20~C25
细度模数（不小于）	1.3	1.0	0.8	0.7	0.6

4）配制 C60 以上混凝土时，不宜单独使用特细砂，应与天然砂或人工砂按适当比例混合使用。采用特细砂配制混凝土时，其砂率应低于中、粗砂混凝土。水泥用量和水灰比：最小水泥用量应比一般混凝土增加 $20kg/m^3$，最大水泥用量不宜大于 $550kg/m^3$，最大水灰比应符合现行《普通混凝土配合比设计规程》（JGJ 55—2011）的有关规定。特细砂混凝土宜配制成低流动度混凝土，配制坍落度大于 70mm 以上的混凝土时，宜掺外加剂。

5）用人工砂配制混凝土时，其用水量应比天然砂配制混凝土的用水量适当增加，增加量由试验决定。人工砂配制混凝土时，当石粉含量较大时，宜配制低流动度混凝土，在配合比设计中，宜采用低砂率。细度模数高的宜采用较高砂率。人工砂配制混凝土宜采用机械搅拌，搅拌时间应比天然砂配制混凝土的时间延长 1min 左右。人工砂配制的混凝土应注意早期养护。养护时间应比天然砂混凝土延长 2~3d。

（4）砂的含泥量要求：

1）砂中泥块含量要求见表 4-23。

表 4-23 砂中泥块含量要求

混凝土强度等级	≥C60	C55~C30	≤C25
泥块含量（按质量计，%）	≤0.5	≤1.0	≤2.0

2）对于有抗冻、抗渗或其他特殊要求且不大于 C25 的混凝土用砂，其泥块含量不应大于 1.0%。

含泥量对低等级混凝土的影响比对高等级混凝土的影响小，尤其是贫混凝土，含有一定量的泥后，可以改善拌合物的和易性。

（5）砂中石粉含量要求。石粉是指人工砂及混合砂中 75μm 以下的颗粒。人工砂中的石粉绝大多数是母岩被破碎的细粒，与天然砂中的泥不同，它们在混凝土中的作用也有很大区别。石粉含量高，可使砂的比表面积增大，增加用水量；另外细小的球形颗粒产生的滚珠作用又会改善混凝土和易性。人工砂或混合砂中石粉含量应符合表 4-24 的规定。

表 4-24 人工砂或混合砂中石粉含量

混凝土强度等级		≥C60	C55~C30	≤C25
石粉含量（%）	MB<1.4（合格）	≤5.0	≤7.0	≤10.0
	MB≥1.4（不合格）	≤2.0	≤3.0	≤5.0

（6）砂的有害物质含量要求。砂中含有云母、轻物质、有机物、硫化物及硫酸盐等有害物质时，其含量应符合表4－25的规定。

表4－25 砂中有害物质含量

项 目	质量指标
云母含量（按质量计,%）	≤2.0
轻物质含量（按质量计,%）	≤1.0
硫化物及硫酸盐含量（折算成SO_3按质量计,%）	≤1.0
有机物含量（用比色法试验）	颜色不应深于标准色，当颜色深于标准色时，应按水泥胶砂强度试验方法进行强度对比试验，抗压强度不应低于0.95

对于有抗冻、抗渗要求的混凝土用砂，其云母含量不应大于1.0%。

（7）砂中其他含量：

1）砂中氯离子含量（以干砂质量百分率计），对钢筋混凝土用砂，不得大于0.06%；对预应力混凝土用砂，不得大于0.02%。

2）贝壳，是指4.75mm以下被破碎了的贝壳。海砂中贝壳含量应符合表4－26的规定。

表4－26 海砂中贝壳含量

混凝土强度等级	≥C40	C35～C30	C25～C15
贝壳含量（按质量计,%）	≤3	≤5	≤8

对于有抗冻、抗渗或其他特殊要求或不大于C25的混凝土用砂，其贝壳含量不应大于5%。

3）经检验判断为有潜在危害时，应控制混凝土中的碱含量不超过3kg/m^3。

（8）砂的其他指标要求：

1）砂的坚固性应采用硫酸钠溶液检验，试样经5次循环后，其质量损失应符合表4－27的规定。

表4－27 砂的坚固性指标

混凝土所处的环境条件及其性能要求	5次循环后的质量损失（%）
（1）在严寒及寒冷地区室外使用并经常处于潮湿或干湿交替状态下的混凝土 （2）对于有抗疲劳、耐磨、抗冲击要求的混凝土有腐蚀介质作用或经常处于水位变化区的地下结构混凝土	≤8
其他条件下使用的混凝土	≤10

2）人工砂的压碎值指标是检验其坚固性及耐久性的一项指标，人工砂的压碎值指标对混凝土耐磨性有明显影响，因此，要求人工砂的总压碎值指标应小于30%。

3. 砂的质量检验及保管

（1）质量检验。检验时应按砂的同一产地、同一规格分批验收。采用大型工具（如火车、货船或汽车）运输的，应以400m^3或600t为一验收批；采用小型工具（如拖拉机等）运输的，应以200m^3或300t为一验收批。不足上述量者，应按一验收批进行验收。当砂的质量比较稳定，且进料量较大时，可以1000t为一验收批。每验收批砂应至少进行颗粒级配、含泥量、泥块含量检验。对于碎石或卵石，还应检验针片状颗粒含量；对于海砂或有氯离子污染的砂，还应检验其氯离子含量；对于海砂，还应检验贝壳含量；对于人工砂及混合砂，还应检验石粉含量。对于重要工程或特殊工程，应根据工程要求增加检测项目。对其他指标的合格性有怀疑时，应予以检验。

（2）保管。砂在施工场地应分规格堆放，防止污物污水、人踏车碾造成损失，必要时应采取防风措施。

4.1.4 石

1. 石的种类

石分为碎石和卵石，卵石由自然条件作用形成；碎石则经破碎、筛分而成。碎石和卵石均为公称粒径大于5.00mm的岩石颗粒。其中，卵石表面较为光滑，少棱角，便于混凝土的泵送和浇筑，但与水泥的胶结较差，且含泥量较高，适用于拌制较低强度等级的混凝土；碎石表面粗糙，多棱角，与水泥胶结牢固，在相同条件下比卵石拌制的混凝土强度高。卵石适用于泵送混凝土，碎石适用于高强度等级的混凝土。

按粒径，石子可分为5～10mm、5～16mm、5～20mm、5～25mm、5～31.5mm、5～40mm等几种不同的规格。石子的表观密度一般为2.5～2.7g/cm^3。石子在干燥状态下，其堆积密度一般为1400～1500kg/m^3。

2. 石的质量要求

（1）粒径要求。石的公称粒径、石筛筛孔的公称直径与方孔筛筛孔边长应符合表4－28的规定。

表4－28 石的公称粒径、石筛筛孔的公称直径与方孔筛筛孔边长（mm）

石的公称粒径	石筛筛孔的公称直径	方孔筛筛孔边长
2.50	2.50	2.36
5.00	5.00	4.75
10.0	10.0	9.5
16.0	16.0	16.0
20.0	20.0	19.0
25.0	25.0	26.5
31.5	31.5	31.5
40.0	40.0	37.5
50.0	50.0	53.0

续表 4-28

石的公称粒径	石筛筛孔的公称直径	方孔筛筛孔边长
63.0	63.0	63.0
80.0	80.0	75.0
100.0	100.0	90.0

（2）颗粒级配要求。碎石或卵石的颗粒级配，应符合表 4-29 的要求。

表 4-29　碎石或卵石的颗粒级配范围

级配情况	公称粒级（mm）	累计筛余（按质量,%） 方孔筛筛孔边长尺寸（mm）											
		2.36	4.75	9.5	16.0	19.0	26.5	31.5	37.5	53	63	75	90
连续粒级	5～10	95～100	80～100	0～15	0	—	—	—	—	—	—	—	—
	5～16	95～100	85～100	30～60	0～10	0	—	—	—	—	—	—	—
	5～20	95～100	90～100	40～80	—	0～10	0	—	—	—	—	—	—
	5～25	95～100	90～100	—	30～70	—	0～5	0	—	—	—	—	—
	5～31.5	95～100	90～100	70～90	—	15～45	—	0～5	0	—	—	—	—
	5～40	—	95～100	70～90	—	30～65	—	—	0～5	0	—	—	—
单粒级	10～20	—	95～100	85～100	—	0～15	0	—	—	—	—	—	—
	16～31.5	—	95～100	—	85～100	—	—	0～10	0	—	—	—	—
	20～40	—	—	95～100	—	80～100	—	—	0～10	0	—	—	—
	31.5～63	—	—	—	95～100	—	—	75～100	45～75	—	0～10	0	—
	40～80	—	—	—	—	95～100	—	—	70～100	—	30～60	0～10	0

1）混凝土用石应采用连续粒级。单粒级适用于组合成满足要求的连续粒级；也可与连续粒级混合使用，以改善其级配或配成较大粒度的连续粒级。

2）单粒级配制混凝土会加大水泥用量，对混凝土的收缩等性能造成不利影响。由于卵石的颗粒级配是自然形成的，当其不满足级配要求时，应在保证混凝土质量的前提下采取措施后方可使用。

（3）石中针、片状颗粒的含量要求。碎石或卵石中的针、片状颗粒含量应符合表 4-30 的规定。

表 4-30　针、片状颗粒含量

混凝土强度等级	≥C60	C55～C30	≤C25
针、片状颗粒含量（按质量计）（%）	≤8	≤15	≤5

（4）石中含泥量要求。石中含泥量和泥块含量应符合表4－31、表4－32的规定。

表4－31　碎石或卵石中含泥量

混凝土强度等级	≥C60	C55～C30	≤C25
含泥量（按质量计）（%）	≤0.5	≤1.0	≤2.0

表4－32　碎石或卵石中泥块含量

混凝土强度等级	≥C60	C55～C30	≤C25
泥块含量（按质量计）（%）	≤0.2	≤0.5	≤0.7

1）对于有抗冻、抗渗或其他特殊要求的混凝土，其所用碎石或卵石中含泥量不应大于1.0%。当碎石或卵石的含泥是非黏土质的石粉时，其含泥量可由表4－31的0.5%、1.0%、2.0%，分别提高至1.0%、1.5%、3.0%。

2）对于有抗冻、抗渗或其他特殊要求且强度等级小于C30的混凝土，其所用碎石或卵石中泥块含量不应大于0.5%。

（5）石中有害物质含量要求。石中的硫化物和硫酸盐含量以及有机物等有害物质含量应符合表4－33的规定。

表4－33　石中有害物质含量

项　目	质量指标
硫化物及硫酸盐含量（折算成SO_3，按质量计）（%）	≤1.0
卵石中有机物含量（用比色法试验）	颜色应不深于标准色，当颜色深于标准色时，应配制成混凝土进行强度对比试验，抗压强度比应不低于0.95

（6）石的碱活性要求。对于长期处于潮湿环境中的重要结构混凝土，对其使用的碎石或卵石应进行碱活性检验。经检验，判定骨料存在潜在碱—碳酸盐反应危害时，不宜用作混凝土骨料；判定骨料存在潜在碱—硅反应危害时，应控制混凝土中的碱含量不超过$3kg/m^3$。

（7）石的其他指标要求：

1）石的坚固性应用硫酸钠溶液法检验，试样经5次循环后，其质量损失应符合表4－34的规定。

表4－34　碎石或卵石的坚固性指标

混凝土所处的环境条件及其性能要求	5次循环后的质量损失（%）
在严寒及寒冷地区室外使用，并经常处于潮湿或干湿交替状态下的混凝土；有腐蚀性介质作用或经常处于水位变化区的地下结构或有抗疲劳、耐磨、抗冲击等要求的混凝土	≤8
在其他条件下使用的混凝土	≤12

2）压碎值指标要求。

①碎石的压碎值指标宜符合表4－35的规定。

表4－35　碎石的压碎值指标

岩石品种	混凝土强度等级	碎石压碎值指标（%）
沉积岩	C60～C40	≤10
	≤C35	≤16
变质岩或深层的火成岩	C60～C40	≤12
	≤C35	≤20
喷出的火成岩	C60～C40	≤13
	≤C35	≤30

②卵石的强度可用压碎值指标表示，并符合表4－36的规定。

表4－36　卵石的压碎值指标

混凝土强度等级	C60～C40	≤C35
压碎值指标（%）	≤12	≤16

3. 石的质量检验

石的质量检验同砂的检验。

4.1.5　外加剂

根据我国现行的国家标准《混凝土外加剂定义分类、命名与术语》GB/T 8075—2005的原则，混凝土外加剂是一种在混凝土搅拌之前或拌制过程中加入的、用以改善新拌混凝土和（或）硬化混凝土性能的材料。

混凝土外加剂按其主要使用功能分为四类，见表4－37。

表4－37　按主要功能对混凝土外加剂进行分类

按混凝土外加剂功能分类	品　种
改善混凝土拌合物流变性能	各种减水剂 泵送剂等
调节混凝土凝结时间、硬化性能	缓凝剂 促凝剂 速凝剂等
改善混凝土耐久性	引气剂 防水剂 阻锈剂 矿物外加剂等
其他性能	膨胀剂 防冻剂、着色剂等

1. 外加剂的选择

（1）外加剂种类应根据设计和施工要求及外加剂的主要作用选择。

（2）当不同供方、不同品种的外加剂同时使用时，应经试验验证，并应确保混凝土性能满足设计和施工要求后再使用。

（3）含有六价铬盐、亚硝酸盐和硫氰酸盐成分的混凝土外加剂，严禁用于饮水工程中建成后与饮用水直接接触的混凝土。

（4）含有强电解质无机盐的早强型普通减水剂、早强剂、防冻剂和防水剂，严禁用于下列混凝土结构：

1）与镀锌钢材或铝铁相接触部位的混凝土结构。

2）有外露钢筋预埋铁件而无防护措施的混凝土结构。

3）使用直流电源的混凝土结构。

4）距高压直流电源100m以内的混凝土结构。

（5）含有氯盐的早强型普通减水剂、早强剂、防水剂和氯盐类防冻剂，严禁用于预应力混凝土、钢筋混凝土和钢纤维混凝土结构。

（6）含有硝酸铵、碳酸铵的早强型普通减水剂、早强剂和含有硝酸铵、碳酸铵、尿素的防冻剂，严禁用于办公、居住等有人员活动的建筑工程。

（7）含有亚硝酸盐、碳酸盐的早强型普通减水剂、早强剂、防冻剂和含亚硝酸盐的阻锈剂，严禁用于预应力混凝土结构。

（8）掺外加剂混凝土所用水泥，应符合现行国家标准《通用硅酸盐水泥》GB 175—2007/XG 1—2009和《中热硅酸盐水泥 低热硅酸盐水泥 低热矿渣硅酸盐水泥》GB 200—2003的规定；掺外加剂混凝土所用砂、石应符合现行行业标准《普通混凝土用砂、石质量及检验方法标准》JGJ 52—2006的规定；所用粉煤灰和粒化高炉矿渣粉等矿物掺合料，应符合现行国家标准《用于水泥和混凝土中的粉煤灰》GB/T 1596—2005和《用于水泥和混凝土中的粒化高炉矿渣粉》GB/T 18046—2008的规定，并应检验外加剂与混凝土原材料的相容性，应符合要求后再使用。掺外加剂混凝土用水包括拌合用水和养护用水，应符合现行行业标准《混凝土用水标准》JGJ 63—2006的规定。硅灰应符合现行国家标准《高强高性能混凝土用矿物外加剂》GB/T 18736—2002的规定。

（9）试配掺外加剂的混凝土应采用工程实际使用的原材料，检测项目应根据设计和施工要求确定，检测条件应与施工条件相同，当工程所用原材料或混凝土性能要求发生变化时，应重新试配。

2. 外加剂的掺量

（1）外加剂掺量应以外加剂质量占混凝土中胶凝材料总质量的百分数表示。

（2）外加剂掺量宜按供方的推荐掺量确定，应采用工程实际使用的原材料和配合比，经试验确定。当混凝土其他原材料或使用环境发生变化时，混凝土配合比、外加剂掺量可进行调整。

3. 外加剂的质量控制

（1）外加剂进场时，供方应向需方提供下列质量证明文件：

1）型式检验报告。

2）出厂检验报告与合格证。

3）产品说明书。

（2）外加剂进场时，同一供方、同一品种的外加剂应按《混凝土外加剂应用技术规范》GB 50119—2013 各外加剂种类规定的检验项目与检验批量进行检验与验收，检验样品应随机抽取。外加剂进厂检验方法应符合现行国家标准《混凝土外加剂》GB 8076—2008 的规定；膨胀剂应符合现行国家标准《混凝土膨胀剂》GB 23439—2009 的规定；防冻剂、速凝剂、防水剂和阻锈剂应分别符合现行行业标准《混凝土防冻剂》JC 475—2004、《喷射混凝土用速凝剂》JC 477—2005、《砂浆、混凝土防水剂》JC 474—2008 和《钢筋阻锈剂应用技术规程》JGJ/T 192—2009 的规定。外加剂批量进货应与留样一致，应经检验合格后再使用。

（3）经进场检验合格的外加剂应按不同供方、不同品种和不同牌号分别存放，标识应清楚。

（4）当同一品种外加剂的供方、批次、产地和等级等发生变化时，需方应对外加剂进行复检，应合格并满足设计和施工要求后再使用。

（5）粉状外加剂应防止受潮结块，有结块时，应进行检验，合格者应经粉碎至全部通过公称直径为 630μm 方孔筛后再使用；液体外加剂应贮存在密闭容器内，并应防晒和防冻，有沉淀、异味、漂浮等现象时，应经检验合格后再使用。

（6）外加剂计量系统在投入使用前，应经标定合格后再使用，标识应清楚，计量应准确，计量允许偏差应为 ±1% 。

（7）外加剂在贮存、运输和使用过程中应根据不同种类和品种分别采取安全防护措施。

4.2 商品混凝土

商品混凝土是指由水泥、骨料、水以及外加剂和掺合料等按一定比例，经集中搅拌站经计量、拌制后出售，并采用运输车，运至使用施工现场的混凝土拌合物。它实现了混凝土生产的专业化、商品化和社会化，具有加快施工进度、减少环境污染、提高工程质量和节约材料成本等优点。因此近年来，随着建筑业蓬勃发展，使商品混凝土随之广泛应用于建筑工程中，并产生了良好的社会效益及经济效益。由于施工管理、技术力量、施工组织等方面的影响，目前采用商品混凝土的现浇住宅的楼板裂缝是一种常见的现象。若不引起施工管理人员的重视，将直接影响到建筑物施工后整体结构的质量。因此必须加强商品混凝土质量的现场管理。

4.2.1 混凝土质量失控的原因

混凝土质量失控的原因如下：

（1）混凝土配制强度偏低。试验室与施工现场条件存在着差异和变化，混凝土的配制强度按相应的保证率进行配制。然而，商品混凝土生产企业有时过多考虑经济成本，强度评定采用系统整体考虑，混凝土配合比设计时考虑富裕强度较经济，因而在单项工程中混凝土配制强度偏低。

（2）现场随意加水导致水灰比过大。在相同原材料和工艺条件下，混凝土强度主要取决于水灰比，即混凝土强度随水灰比增大而降低。有些技术人员和操作员对现场加水混凝土强度的影响认识不足，以为用水稀释的拌合物，能增大坍落度，便于搅拌、泵送、浇筑。

（3）砂石含水量变化时不能及时调整用水量。根据规定搅拌站应采取相应措施，保持砂石骨料具有稳定的含水率，每工作班至少测定一次含水率，遇到雨雪天气应增加测定次数，并及时调整含水量，满足混凝土强度等级和施工和易性的要求。目前一些搅拌站采用自动测定砂石含水率的仪器，但多数搅拌站采用原材料试验的含水率或凭经验判断含水率，进行用水量调整，然而有些搅拌站在雨雪季节、高温天气、昼夜温差以及砂石含水量不稳定等情况下仍不及时调整用水量，使拌合物和易性和强度难以保证，既增加了施工难度，也影响工程质量。

4.2.2 商品混凝土生产中的质量控制

（1）配合比的确定是商品混凝土质量的前提。施工配合比应根据设计的混凝土强度等级和质量检验以及混凝土施工和易性等要求确定。充分考虑工程项目的特点、气候条件、混凝土输送方式等因素进行配制。审核水泥产地、品牌、品种、标号，砂、石产地、细度模数、含泥量等指标，外加剂、掺合料的选用、掺量及坍落度是否满足要求。

（2）商品混凝土的和易性是保证浇筑质量的主要因素。要求在进行混凝土配合比设计时，不但要满足强度的要求，还要有良好的和易性。不应强调以强烈振捣来保障混凝土的浇筑质量，而应强调为施工提供具有良好和易性的便于振实的混凝土拌合物。也就是说混凝土拌合物应具有较大的流动性、可塑性，以利于浇筑振实，而且还应具有较好的粘聚性和保水性，以免产生离析、泌水等现象。而同时用水量和水灰比却不能增大，甚至应该降低，以保证或提高混凝土强度等技术性能。这一矛盾可以通过掺入减水剂的手段来解决。

（3）掺外加剂是保证商品混凝土质量的有效措施。减水剂是最常用的一外加剂。减水剂能在不增加用水量的情况下，显著增大混凝土的流动性，节省水泥用量。普通减水剂（如木钙）掺量约为水泥用的2%～3%，可将混凝土坍落度增大到80～100mm，高效复合减水剂掺量为1%～2%，可将混凝土坍落度增加到140～180mm，而混凝土拌合物的粘聚性和保水性却很好，几乎不离析、不泌水，易于运输、泵送，对于浇筑结构形状复杂、截面深狭、钢筋密集的混凝土结构，也可获得很好的成型质量。但减水剂的使用，会使混凝土含量增加，混凝土对减水剂掺量很敏感，掺量过大，会使混凝土泌水性大增，影响混凝土强度。因此，应严格控制减水剂的掺量。

4.2.3 商品混凝土施工中的质量控制

（1）施工承包单位在选择商品混凝土的供应商时，要选择资质高信誉好的供应商，并考虑地理位置及交通道路是否合适。商品搅拌站工程技术人员在计算普通混凝土配合比时坍落度宜按相关规定取值，施工现场与商品混凝土搅拌站加强联系与沟通，计算好施工现场浇筑混凝土的速度，选择合理的运输车的安排、合理的运输路线，保证商品混凝土运至施工现场的质量。

(2) 施工现场加强施工管理，并制定管理制度，提高操作人员的技术水平和质量意识，增强工作责任心。保证商品混凝土的质量在使用商品混凝土的过程中，应对商品混凝土拌合物逐车进行坍落度试验，并做好检查记录，现场监理人员应对坍落度检验过程作见证，加强监督管理，坍落度不符合要求的混凝土严禁使用。加强商品混凝土质量的现场控制和验收，商品混凝土在出厂运输过程中和卸料时不可产生离析，不能混入其他任何成分和附加水分，特别是不准随意加水和向运输料斗中加水。制定出现场如遇泵送管道堵塞、运输混凝土车交通堵塞不能按时到达施工现场的应急措施。浇筑商品混凝土时，振动棒应严格按规范要求进行施工，振动时间不宜过长。浇筑楼板混凝土时必须铺设操作平台，防止施工操作人员直接踩踏上部负弯矩钢筋，同时加强浇捣楼板混凝土整个过程中的钢筋看护，随时将位置不准确的钢筋复位，确保其发挥相应作用。在混凝土终凝前 12h 进行抹压工作，以提高混凝土表面的抗裂能力。

(3) 严格施工操作程序，不盲目赶工，杜绝过早上施工材料。合理的施工速度应建立在严密周全的科学组织基础上。在混凝土强度未达到 1.2MPa 之前，不准随便上人和集中放钢筋等重物；混凝土强度达到 10MPa 之后，堆放重物前应在两根梁之间放上方木，将重物重量通过方木传递到梁上，以减轻对楼板混凝土的冲击影响。

(4) 商品混凝土的养护是防治裂缝的关键，因此商品混凝土的第一次养护时间应该尽量提前，越早越好，特别是遇到干燥大风、烈日暴晒的天气，要在二次振捣后，及时养护，随抹随覆盖塑料薄膜，在不易覆盖塑料薄膜的部位涂刷养护剂。严禁在太阳直晒后裸露的混凝土上直接浇水养护，以防止由于温度骤降导致板面开裂。混凝土终凝后，设专人淋水养护，使混凝土表面处于湿润状态。养护时间应不少于 7d，若为抗渗混凝土养护时间不少于 14d。通过以上工作，加强施工管理，商品混凝土在施工现场的使用过程中的质量将得到有效的控制。

4.2.4 专业技术人员的管理

生产混凝土的专业人员也是混凝土质量保证的非常关键因素之一。其素质、技术及管理水平的高低决定和代表了预拌混凝土搅拌站的质量管理控制水平和企业形象。预拌混凝土公司的专业人员不仅需要专业的知识，还要有丰富的混凝土实验、生产实践经验，熟知各种水泥、外加剂、掺和料的性能特点，能及时、准确分析各种质量事故与处理。

综上所述，影响混凝土生产质量的因素多而复杂，它是一项技术性很强的工作。但是所产生的问题虽有随机性，但还是有一定的规律性的。只要按照 PDCA 管理模式，必能保证商品混凝土质量。

4.3　混凝土施工机具

4.3.1　混凝土搅拌机

1. 混凝土搅拌机的类型

常用的混凝土搅拌机按照其搅拌原理分为自落式搅拌机和强制式搅拌机两类，见表4－38。

表4－38　混凝土搅拌机的类型

类型	图示及内容
自落式搅拌机	自落式搅拌机的搅拌鼓筒是垂直放置的。随着鼓筒的转动，混凝土拌和料在鼓筒内做自由落体式翻转搅拌。自落式搅拌机多用以搅拌塑性混凝土和低流动性混凝土。筒体和叶片磨损较小，易于清理，但动力消耗大，效率低。自落式搅拌机的搅拌时间通常为90～120s/盘。鉴于此类搅拌机对混凝土骨料有较大的磨损，从而影响混凝土质量，现已逐步被强制式搅拌机所取代 
强制式搅拌机	强制式搅拌机的鼓筒内包括若干组叶片，在搅拌时，叶片绕竖轴或卧轴旋转，将材料强行搅拌，直至搅拌均匀。强制式搅拌机的搅拌作用强烈，适宜于搅拌干硬性混凝土和轻骨料混凝土，也可以搅拌流动性混凝土，具有搅拌质量好、搅拌速度快、生产效率高、操作简便及安全等优点。但机件磨损严重，通常需用高强合金钢或其他耐磨材料作内衬，多用于集中搅拌站 

2. 混凝土搅拌机型号的表示方法

（1）搅拌机型号和编制方法如下：

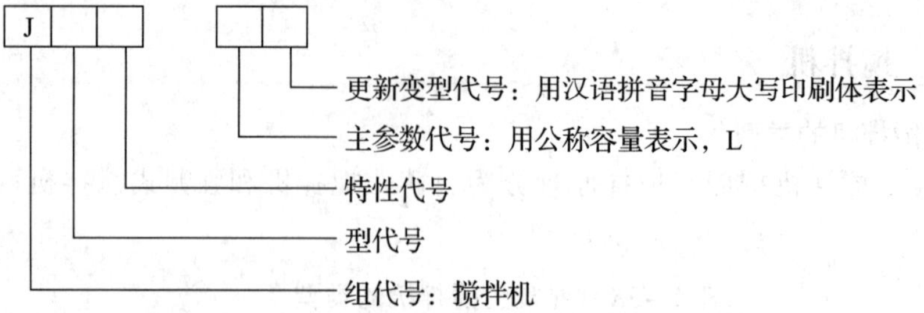

（2）自落式和强制式混凝土搅拌机因工作部分在结构上的不同还有若干基本机型，如表 4－39 所示。

表 4－39　自落式和强制式混凝土搅拌机的机型

类型		代号	示意图
自落式	反转出料	JZ	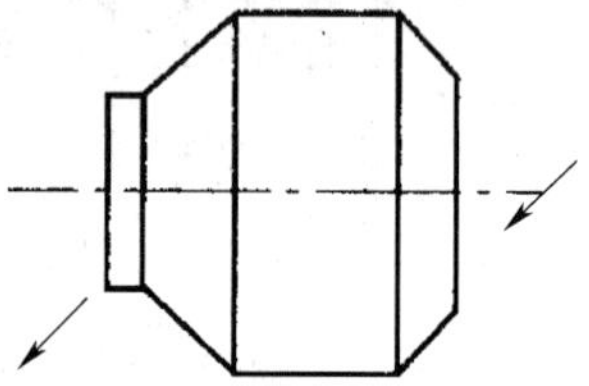
	倾翻出料	JF	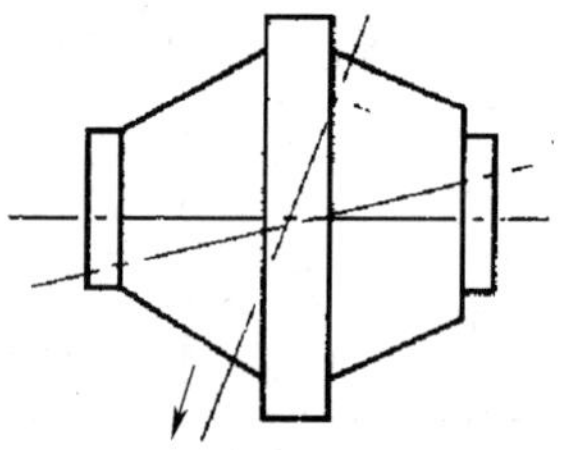
强制式	涡浆	JW	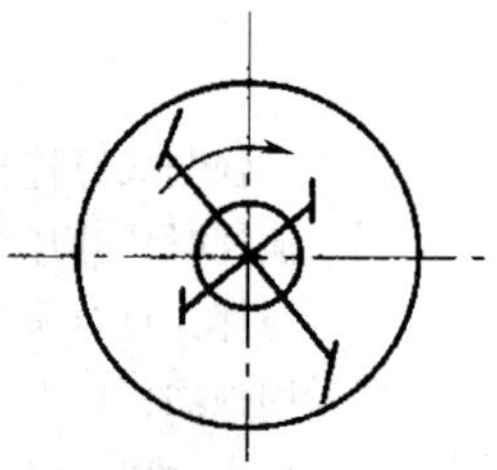
	行星	JN	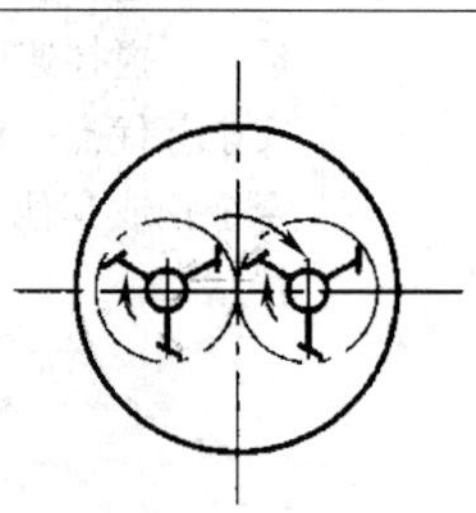

续表 4－39

类型		代号	示意图
强制式	双卧轴	JD	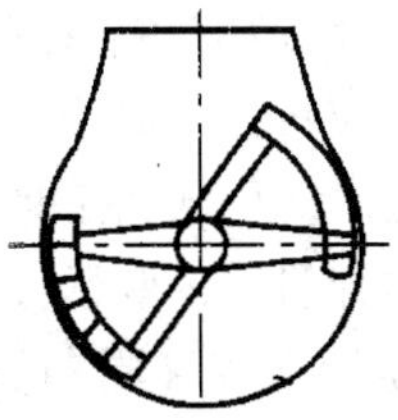
	单卧轴	JS	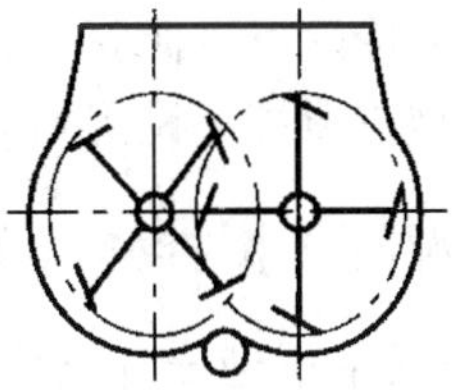

3. 混凝土搅拌机的安全操作要点

（1）作业区应排水通畅，并应设置沉淀池及防尘设施。

（2）操作人员视线应良好。操作台应铺设绝缘垫板。

（3）作业前应重点检查下列项目，并应符合相应要求：

1）料斗上、下限位装置应灵敏有效，保险销、保险链应齐全完好。钢丝绳报废应按现行国家标准《起重机钢丝绳　保养　维护、安装、检验和报废》GB/T 5972—2009 的规定执行。

2）制动器、离合器应灵敏可靠。

3）各传动机构、工作装置应正常。开式齿轮、皮带轮等传动装置的安全防护罩应齐全可靠。齿轮箱、液压油箱内的油质和油量应符合要求。

4）搅拌筒与托轮接触应良好，不得窜动、跑偏。

5）搅拌筒内叶片应紧固，不得松动，叶片与衬板间隙应符合说明书规定。

6）搅拌机开关箱应设置在距搅拌机 5m 的范围内。

（4）作业前应先进行空载运转，确认搅拌筒或叶片运转方向正确。反转出料的搅拌机应进行正、反转运转。空载运转时，不得有冲击现象和异常声响。

（5）供水系统的仪表计量应准确，水泵、管道等部件应连接可靠，不得有泄漏。

（6）搅拌机不宜带载启动，在达到正常转速后上料，上料量及上料程序应符合使用说明书的规定。

（7）料斗提升时，人员严禁在料斗下停留或通过；当需在料斗下方进行清理或检修时，应将料斗提升至上止点，并必须用保险销锁牢或用保险链挂牢。

（8）搅拌机运转时，不得进行维修、清理工作。当作业人员需进入搅拌筒内作业时，应先切断电源，锁好开关箱，悬挂“禁止合闸”的警示牌，并应派专人监护。

（9）作业完毕，宜将料斗降到最低位置，并应切断电源。

4. 混凝土搅拌机的维护保养

（1）日常保养。每次作业后，清洗搅拌筒内外积灰。搅拌筒内与拌合料不接触部分，清洗完毕后涂上一层机油，便于下次清洗。移动式搅拌机的轮胎气压应保持在规定值，轮胎螺栓应旋紧。料斗钢丝绳如有松散现象，应排列整齐并收紧钢丝绳。用气压装置的搅拌机，作业后应将储气筒及分路盒内积水放出。按照润滑部位及周期表进行润滑作业。清洗搅拌机的污水应引入指定地点，并进行处理，不准在机旁或建筑物附近任其自流。尤其冬季，严防搅拌机筒内和地面积水甚至结冰，应有防冻防滑防火措施。

（2）定期保养（周期 500h）。调整 V 带松紧度。检查并紧固钢板卡子螺栓。料斗提升钢丝绳磨损超过规定时，应予更换，如果尚能使用，应进行除尘润滑。内燃搅拌机的内燃机部分应按内燃机保养有关规定执行。电动搅拌机应消除电器的积尘，并进行必要的调整。按照相应搅拌机说明书规定的润滑部位及周期进行润滑作业。

4.3.2 混凝土搅拌楼（站）

1. 混凝土搅拌楼（站）的分类

混凝土搅拌楼（站）（图 4－1）按照工艺布置形式可分为单阶式和双阶式两类。

图 4－1 混凝土搅拌楼（站）

（1）单阶式。砂、石、水泥等材料一次就提升到搅拌楼（站）最高层的储料斗，然后配料称量直到搅拌成混凝土，均借物料自重下落而形成垂直生产工艺体系，其工艺流程，如图 4－2 所示。此类形式具有生产率高、动力消耗少、机械化和自动化程度高、布置紧凑、占地面积小等特点，但其设备较复杂，基建投资大，因此单阶式布置适用于大型永久性搅拌楼（站）。

（2）双阶式。砂、石、水泥等材料分两次提升，第一次将材料提升至储料斗；经配料称量后，第二次再将材料提升并卸入搅拌机，其工艺流程，如图 4－3 所示。其优点包括设备简单、投资少、建成快等；但其机械化和自动化程度较低、动力消耗大，因此该布置形式适用于中小型搅拌楼（站）。

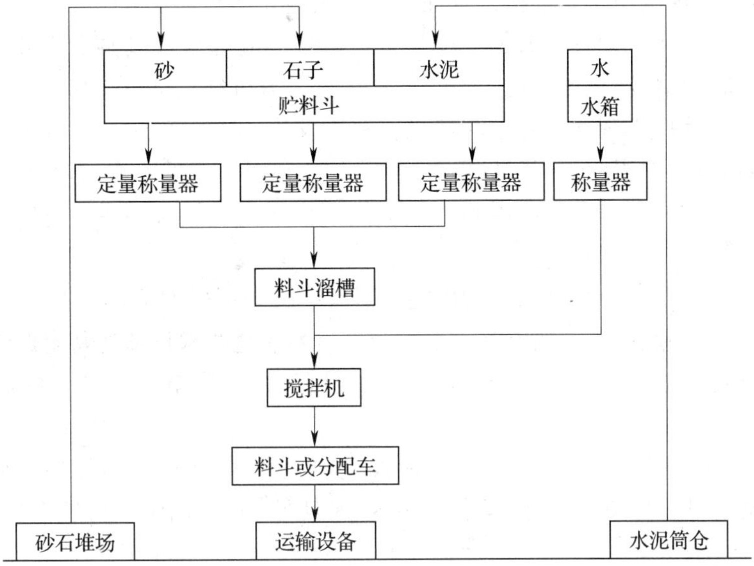

图 4－2 单阶式搅拌楼（站）工艺流程

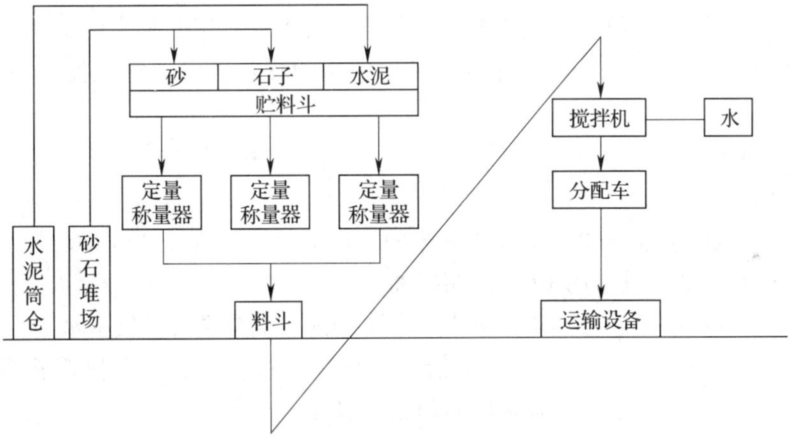

图 4－3 双阶式搅拌楼（站）工艺流程

此外，搅拌楼（站）按装置方式可分为固定式和移动式两类。前者适用于永久性的搅拌楼（站）；后者适用于施工现场。

2. 混凝土搅拌楼（站）的使用与维护

（1）使用操作要点：

1）混凝土搅拌站（楼）的操作人员必须熟悉所操作设备的性能与特点，并认真执行操作规程和保养规程。

2）新设备使用前，必须经过专业人员安装调试，在技术性能各项指标全部符合规定并经验收合格后方可投产使用。经过拆卸运输后重新组装的搅拌站，也应调试合格后方可使用。

3）电源电压、频率、相序必须与搅拌设备的电器相符。电气系统的保险丝（熔丝）

必须按照电流大小规定使用，不得任意加大或用其他非熔丝代替。

4）操作盘上的主令开关、旋钮、按钮、指示灯等应经常检查其准确性、可靠性。操作人员必须弄清操作程序和各旋钮、按钮的作用后，方可独立进行操作。

5）机械启动后应先观察各部运转情况，并检查油、气、水的压力是否符合要求。

6）骨料规格应与搅拌机的性能相符，粒径超出许可范围的不得使用。

7）机械运转中，不得进行润滑和调整工作。严禁将手伸入料斗、搅拌筒探摸进料情况。

8）因为搅拌机不具备满载启动的性能，所以搅拌中不得停机。如发生故障或停电时，应立即切断电源，将搅拌筒内的混凝土清除干净，然后进行检修或等待电源恢复。

9）控制室的室温应保持在25℃以下，以免因温度而影响电子元件的灵敏度和精确度。

10）切勿使机械超载工作，并应经常检查电动机的温升。如发现运转声音异常、转速达不到规定时，应立即停止运行，并检查其原因。如因电压过低，不得强制运行。

11）停机前应先卸载，然后按顺序关闭各部开关和管路。作业后，应对设备进行全面清洗和保养。

12）电气部分应按一般电气安全规程进行定期检查。三相电源线截面积，铜线不得小于25mm^2，铝线不得小于35mm^2，并需有良好的接地保护，电源电压波动应在±10%以内。

（2）维护保养：

1）作业前检查：

①检查搅拌机润滑油箱和空压机曲轴箱的油面高度。搅拌机采用20号机油，空压机冬季用13号压缩机油，夏季用19号压缩机油。

②冷冻季节和长期停放后使用，应当对水泵和附加剂泵进行排气引水。

③检查气路系统中气水分离器积水情况。在积水过多时，打开阀门排放。检查油、水、气路通畅情况和有无溢漏。各料门启闭是否灵活。

2）作业后清理维护：

①清理搅拌筒、出料门及出料斗积灰，并用水冲洗，同时冲洗附加剂及其供给系统。

②冰冻季节，应当放净水泵、附加剂泵、水箱及附加剂箱内存水，并启动水泵和附加剂泵运转1~2min。

3）每周检查维护：

①润滑点，如出料门轴、各储料斗和称量斗门轴、胶带输送机托轮、压轮、张紧轮轴承和传动链条、螺旋输送机各部轴承等，必须进行润滑。铲臂固定座应当定期润滑。

②检查搅拌机叶片、内外刮板和铲臂保护磨损情况，在必要时调整间隙或更换。

③检查调整传动胶带张紧度；检查紧固各部连接螺栓；检查各接触点和中间继电器的静、动触头是否损伤或烧坏；在必要时应修复或更新。

④当搅拌站需要转移或停用时，应将水箱、附加剂箱、水泥、砂、石储存斗及称量斗内的物料排净，并清洗干净。转移中应将杠杆秤表头平衡砣及秤杆加以固定，以保护计量

装置。

4.3.3 混凝土泵及泵车

1. 混凝土泵

混凝土泵根据其排量（输送量）的大小，划分多种型号。早期生产的排量较小（8 ~ 15m^3/h），现已向大排量发展，最大排量达 100m^3/h。不论排量大小，其工作原理都是通过液压缸的压力推动活塞，再通过活塞杆上的工作活塞来压送混凝土。虽然它们的排量不同，但其构造相似。

混凝土泵的外形如图 4-4 所示，主要由料斗及搅拌装置、泵送及分配机构，传动及液压系统，以及机架及行走机构等组成。

（1）料斗及搅拌装置。料斗是混凝土泵的盛料器，作为混凝土拌合料的贮存和调节用。它是由两组弧面钢板组成，其上部装有筛网，用以防止拌合料中超粒径骨料的混入。搅拌轴安装在料斗中，轴两侧固定有搅拌叶片。通过液压马达带动链传动副驱动搅拌轴以 10r/min 的速度旋转。搅拌装置用作对料斗内混凝土拌合料的再次搅拌，以防止产生离析，保证其有足够的流动性及和易性，以便能顺利进入泵缸。此外，在泵送过程中，搅拌装置还兼有喂料作用，如图 4-5 所示。

图 4-4 混凝土泵

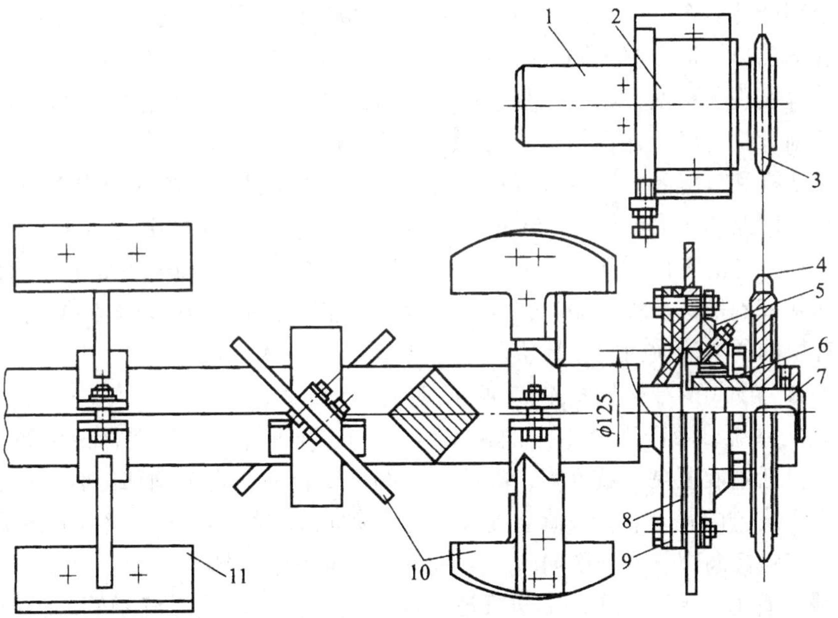

图 4-5 混凝土泵搅拌装置构造简图

1—液压马达；2—液压马达支座；3—主动链轮；4—从动链轮；5—轴承座；6—搅拌轴承；7—搅拌轴；8—密封盘；9—压圈；10—两侧搅拌叶片；11—中间搅拌叶片

（2）泵送及分配机构。泵送机构用于推送混凝土拌合料，使其克服管道阻力而输送到浇筑工位。泵送机构由主液压缸、混凝土缸、支持连接件及闸箱等部分组成，其泵送工作原理如图4-6所示。

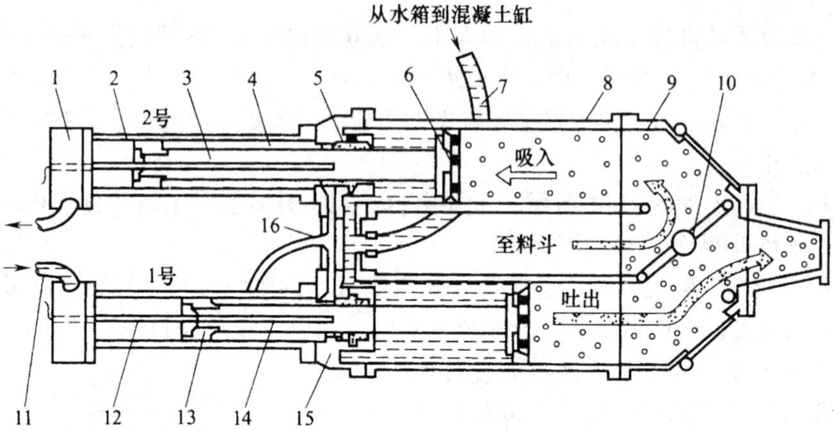

图4-6 混凝土泵泵送工作原理

1—液压缸盖；2—液压缸；3—活塞杆；4—闭合油路；5—V形密封圈；
6—活塞；7—水管；8—混凝土缸；9—阀箱；10—板阀；11—油管；
12—铜管；13—液压缸活塞；14—干簧管；15—缸体接头；16—双缸连接缸体

两个活塞杆和混凝土分配阀协调动作，轮流把混凝土拌合料连续推压入输送管道。混凝土分配阀的矩形板阀在阀箱里左右摆动以控制四个通道，即两个混凝土泵缸、料斗及输出口。分配阀能使一个混凝土泵缸在吸入冲程时和料斗相连接；同时另一个活塞杆处于推压冲程并和输出口相通；继续循环时活塞反向，板阀也同时反向，使两个混凝土泵缸的吸入和推送冲程实现了交换。如此往复循环，从而自料斗中吸入混凝土拌合料，经分配阀作用而连续不断地把混凝土拌合料推压入输送管道进行浇注作业。

两个活塞杆和分配阀分别由液压缸驱动。当一个推送液压缸向前作推送冲程时，液压活塞前面闭合回路的压力油使另一个推送液压缸活塞返回，带动混凝土泵缸的活塞作吸入行程。吸入和推送的工作循环均由电—液系统控制。在空心的推送活塞杆中装有电气行程开关。当活塞杆到推送行程终端时，发出电信号，控制主油路换向的电液换向阀和控制分配阀液压缸换向的电液换向阀循环协调进行动作。

混凝土泵分配阀的结构如图4-7所示。

（3）液压系统。液压系统由主油路系统、分配阀油路系统和搅拌油路系统等组成。主油路系统包括主液压泵、溢流阀、电液换向阀、闭合油路安全阀和闭合油路充油阀等。分配阀油路系统包括液压泵、卸荷溢流阀、电液换向阀和蓄能器等。搅拌油路系统包括液压泵、手动多路换向阀、电磁换向阀、液压马达和压力继电器等。

（4）输送管道。混凝土泵的输送管道一般采用高强度薄壁无缝钢管。为便于安装和拆卸，一律由分段直管、锥管、弯管和快拆接头组成。

输送管道直径通常有100mm、125mm、150mm、175mm、200mm五种，最大单节长度为4m，自重不超过35kg。管道直径可按实际需要和可能，通过变径锥管任意选用。采用小直径管道时，安装拆卸轻便，费用低，但泵送阻力大，影响输送距离，管壁的磨损也较快，通常应不小于输送混凝土骨料粒径的三倍。

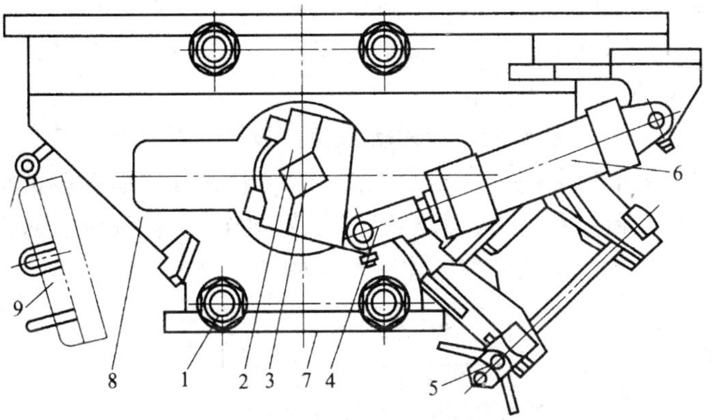

图 4 -7 混凝土泵分配阀结构示意

1—系杆；2—方形夹块；3—板阀轴；4—板阀驱动臂；5—阀窗夹紧装置；6—驱动液压缸；7—分配阀出料口；8—阀箱；9—阀窗

2. 混凝土输送泵车

为了提高混凝土泵的机动性和灵活性，在混凝土输送泵的基础上，发展成输送泵车。它是将液压活塞式或挤压式混凝土泵安装于汽车底盘上，并用液压折叠式臂架管道来输送混凝土，进而构成一种汽车式混凝土输送泵，其外形如图 4 -8 所示。在车架的前部设有转台，其上装有可折叠的液压臂架，在工作时可进行变幅、曲折和回转三个动作。

(1) 底盘及工作装置。该机安装在 SJR461 型载重汽车经过改装的底盘上，功率大、机动性好。整个工作机构采用液压传动和控制，可根据工作需要自动控制混凝土的输送量和压力。上车设有折叠式臂架，前端附有橡胶软管，能作 360°全回转，作业范围大，输送管径为 125mm 时，可对垂直距离为 110m、水平距离为 520m 的远处进行泵送和浇注。

该机由汽车底盘上的发动机驱动，汽车底盘上装有混凝土泵推送机构及料斗，带有输送管路的臂架、支腿、水泵、润滑装置、冷却装置以及用来操纵和控制上述设备的液压系统等构成。

(2) 泵送及分配机构。泵送及分配机构的构造和混凝土泵相似。混凝土的吸入和输送是靠活塞运动来完成的，当混凝土活塞缩回以及搅拌叶片的推动下，料斗内的混凝土拌合料通过滑阀吸入口进入输送缸；当混凝土活塞向前运动时，混凝土拌合料通过滑阀输出口进入“Y”形管。这样往复循环，完成混凝土拌合料的泵送。

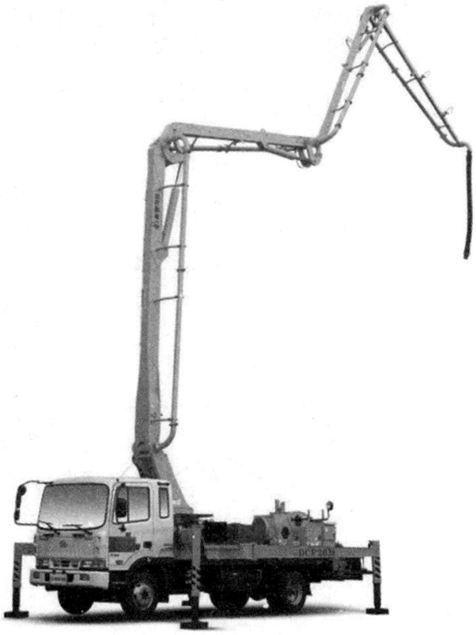

图 4 -8 混凝土输送泵车外形

混凝土分配阀采用“四导杆板状滑阀”结构，这种结构由于吸入口大，吸入速度快，阻力小，吸入时混凝土拌合料不易离析。由于板阀的设计，即使和阀座间相互磨损也不会产生间隙，因而能防止混凝土拌合料因间隙存在而产生脱水块，造成堵塞。反转时，混凝土拌合料由混凝土缸—吸入口—料斗，它的断面是由小变大，呈喇叭状，因而具有良好的堵塞排出性。

（3）液压系统。混凝土泵车的液压系统主要由以下三个部分组成。

1）推送及换向回路如图4－9所示，主液压泵采用液压伺服控制恒功率变量泵，可以根据施工需要自动控制流量和压力，其额定压力为28MPa。主液压活塞相对于滑阀驱动缸活塞的滞后动作是通过蓄能器及外控顺序阀实现的。

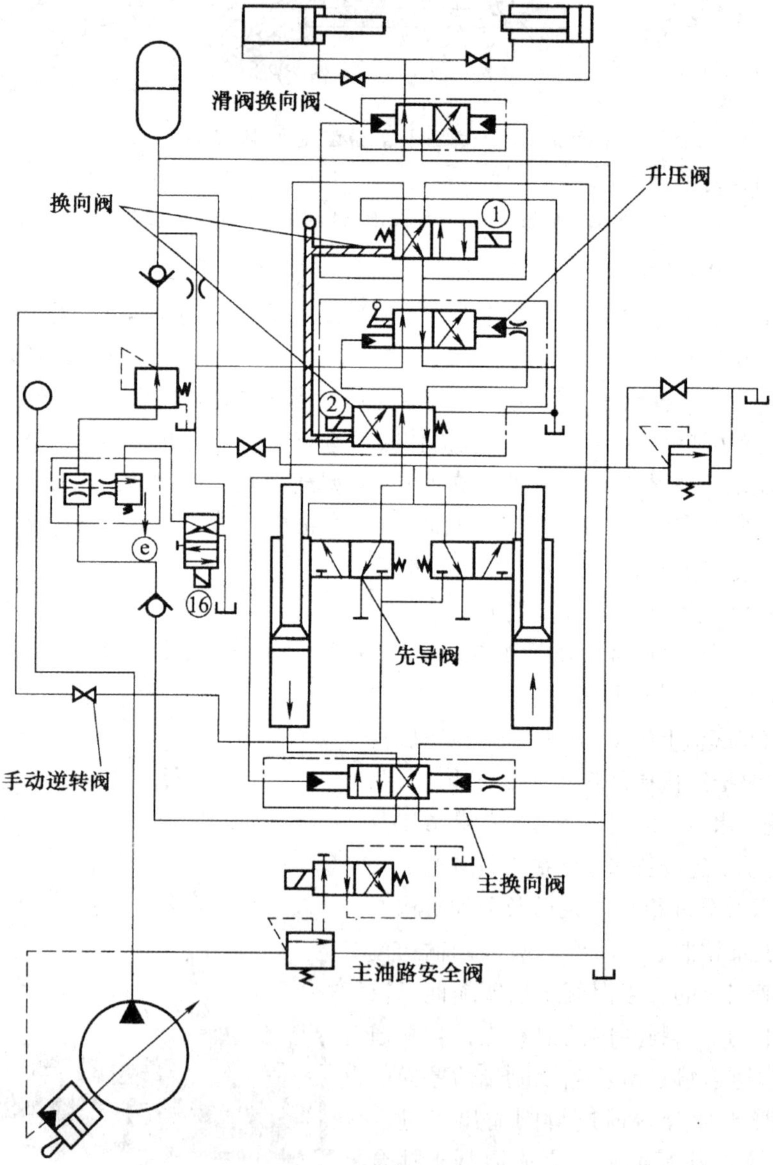

图4－9 混凝土泵车液压推送及换向回路

主液压活塞及滑阀活塞的换向顺序是：首先主液压活塞行程终了撞击先导换向阀撞块，使先导换向阀换向；这就引起逆转阀换向，使主换向阀、滑阀换向阀因来自蓄能器的压力油而换向。由于蓄能器的作用，保证了滑阀缸每次换向时间不超过0.2s，不因主液压泵的排量大小而变化，这就大大提高了混凝土泵的容积效率。

2）搅拌及冷却回路如图4－10所示，搅拌系统是由两个溢流阀、两个液控换向器、一个手控换向器组成的集油阀组。它能通过手动换向阀实现正反转，当搅拌叶片被骨料卡住时，能自动反转90°~360°，然后自行恢复正转。

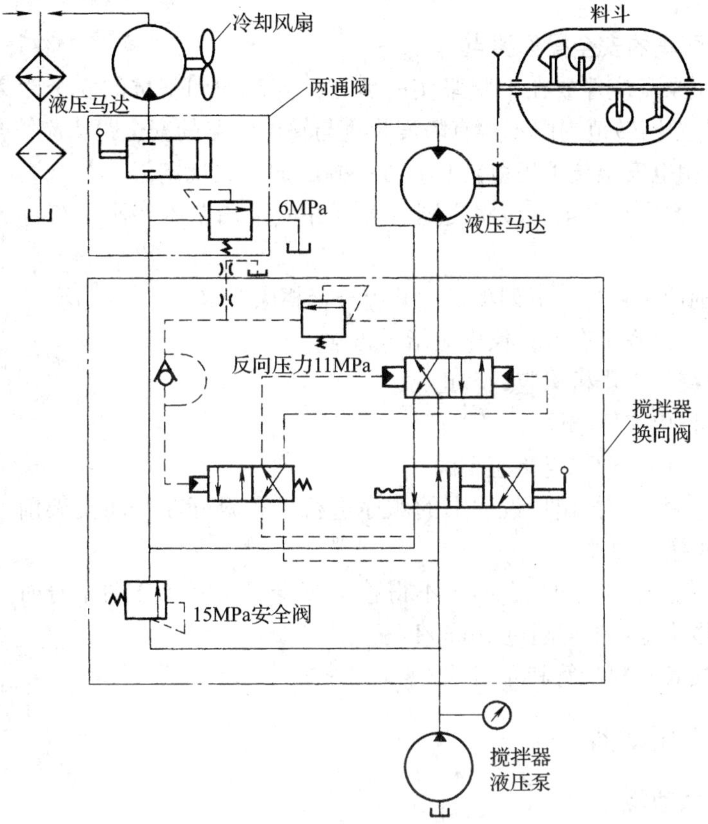

图4－10 混凝土泵车液压搅拌及冷却回路

为了控制系统油温，该机还设置有油冷却系统，以确保最高油温不超过60℃。冷却液压马达是通过搅拌系统的背压实现的。

3）臂架、支腿及回转台液压回路。该回路和汽车起重机相似，最大工作压力为28MPa。臂架油路设置有流量控制阀，用以防止臂架速度过量地增长。当臂架液压泵转速约为1500r/min以上时，借助操纵杆限位开关，使电磁阀导通，用以控制臂架系统的流量。

臂架平衡阀带有双向液压锁的回油控制回路。该回路可确保臂架起升或下降时动作的平稳，又能控制升降的速度。由于在臂架回路中设置有溢流阀，故在作业过程中如出现意外事故，使臂架超负荷时，臂架能自行收折。

回转台的操纵，由液压马达通过回转减速器带动回转支承。回转制动器只是在液压马达运转时才能分开。液压马达停转，制动器随即制动。

(4) 清洗及润滑系统。该机设置以往复式水泵为中心的水清洗系统，并以封闭式底架为水箱，通过液压控制换向阀向混凝土泵送管道进行水洗，水泵最大压力为16MPa，最大流量为80L/min。

为了使滑阀杆和混凝土活塞动作灵活，减少摩擦阻力，该机设置了润滑脂供给系统，在润滑脂泵的作用下，将半流体锂基润滑脂经分配阀自动输送给滑阀、活塞等滑动部件。当某供油管顶端被灰浆阻塞或整个分配功能中断时，分配阀会显示异常信号，或停止动作。

3. 混凝土泵车的安全操作要点

(1) 混凝土泵车应停放在平整坚实的地方，与沟槽和基坑的安全距离应符合使用说明书的要求。臂架回转范围内不得有障碍物，与输电线路的安全距离应符合现行行业标准《施工现场临时用电安全技术规范》JGJ 46—2005 的有关规定。

(2) 混凝土泵车作业前，应将支腿打开，并应采用垫木垫平，车身的倾斜度不应大于3°。

(3) 作业前应重点检查下列项目，并应符合相应要求：

1) 安全装置应齐全有效，仪表应指示正常。

2) 液压系统、工作机构应运转正常。

3) 料斗网格应完好牢固。

4) 软管安全链与臂架连接应牢固。

(4) 伸展布料杆应按出厂说明书的顺序进行。布料杆在升离支架前不得回转。不得用布料杆起吊或拖拉物件。

(5) 当布料杆处于全伸状态时，不得移动车身。当需要移动车身时，应将上段布料杆折叠固定，移动速度不得超过10km/h。

(6) 不得接长布料配管和布料软管。

4.3.4 混凝土振动器

1. 插入式振动器

(1) 外形。插入式振动器外形如图4－11所示，其形式分硬管和软管，振动部分有锤式、棒式、片式等，是插入混凝土内部起振动作用的。

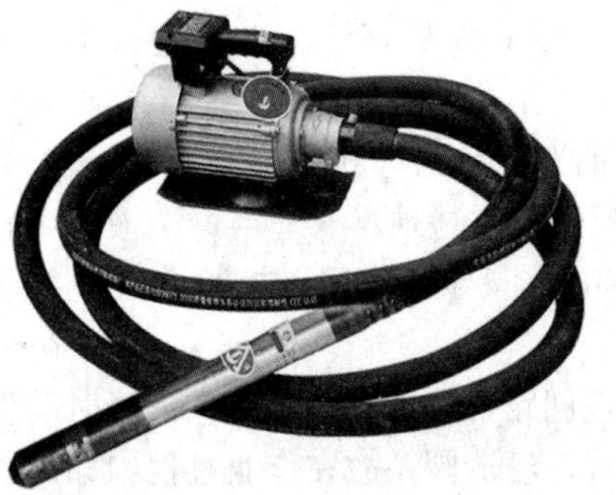

图4－11 插入式振动器

(2) 使用方法。插入式振动器的振捣方法有两种：一种是垂直振捣，即振动棒与混凝土表面垂直；另一种是斜向振捣，即振动棒与混凝土表面成40°～45°角，如图4－12所示。

(3) 使用应注意的问题：

1) 直上直下，快插慢拔，插点要均匀，切勿漏点插，上下要抽动，层层要扣搭，时间掌握好，密实质量佳。

（a）

（b）

图4－12 振捣方法

（a）垂直振捣；（b）斜向振捣

2）操作要细心，软管莫卷曲，不得碰模板，不得碰钢筋，使用200h后，要加润滑油，振动半小时，停歇5min。

3）快插是为了防止先将表面混凝土捣实而与下面混凝土发生分层、离析现象；慢拔是为了使混凝土能填满振动棒拔出时所造成的空洞，对于干硬性混凝土还须在振动棒拔出洞旁不远处，将振动棒重新插入振捣以保证把空洞填满。在振动过程中，宜将振动棒上下略为抽动，以使上下振捣均匀。

4）每一插点要掌握好振捣时间，振捣时间过短不易捣实，时间过长可能引起混凝土产生离析现象，对塑性混凝土尤其要注意，一般每点振捣时间为20～30s，使用高频振动器时可酌情缩短，但最短不少于10s。

5）振动棒使用时，应避免碰撞模板、钢筋、芯管、吊环、预埋件等，不得将振动器电动机挂在钢筋骨架上。

6）混凝土分层浇筑时，每层浇筑厚度应小于振动棒长度的1.25倍或振动棒上盖接头处。在振捣上一层时，应插入下一层中50～100mm，以消除两层之间的接缝，同时在振捣上层混凝土时，应在下层混凝土初凝前进行。

振动器插入深度如图4－13所示。插点布置如图4－14所示。

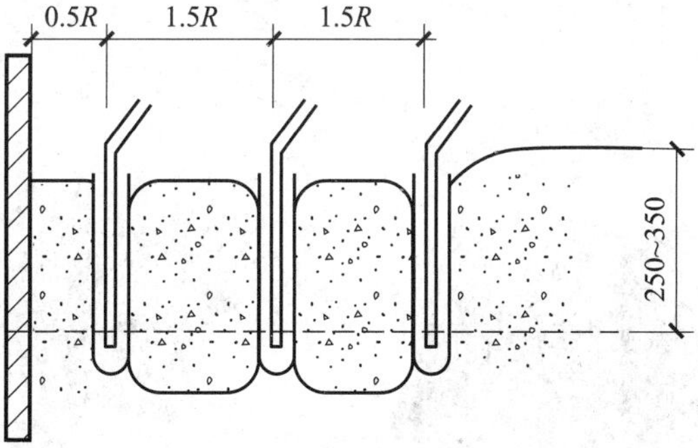

图4－13 振动器插入深度

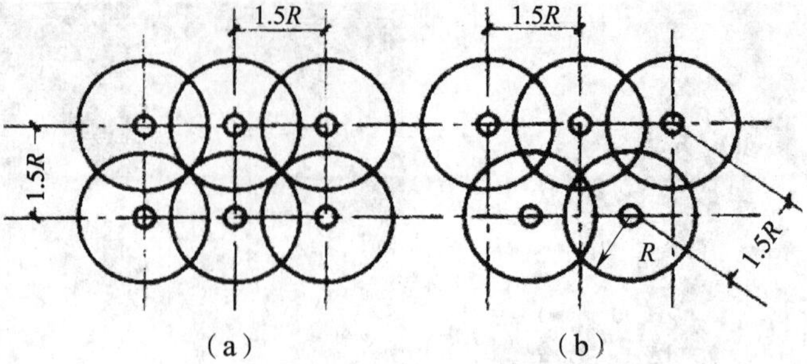

图 4-14　插点布置

(a) 行列式; (b) 交错式

(4) 插入式振动器的适用范围。这种振动器主要适用于大体积混凝土以及基础、梁、柱、墙等混凝土的捣实工作,也是最常用的振动器。

2. 平板式振动器

(1) 外形。平板式振动器又称为表面振动器,外形如图 4-15 所示,平板式振动器是直接浮放在混凝土表面上,可移动地进行振捣作业。

(2) 使用应注意的问题:

1) 使用平板振动器,应将混凝土浇筑区划分若干排,依次平拉慢移,移动时应成排依次振动前进,前后位置和排与排之间相互搭接应在30~50mm,以防止漏振。

2) 振捣倾斜表面时,应由低处逐渐向高处移动,以保证混凝土振实。

3) 大面积混凝土地面,可采用两台振动器安装在两条木杠上,通过木杠的振动使其密实。

4) 平板振动器的有效作用深度,在无筋及单层配筋平板中约为 200mm;在双层配筋平板中约为 120mm。

5) 平板振动器在每一位置振捣延续时间,以混凝土停止下沉,均匀出现浆液为准,一般约为 25~40s。

(3) 适用范围。这种振动器振动深度通常为 150~250mm,适用于表面积大而平整的结构物,如楼地面、屋面板、路面、机场跑道等。

3. 附着式振动器

(1) 外形。附着式振动器外形如图 4-16 所示。

图 4-15　平板式振动器

图 4-16　附着式振动器

（2）使用应注意的问题：

1）当附着式振动器安装在模板上时，应考虑模板结构承受振动荷载，其支撑、斜撑、拉杆等要牢靠，防止因振动而引起模板变形。在一个物体上，如需安装几台附着式振动器时，振动器的频率必须一致。当安装在构件两侧时，其相应位置必须错开，以保证振动均匀。

2）附着式振动器作用于模板上的振捣半径为 500～750mm，如构件较长时，一般每隔 1.0～1.5m 的距离设置一台振动器。

3）附着式振动器振捣时的侧向影响深度约为 250mm，当构件尺寸较厚时，需要构件两侧安装的振动器同时振捣。

4）使用前，先将附着式振动器安装好，再浇筑混凝土，在混凝土的浇筑高度位于振动器安装位置时才可开始振捣。当钢筋较密和构件截面较狭窄时，也可采取边浇筑边振捣的方法。

5）振动器有效作用半径和在每一位置的振捣时间，随结构形状、混凝土坍落度及振动器功率大小等因素通过试验确定，当振捣时混凝土成一水平面并不再出现气泡时，可停止振捣。

（3）适用范围。这种振动器适用于振捣钢筋密集，厚度在 300mm 以下的墙、柱、梁以及不宜采用插入式振动器的结构。

4. 振动台

（1）构成。振动台一般由上部框架和下部支架、支承弹簧、电动机、齿轮、同步器、振动子等组成。上部框架是振动台的台面，上面可固定旋转模板，通过螺旋弹簧支承在下部的支架上，如图 4－17 所示。

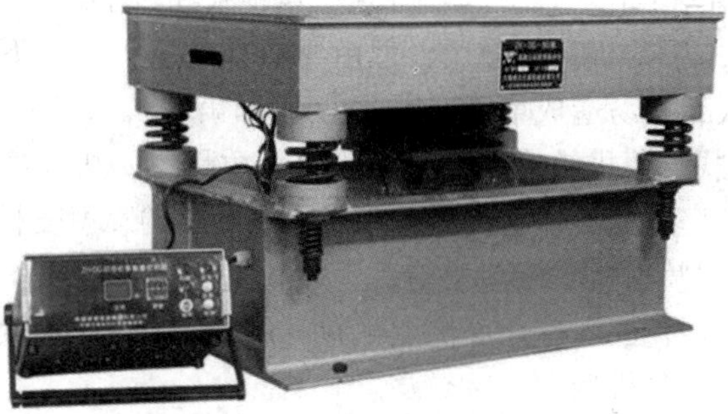

图 4－17 振动台

（2）振动台使用应注意的问题：

1）振捣时，应尽可能将构件放在振动台中央，以便各部分振捣均匀。

2）当构件厚度小于 200mm 时，可将混凝土一次装满振捣，当厚度大于 200mm 时，则宜分层浇筑，每层厚度不大于 200mm，也可以边振捣边加料。

3）当振实干硬性混凝土和轻骨料混凝土时，应采用加压振动的方法，压力为 1～3kPa。

（3）适用范围。振动台只能做上、下方向的定向振动，适用于振捣干硬性混凝土构件及试验室制作混凝土试块的捣实。

5. 振动器的维护保养

（1）维护保养要点。每班工作前、中、后进行。检查电路和开关，电气部分不能受潮和漏电，电线外层不能破裂，芯线不能裸露，开关应接触可靠，保险丝应符合规定，电动机应接地良好。检查轴承及电动机温度均不能超过60℃，用完后，清除机体和棒头等部件的灰尘和污物，并放置在干燥处保管。

（2）维护保养分级。一级：每隔50～100工作小时进行；二级：每隔300工作小时进行；三级：每隔600工作小时进行。

维护保养就是对振动器进行检修，测量电机绝缘电阻值（不能低于0.5MΩ），软轴磨损面超过30%应更换等。

4.3.5 混凝土喷射机

1. 混凝土喷射机的分类

（1）按照混凝土拌合料的加水方法不同可分为干式、湿式和介于两者之间的半湿式三种。

1）干式。按照一定比例的水泥基骨料，搅拌均匀后，经压缩空气吹送到喷嘴和来自压力水箱的压力水混合后喷出。这种方式的施工方法简单，速度快，但粉尘太大，喷出料回弹量损失较大，且要用高标号水泥。国内生产的大多数为干式。

2）湿式。进入喷射机的是已加水的混凝土拌合料。因此喷射中粉尘含量低，回弹量也减少，是理想的喷射方式。但是湿料易于在料罐、管路中凝结，造成堵塞，清洗麻烦，因此未能推广使用。

3）半湿式。又称潮式，即混凝土拌合料是含水率为5%～8%的潮料（按体积计），这种料喷射式粉尘减少，由于比湿料粘接性小，不粘罐，是干式和湿式的改良方式。

（2）按照喷射机结构形式可以分为缸罐式、螺旋式和转子式三种。

1）缸罐式。缸罐式喷射机坚固耐用。但由于机体过重，上、下钟形阀的启闭需手工繁重操作，劳动强度大，且易造成堵管，因此已逐步淘汰。

2）螺旋式。螺旋式喷浆机结构简单、体积小、质量小、机动性好。但输送距离超过30m时容易返风，生产率低且不稳定，只适用于小型巷道的喷射支护。

3）转子式。转子式喷射机具有生产能力大、输送距离远、出料连续稳定、上料高度低、操作方便，适合机械化配套作业等优点，并可用于干喷、半湿喷和湿喷等多种喷射方式，是目前应用最为广泛的机型。

2. 双罐式混凝土喷射机

（1）结构。如图4－18所示，是双罐式喷射机的结构图，这是最早发展起来的一种喷射机。

上罐作为贮料室，搬动杠杆，放下钟形阀门，干拌合料可以借助于皮带运输机或人力加入到上罐中，此时下罐上的钟形阀门应处于关闭状态。

下罐实际是起给料器作用。搬动杠杆，打开阀门，上罐中的拌合料即落入下罐当中；关闭阀门通入压缩空气，开动电动机、经V带传动、蜗杆蜗轮传动、竖轴驱动搅拌给料叶轮回转，叶轮是一个具有径向叶片而分成几个空格的圆盘，它转动时既疏松了拌合料，又连续均匀地将拌合料送至出料口。而压缩空气一面自上挤压拌合料，同时又在叶轮附近将拌合料吹松送向出料口。

上下罐的加料口处有橡皮密封圈，以防漏气。当下罐处于给料状态时，上罐再进行加料。如操作得当，使上罐的加料时间远小于下罐的给料时间，则喷射工作可连续进行。

（2）特点及设计要点：

1）罐体呈漏斗形，便于拌合料靠自重下流，其罐壁的倾角应大于拌合料的静自然坡角，以防拱塞。

2）双罐可上下连接，也可并列。双罐上下连接，使构造简单，共用一套搅拌叶轮装置，造价低；但高度较大，给加料带来困难，必须用皮带机加料；双罐并列式，高度可降低40%左右，使加料状况有所改善，但仍需皮带加料，而构造较为复杂、造价高，因此采用这种型式的较少。

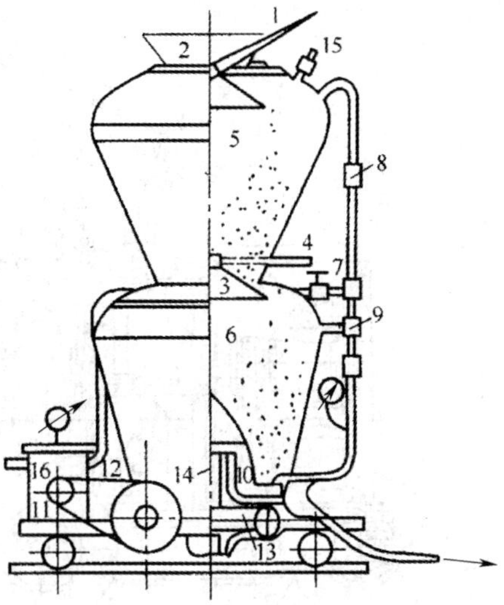

图4－18 双罐式喷射机

1、4—杠杆手柄；2、3—钟形阀；5—上罐；6—下罐；7、8、9—压气阀门；10—叶轮；11—电动机；12—V带；13—蜗轮减速箱；14—竖轴；15—排气阀门；16—风动马达

3）加料口及钟形阀应保证圆形，用橡胶圈密封，密闭效果很好，密封圈既耐用又便于制作、更换，所以可用较高的气压输送较远的距离。其压气压力可视输送管道的长度而调整。

4）从操作强度方面来讲，罐体愈大，劳动强度愈低，由于每送出一罐要用较长的时间，操作者可以有较多的停歇的时间。但是罐体过大，非但高度增加很多，而且自重加大。

5）罐壁的厚度可按薄壁筒（圆柱部分）来计算，但还要考虑长期使用造成内壁的磨损。

6）双罐式喷射机的磨损件不多，构造简单，所以在工作中故障较少；而手柄多、阀门多，每输送一罐拌合料，就要将这些手柄、气阀和钟形阀重复操作一遍，因此劳动强度相当大。

3. 直筒料孔转子式混凝土喷射机

直筒料孔转子式喷射机结构，如图4－19所示。

搅拌器对拌合料进行二次拌和，以确保级配均匀。配料器及变量夹板使拌合料经上底座上的孔洞流入转子上的料孔中，料孔呈直筒形穿通转子，所以易于制作，并且很少发生堵塞故障。贮料斗是不动的，与底座相连并通过支座、拉杆与下底座连接。压缩空气由主风口 *A* 经上底座通入。转子的周向排列着个料孔，当转子转动到某一个料孔与上底座上的进料孔相对时，拌合料即被配料器拨入料孔中。

转子在竖置的电动机经联轴器、齿轮减速箱及传动轴的带动下回转，当装有拌合料的料孔转入上孔口与上底座的进风口相对、下孔口与下底座上的出料口相对时，拌合料就被压缩空气吹送着顺出料弯管、软管至喷嘴与压力水混合后喷射而出，喷射到支护面上。搅拌器及配料器也是由传动轴带动的。为了防止漏气，在上下底座上各装有上下胶合板，胶

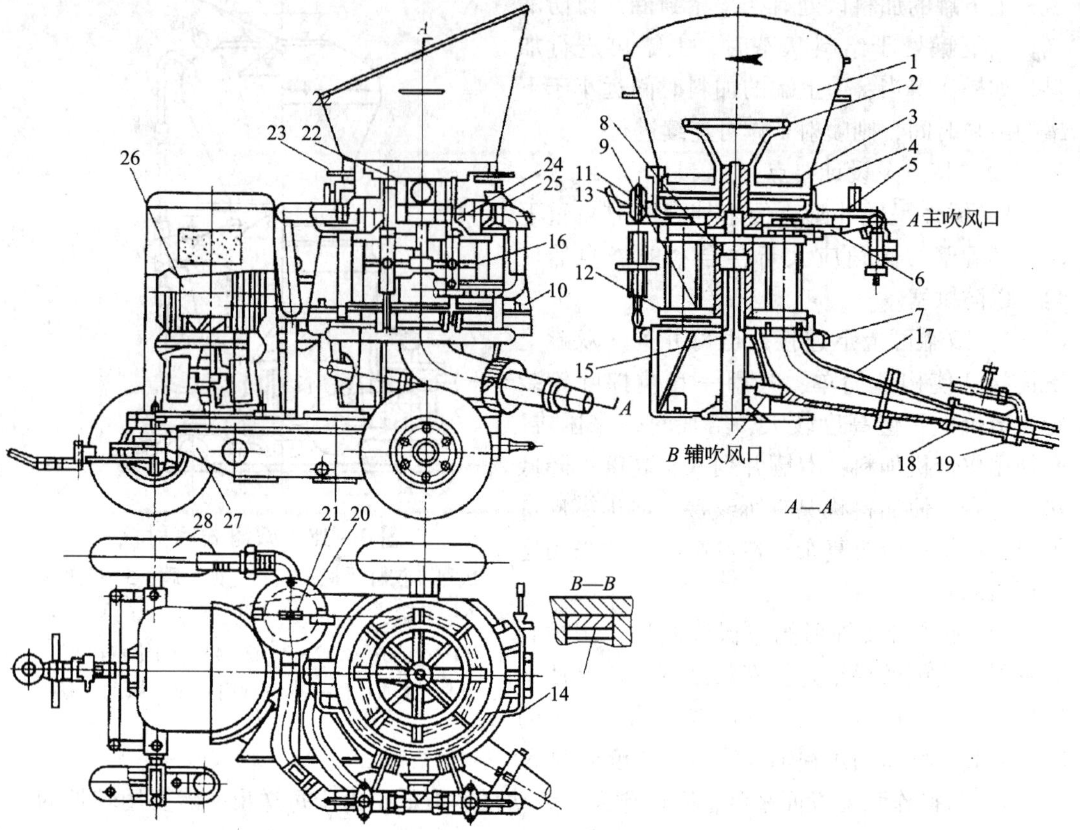

图 4－19　直筒料孔转子式喷射机

1—贮料斗；2—搅拌器；3—配料器；4—变量夹板；5—转子；6—上底座；7—下底座；8—上结合胶板；9—下结合胶板；10—支座；11—拉杆；12—衬板；13—橡皮弹簧；14—冷却水管；15—传动轴；16—转向指示箭头；17—出料弯管；18—输送软管；19—喷嘴；20—油水分离器；21、22—风压表；23—压气开关；24—堵管信号器；25—压气阀；26—电动机；27—齿轮减速箱；28—走行轮胎

合板可用聚氨酯耐磨橡胶制作，板面与转子端面衬板接触，因此胶合板是密封件，并要求耐磨损。衬板可用球墨铸铁制作，表面经过精磨，因其与胶合板之间的接触良好与否，将直接影响漏气与灰尘大小。

自上底座、上胶合板、上衬板、转子、下衬板、下胶合板至下底座，它们之间是靠 5 个拉杆及其橡皮弹簧来保持压紧的，通常只要使橡皮弹簧具有 2～3mm 的变形，即可达到密封的要求；如过紧，会使胶合板磨损增加、动力消耗加大。在上底座上装有冷却水管，在开车前应先接通水源，不允许未通冷却水而进行工作或空转。变量夹板在安装时，其下料口必须与上底座上的进料口相错开，最好处于相对称的方向；避免让拌合料直接落入转子的料孔当中，这样会发生堵管及上下胶合板严重磨损。变量夹板及配料器，每次刮入料孔的拌合料最多只达到全部料孔高度的 80% 左右，当过满时，胶合板会很快磨损、漏风、堵管。喷嘴所接水压力，应大于 0.1MPa，太低时，供水不足，与拌合料混合不均，既影响混凝土的强度，也使喷射时灰尘增大回弹量增多。

如输送距离在 200m 以上时，则需两台 0.7MPa 的压气机并联供气。转子的转向必须如箭头所示的方向回转。当发生堵管时，信号器可使压气机停车。

这种直筒料孔式转子式喷射机的缺点是：作为密封件的胶合板直径大而且要用上、下两块；胶合板易磨损，在更换时要整个拆开，很不方便。

4. U形料孔转子式混凝土喷射机

U形料孔转子式混凝土喷射机是转子料孔呈U形。如图4－20所示，转子在中央竖轴的带动下回转转子上周向地排列着一些U形孔（通常为12～14个），其靠近中心轴的为风孔，而外侧的为料孔。进风口及出料弯管皆与上壳体固定。拌合料在搅拌器、定量隔板及配料器的配合下，使之从漏斗进入转子的U形孔中。当这个U形孔转过180°，U形孔的二口分别与出料弯管及进风管口对接时，则U形孔的拌合料就被压送出去。显然，这种转子式喷射机的橡胶密封板比直筒式料孔转子喷射机的橡胶密封板尺寸要小得多，这对于密封效果和备件供应都比前一种要好；另外当橡胶板磨坏时，只要拆开上壳体即可进行更换，也比前一种方便。但这种喷射机的转子料孔，制造比较麻烦，当发生堵塞时对U形道的清理不够方便。

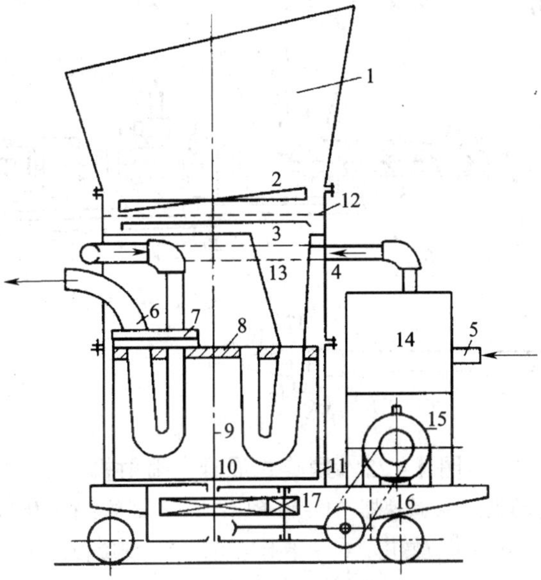

图4－20　U形料孔转子喷射机

1—贮料斗；2—搅拌器；3—配料器；4—上壳体；5—进风管；6—出料弯管；7—橡胶密封板；8—衬板；9—传动轴；10—转子；11—下壳体；12—定量隔板；13—下料斗；14—油水分离器；15—电动机；16—V带；17—蜗轮、齿轮箱

为了使出料流畅，料孔的中心线对转子轴的中心线作一些倾角，实践证明，以10°倾角最佳。料孔的断面积与风孔的断面积越接近，吹送的效果越好，但由于转子上U形孔外圈直径D_1大于内圈直径D_2，如图4－21所示，因此料孔的直径d_1常大于风孔的直径d_2，其断面积比，经试验得2.2∶1较好。

5. 螺旋式混凝土喷射机

（1）构造。螺旋式混凝土喷射机是一种用螺旋作给料器、将从漏斗口下来的拌合料推挤到吹送室进行吹送的。如图4－22所示，电动机经减速器、轴承座而带动螺旋回

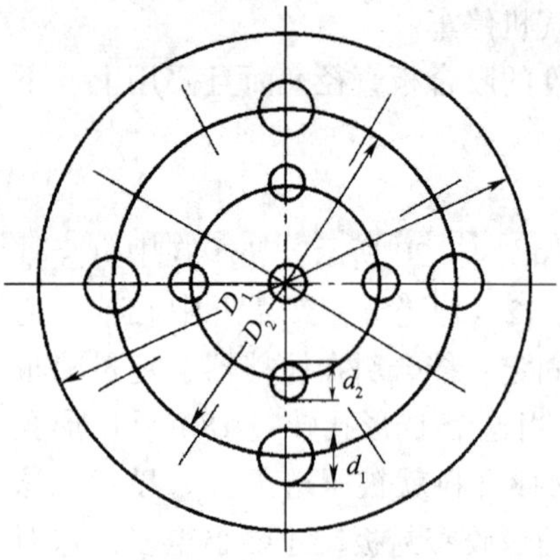

图 4-21 配料孔

转。螺旋的前部呈锥形，所以自贮料漏斗流入的拌合料被螺旋带着愈向前移动，就被挤得愈加密实，从而起了密封作用，而进入输送管后则松散开来。压缩空气由压风管引入，经风门、接风管通入中空的螺旋轴至锥形壳体的端部与拌合料混合、吹送进入输料软管。螺旋轴是由轴承座等悬臂地支承在壳体中的。整个设备安装在底座上，可以沿着轨道行走。

（2）特点。造价低，结构简单、重量轻，只有300kg左右。上料高度低，操作方便，通常可不用皮带运输机上料，因机器高度只有70～80cm，所以可由人工直接加料。输送距离较短，通常只有十几米，因为它是靠螺旋及挤实的拌合料作密封装置的，如输送距离太远则需增加风压，会出现贮料器返风现象。这种喷射机的工作风压通常为0.15～0.25MPa。

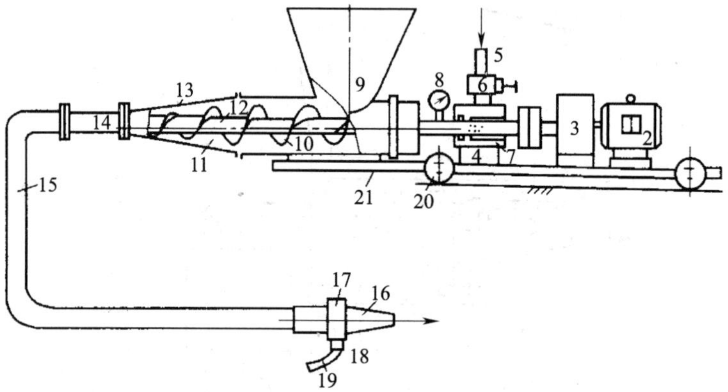

图 4-22 螺旋式混凝土喷射机

1—接线盒；2—电动机；3—减速器；4—轴承座；5—压风管；6—风门；7—接风管座；8—压力表；9—加料斗；10—平直螺旋；11—锥形螺旋；12—螺旋轴；13—锥形壳体；14—接管；15—橡胶软管；16—喷嘴；17—混合室；18—水阀；19—把手；20—车轮；21—底座

（3）设计要点：

1）螺旋处于悬臂状态，如果自齿轮箱至螺旋为一条通轴，使安装和更换螺旋皆不方便，应该在齿轮箱出轴端与螺旋轴分段并用联轴器连接。

2）螺旋轴的悬臂较长时，对防止反风是有利的。但因螺旋有一定的重量，而螺旋下垂，会加剧螺旋及壳体的磨损，经不断试验，当圆柱部分的螺旋径为520mm、内径为198mm时，采用圆柱部分的长度在500mm左右，螺距为120mm，锥形部分的锥度为9°，锥管长度为390mm时可以得到最佳的输送效果。

6. 鼓轮式混凝土喷射机

（1）结构。如图4-23所示，是一种鼓轮式喷射机，它是以鼓轮作为配料器并将吹送室与贮料器隔离。鼓轮的周向均布有8个V形槽，V形槽的隔板（叶片）顶部镶以密封用的衬条，衬条可用锰钢，但最好用聚四氟乙烯、氯丁橡胶或是尼龙60，以提高密封和耐磨性能，衬板装在壳体内。壳体通过丝杠支承在支架上，调整丝杠可使壳体左右移动。壳体的两端装有端盖，通过调整螺钉、压紧环而压端面密封环与鼓轮端面接触。进风弯头由支架下部引入，经鼓轮下部的V形槽至卸料弯头，即是吹送室。鼓轮轴带动鼓轮以低速回转，当拌合料由贮料斗经齿条筛进入鼓轮中时，如图4－23所示，有三个轮槽中充满拌合料与衬条一起，起密封作用，当转到最下方时即被压缩空气吹送出去。因轮叶的厚度较薄，鼓轮在不停地转动，所以输送管的送料是连续的。

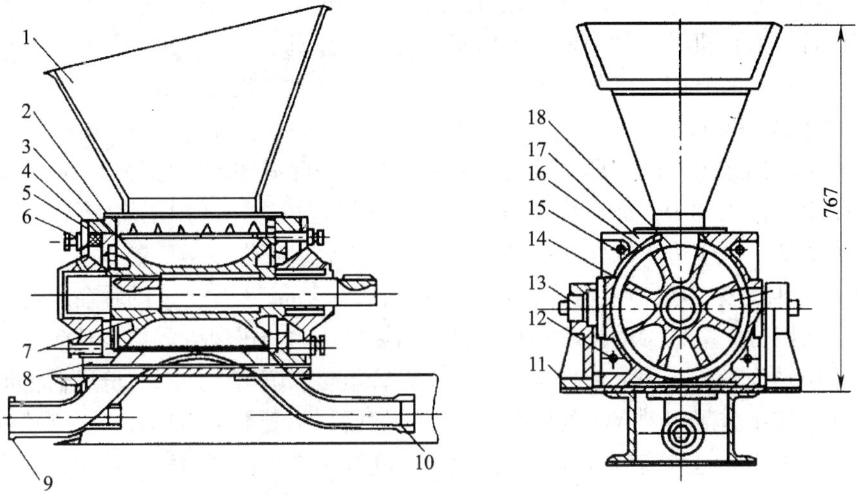

图4－23 鼓轮式混凝土喷射机

1—料斗；2—端面密封环；3—端环；4—压紧环；5—端盖；6—调节螺栓；7—鼓轮；8—轴承座；9—卸料弯头；10—进风弯头；11—支架；12—拉杆；13—丝杠；14—衬条；15—衬板；16—弹性衬垫；17—壳体；18—齿条筛

鼓轮的端面与密封环板不断地进行摩擦，用螺钉可随时调整其压紧程度以防漏风。密封环板用胶质材料制成，磨坏后可更换。

（2）特点：

1）结构简单、体积小、质量轻（300～400kg）、移动方便。

2）连续出料、运转平稳、脉冲效应小。

3）上料高度低，仅1m左右，可以人工直接加料。

4）鼓轮控制了加料、卸料，故不易堵塞。

5）操作简单、劳动强度低。

6）易磨损零件（如衬条、密封环板）易于更换。

7）因为是靠衬条等进行密封的，密封能力不强，故输送距离最大不超过100m，通常以几十米以内为佳，否则压气漏损增大、容积效率降低，拌合料流速减慢，容易产生堵塞现象。

8）这种喷射机还可以在砂石原料中含有一定水分的情况下与水泥拌和进行工作，这样就可以无论是阴雨天气、砂子是干或湿，皆可开展喷射作业。实践证明，当拌合料中含有4%～5%的水分时，喷射工作面的粉尘浓度可降至12mg/m^3以下，利于保护操作人员的健康，但并不发生堵管现象。

7. 风动式湿式混凝土喷射机

风动式湿式混凝土喷射机是将已加水拌和好的混凝土，经喷射机压送至喷嘴又受压缩空气作用而进行喷射的设备。风动式湿式混凝土喷射机大半是在干式喷射机的基础上发展起来的，通常都是正压式的。由于湿拌合料的重率较大，因此耗风量要比干式的多20% ~ 35%，而输送距离不及干式的远，通常为60 ~ 100m。

（1）立式双罐式湿式喷射机。如图4 – 24所示，是一台搅拌机与一个喷射罐重叠组成的湿式喷射机。混凝土干拌合料在搅拌机中加水得到良好的强制拌和后，打开球面阀落入到喷射罐中，再经拨料叶片送入螺旋输送机，使混凝土均匀流到出料口与压气混合后喷出。

在工作时，搅拌机及喷射罐皆通入压缩空气。搅拌机的加料口滑阀及喷射罐的球面阀皆由压缩空气控制其开闭。这种机型的缺点是上料高度大，比较笨重。

（2）单罐式、湿式喷射机。如图4 – 25所示，是一种单罐式、湿式喷射机。这种单罐式喷射机是周期式工作的，即每喷完一罐要停歇一段时间加料。打开球面阀，混凝土湿拌合料由受料斗落入罐中，加满后关闭球面阀打开快速风阀门，则压缩空气进入分风器，分别经6个风嘴及风管进入锥体环向螺旋风嘴，这6个风嘴焊在罐底锥体上，各嘴之间互成120°并与水平成9°仰角，风嘴舌尖与锥面距离约为9mm，因此送风后在罐内形成压气螺旋。并沿切线方向扫射罐壁且吹扫拌合料；当罐内压力与进风管的压力达到平衡时，压气螺旋由动压转为静压，则迫使拌合料流向输料管至喷嘴喷射。此时，分风器上的另一个风嘴经压气管接到速凝剂贮存器的底部，通过扩散栅将速凝剂经输送管吹送到喷嘴处与湿拌合料混合后喷出。这种具有螺旋布置的风嘴，既利于疏松拌合料防止堵管，又有清理罐体内壁的作用。

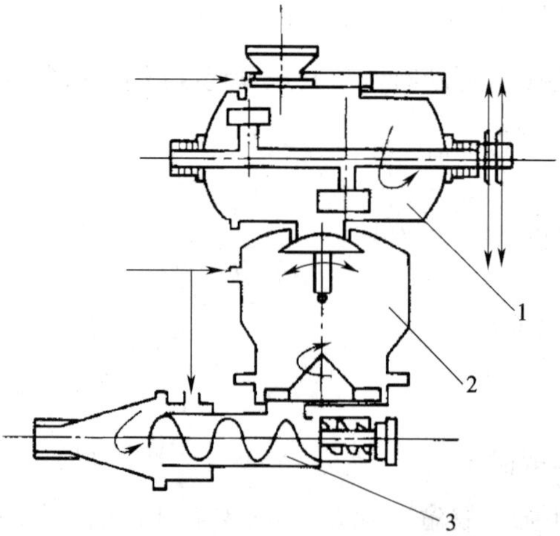

图4 – 24　立式双罐式湿式喷射机

1—搅拌筒；2—喷射贮料罐；3—输送螺旋

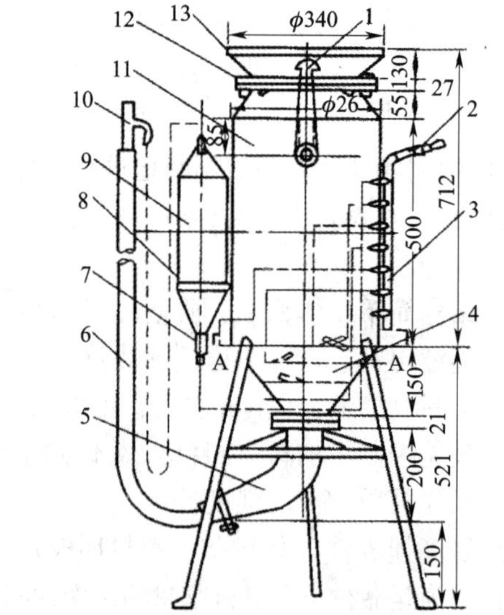

图4 – 25　单罐式、湿式喷射机

1—把手；2—快速开关阀；3—分风器；
4—螺旋风环；5—输料弯管；6—输料软管；
7—调节开关；8—扩散栅；9—速凝剂贮存器；
10—喷嘴；11—罐体；12—球面阀；13—受料斗

4.3.6 混凝土运输机具

1. 混凝土搅拌输送车

（1）构造。混凝土搅拌输送车是由汽车底盘和搅拌装置构成，其外形结构如图4－26所示。本部分简述搅拌装置的构造。

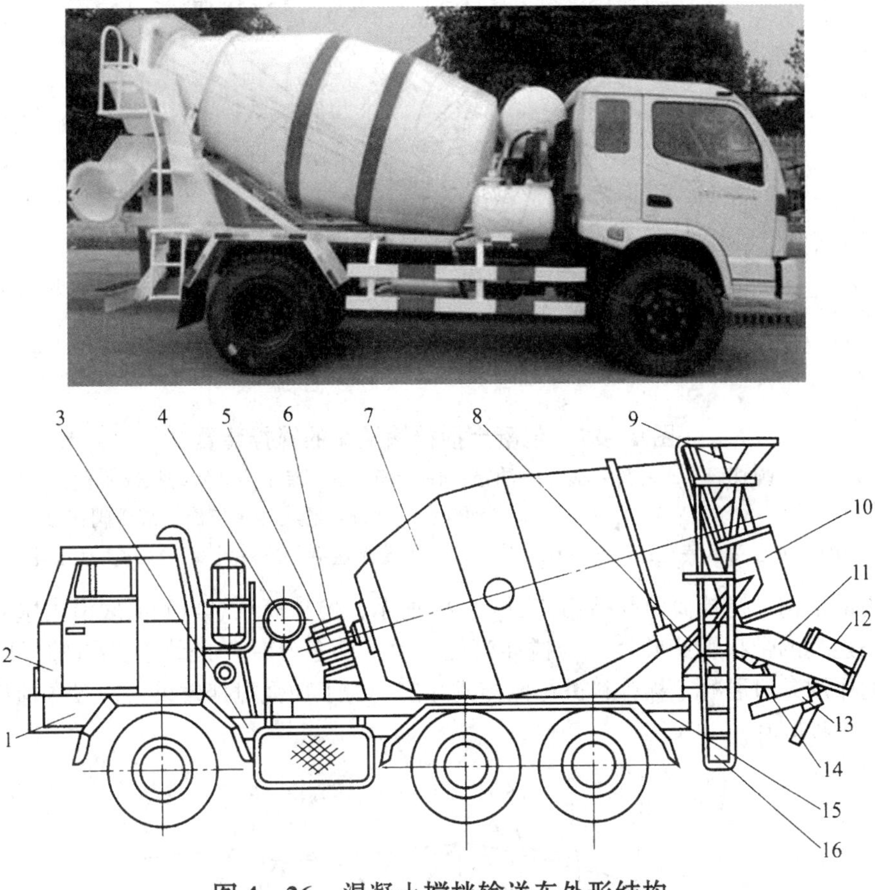

图4－26 混凝土搅拌输送车外形结构

1—液压泵；2—取力装置；3—油箱；4—水箱；5—液压马达；6—减速器；7—搅拌筒；8—操纵机构；9—进料斗；10—卸料槽；11—出料斗；12—加长斗；13—升降机构；14—回转机构；15—机架；16—爬梯

搅拌装置主要由搅拌筒、加料、卸料装置、传动系统、供水系统等组成，如图4－27所示。

1）搅拌筒。搅拌筒可分为外部结构、内部结构和筒口结构等三部分。

①外部结构。搅拌筒的壳体是一个变截面不对称的双锥体，外形如梨。底段锥体较短，端面封闭；上段锥体较长，端部开口。上段锥体的过渡部分有一条环形滚道，它焊接在垂直于搅拌筒轴线的平面圆周上。整个搅拌筒通过中心轴和环形滚道倾斜卧置再固定于机架上的调心轴承和一对支承滚轮所组成的三点支承结构上，这样能使搅拌筒平稳地绕其轴线转动。在搅拌筒的底端面上安装着传动件（链轮和齿圈），和液压马达传动装置相接。

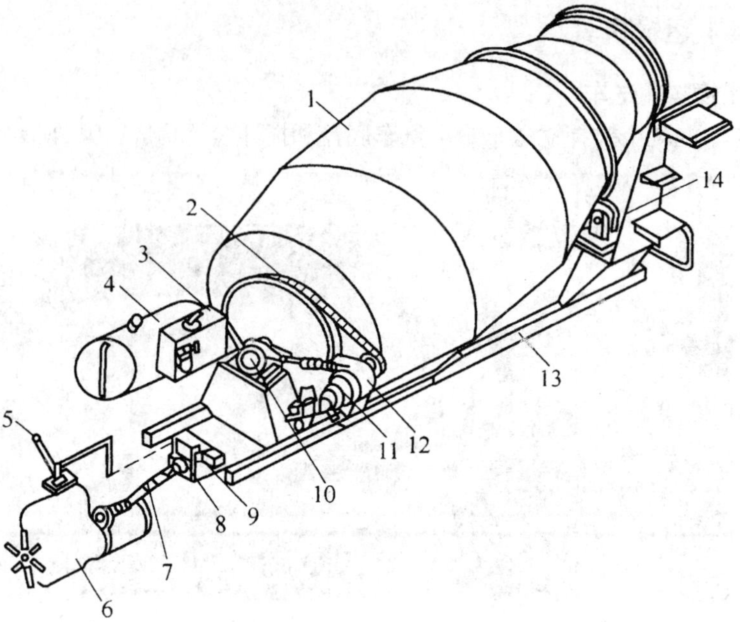

图 4-27 混凝土搅拌输送车的搅拌装置

1—搅拌筒；2—链传动；3—油箱；4—水箱；5—液压传动系统操纵手柄；
6—发动机；7—取力万向节传动轴；8—液压油泵；9—集成式液压阀；
10—中心支承装置；11—液压马达；12—齿轮减速器；13—机架；14—支承滚轮

②内部结构。搅拌筒内部结构如图 4-28 所示，搅拌筒从筒口到筒底沿内壁对称地焊接着两条连续的带状螺旋叶片，当搅拌筒旋转时，两条叶片作围绕搅拌筒轴线的螺旋运动，它的作用是对混凝土拌合料进行搅拌或卸出。为了加强搅拌效果，一般在螺旋叶片间加装辅助搅拌叶片。

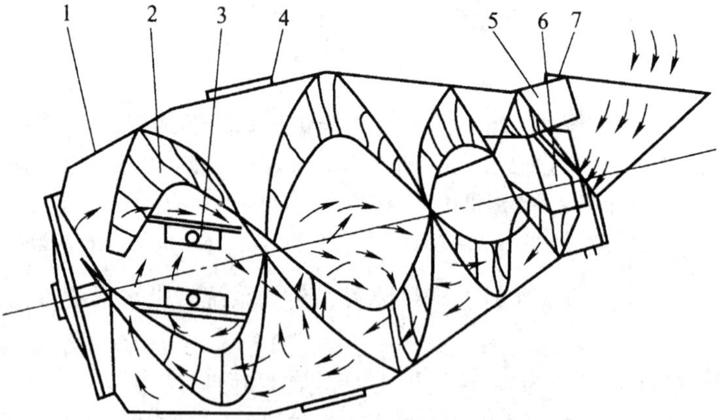

图 4-28 搅拌筒内部结构

1—搅拌筒；2—叶片；3—搅拌叶片；4—安全盘；5—辅助叶片；6—进料圆筒；7—隔离环

③筒口部位结构。在搅拌筒的筒口部位沿两条螺旋叶片的内边缘还焊接一段进料圆筒，将筒口以同心圆形式分隔为内外两部分，中心部分的圆筒为进料口，圆筒和筒壁形成的环形

空间为出料口。卸料时，混凝土拌合料在叶片反向螺旋运动的顶推作用下，从此口排出。

2）加料和卸料装置

①加料装置。如图4－29所示，加料斗为一广口漏斗，泄料孔朝向搅拌筒口和进料口贴合。整个加料斗铰接在门形支架上，可以绕铰接轴向上翻转，以便露出搅拌筒口进行清洗和维护。

②卸料装置。如图4－29所示，在卸斗口两侧、V形设置两片断面为弧形的卸料溜槽，固定在两侧的门架上，其上端包围着搅拌筒的卸料口，下端向中间聚拢对着活动卸料溜槽。活动卸料溜槽通过调节机构设置在汽车尾部的机架上。调节转盘能使活动卸料溜槽作180°的扇形转动，丝杆伸缩臂又可使活动卸料溜槽在垂直平面内作一定角度的仰伏，以适应不同的卸料位置。

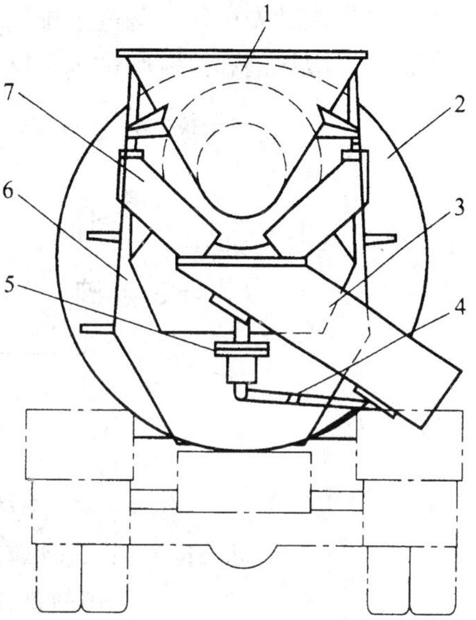

图4－29　搅拌筒加料和卸料装置

1—加料斗；2—固定卸料溜槽；3—门形支架；4—活动溜槽调节转盘；5—活动溜槽调节臂；6—活动卸料溜槽；7—搅拌筒

3）传动系统。搅拌装置的传动，一般采用液压—机械混合传动方式，即：发动机—取力装置—液压油泵—控制阀—液压马达—齿轮减速器—链传动—搅拌筒，如图4－30所示。这种传动系统的特点是主要通过液压传动部分调速，利用机械传动部分减速。其机械传动结构一般是由液压马达联接减速器和一级开式链减速传动组成。采用挠性传动件和搅拌筒联接，是为了适应运行时汽车底盘产生的变形情况和消除对传动件联接精度造成的影响。这种液压—机械传动系统在调速性能上有很大改进，可实现无级调速，控制平稳，结构紧凑，操纵便利。

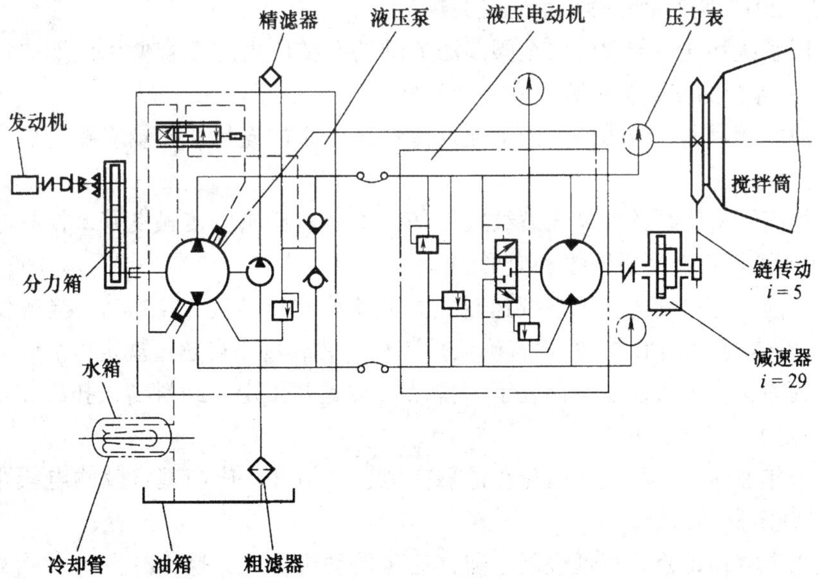

图4－30　混凝土搅拌输送车液压传动系统

4）供水系统。供水系统主要用于清洗搅拌装置，也可用作干料注水搅拌的用水，一般由水泵、水箱和量水器等组成，和一般搅拌机供水系统相似，但要设置水泵的驱动装置。为了简化机构，改进为利用汽车制动的压缩空气通入水箱，使水箱储水从管道压出供搅拌或清洗使用。其结构原理如图4-31所示，它是由密封压力水箱、水表、闸阀和三通阀等组成。压力水箱下部连接进、出水管，并通过阀门分别和水源或工作部分相通。水箱盖上装有排气阀和安全阀，备进水排气和超压保安用。另外，还接有压缩空气进气管，引自贮气罐，经减压阀和控制阀供水箱排水。

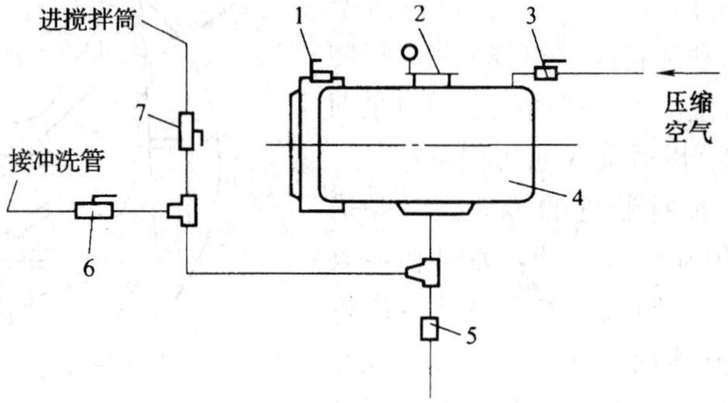

图4-31　搅拌输送车气压式供水系统

1—水位排气阀；2—水箱盖；3—进气阀；4—水箱；5—放水阀；
6—接冲洗管水阀；7—接搅拌筒水阀

搅拌车工作前先向水箱加满用水，工作时使水箱接通压缩空气，按需要调整三通阀，水即沿管路和阀门被压送到冲洗管或搅拌筒中。水箱中的水量可从水表显示。

（2）安全操作要点：

1）混凝土搅拌运输车的内燃机和行驶部分应分别符合《建筑机械使用安全技术规程》JGJ 33—2012第3章和第6章的有关规定。

2）液压系统和气动装置的安全阀、溢流阀的调整压力应符合使用说明书的要求。卸料槽锁扣及搅拌筒的安全锁定装置应齐全完好。

3）燃油、润滑油、液压油、制动液及冷却液应添加充足，质量应符合要求，不得有渗漏。

4）搅拌筒及机架缓冲件应无裂纹或损伤，筒体与托轮应接触良好。搅拌叶片、进料斗，主辅卸料槽不得有严重磨损和变形。

5）装料前应先启动内燃机空载运转，并低速旋转搅拌筒3～5min，当各仪表指示正常、制动气压达到规定值时，并检查确认后装料。装载量不得超过规定值。

6）行驶前，应确认操作手柄处于“搅动”位置并锁定，卸料槽锁扣应扣牢。搅拌行驶时最高速度不得大于50km/h。

7）出料作业时，应将搅拌运输车停靠在地势平坦处，应与基坑及输电线路保持安全距离，并应锁定制动系统。

8）进入搅拌筒维修、清理混凝土前，应将发动机熄火，操作杆置于空挡，将发动机钥匙取出，并应设专人监护，悬挂安全警示牌。

（3）维护保养：

1）在搅拌车发动前，必须进行全面检查，确保各部件正常，连接牢固，操作灵活。

2）严格按照表4－40规定的润滑部位及周期进行润滑，并保持加油处清洁。

表4－40 混凝土搅拌运输车上车润滑部位及周期

<table>
<tr><th>润滑部位</th><th>润滑剂</th><th>周期</th><th>润滑部位</th><th>润滑剂</th><th>周期</th></tr>
<tr><td>斜槽销</td><td rowspan="5">钙基脂 ZG－1</td><td rowspan="4">每日</td><td>万向节十字轴</td><td rowspan="2">钙基脂 ZG－1</td><td>每周</td></tr>
<tr><td>加长斗连接销</td><td>托轴</td><td>每月</td></tr>
<tr><td>升降机构连接销</td><td rowspan="2">操纵软轴</td><td rowspan="2">齿轮油 HL－2D</td><td rowspan="2">每月</td></tr>
<tr><td>操纵机构连接点</td></tr>
<tr><td>斜槽销支撑轴</td><td>每周</td><td>液压马达</td><td>—</td><td>每年</td></tr>
</table>

3）对于液压泵、马达、阀等液压和气压元件，应按照产品说明书要求进行保养。

4）及时检查并排除液压、气压、电气等系统管路的漏损及断电等现象。

5）定期检查搅拌叶片的磨损情况并及时修补。

6）经常检查各减速器是否有异响和漏油现象并及时排除。

7）对机械进行清洗、维修以及换油时，必须将发动机熄火停止运转。

8）在下班前，要清洗搅拌筒和车身表面，以防混凝土凝结在筒壁和叶片及车身。

9）在露天停放时，要盖好有关部位，以防生锈，失灵。

10）汽车部分按汽车说明书进行维护保养。

2. 手推车运输

常用的手推车有独轮手推车和双轮手推车，如图4－32所示。独轮手推车可装混凝土0.04～0.06m^3，双轮手推车一般可装混凝土0.17m^3，使用时注意事项如下：

（a）　　　　（b）

图4－32 手推车

（a）独轮；（b）双轮

1）运输路面或车道板应平整，并应随时清扫干净，以免车子振动使混凝土产生离析。

2）运输路面或车道板的坡度，一般不宜大于15%，一次爬高不宜超过2～3m，运距不宜超过200m。

3）运输途中如混凝土产生离析及和易性损失较大，应进行二次搅拌。雨天或低温运输混凝土时，车上应加覆盖物。

3. 汽车运输

一般采用自卸汽车运输（图4－33），如解放牌自卸汽车，其载重量为3.5t，每车可装1.2m^3。用汽车运输混凝土时的注意事项如下：

（1）合适的运输距离为500～2000m，道路应保持平整，以免混凝土受振离析。

（2）车厢必须严密，混凝土的装载厚度应少于40cm。

（3）每次卸料应尽量将混凝土卸净，并定期加以清洗。

4. 吊罐（吊斗）运输

吊罐（吊斗）既可作垂直运输又可作水平运输容器，一般先用汽车将装混凝土的吊罐由搅拌站运至现场，再经塔式起重机（图4－34）或桥式吊车吊运至浇筑地点，也可在工地搭设井架（图4－35），用卷扬机提升吊斗。利用吊罐（吊斗）运输时的注意事项如下：

图4－33 自卸汽车

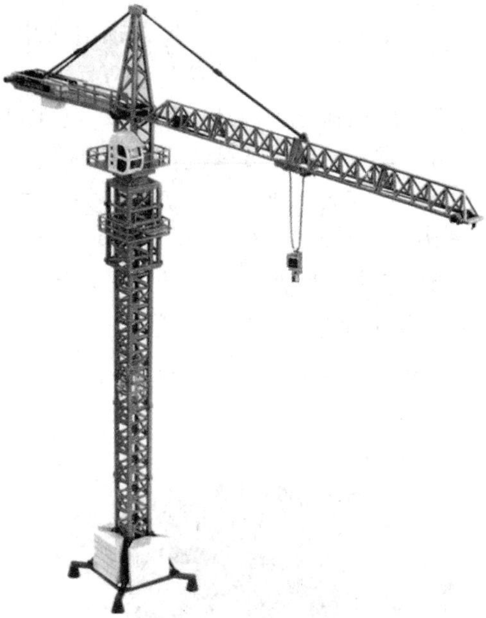

图4－34 塔式起重机

（1）吊罐（吊斗）出口至浇筑面的高度，一般以1.5m为宜。

（2）斗门开关必须保持灵活方便，使斗门敞开的大小可自由调节，以便能控制混凝土的出料数量。

5. 皮带运输机运输

皮带运输机运输混凝土，如图4－36所示，适用于大体积混凝土工程，适宜的运距为300～400m。常用皮带机的宽度为40～60cm，每小时可运输混凝土20～30m^3。用皮带机运输混凝土的注意事项如下：

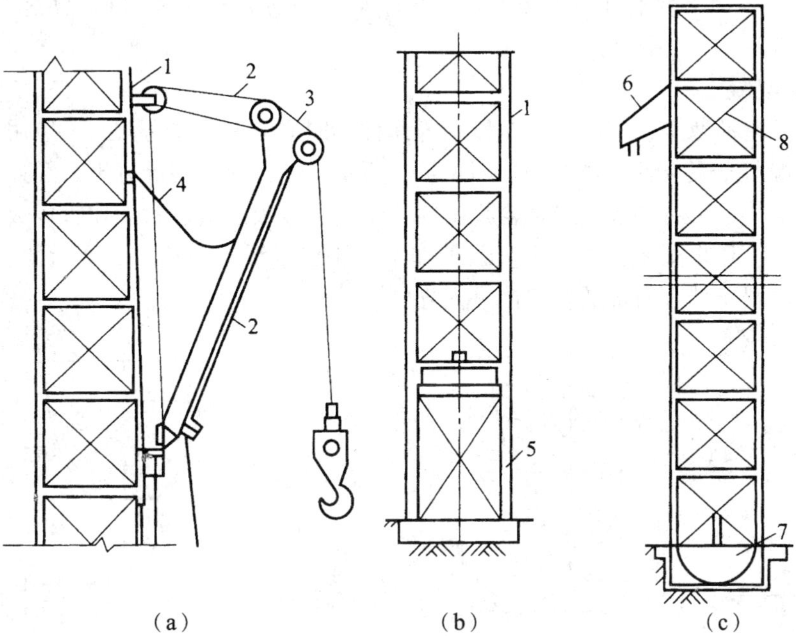

图 4－35 井架运输机

(a) 拔杆式；(b) 吊盘式；(c) 吊斗式

1—井架；2—钢丝绳；3—拔杆；4—安全索；5—吊盘；6—卸料溜槽；7—吊斗；8—吊斗卸料

图 4－36 皮带运输机

(1) 运输带的坡度不得超过表 4－41 的规定。

表 4－41 运输带的最大倾角

坍落度（mm）	向上输送坡度（°）	向下输送坡度（°）
<40	20	12
40～80	15	10

(2) 尽可能使皮带在满载情况下运输，运输的极限速度不宜超过 1.2m/s。

(3) 皮带机机头下部应装设刮浆板，卸料处应设挡板或无底箱，使混凝土垂直下落。

（4）混凝土坍落度不宜小于2.5cm，不宜大于15cm。皮带运输机上应搭设盖棚，以免日晒、雨淋。

6. 泵送混凝土

混凝土泵有活塞泵、气压泵和挤压泵等几种不同的构造和输送形式，应用较多的是活塞机械式的混凝土泵，其工作原理如图4－37所示，进入料斗的混凝土，经拌合器搅拌可避免分层。喂料器可帮助混凝土拌合物由料斗迅速通过吸入阀进入工作室。吸入时活塞左移，吸入阀开，压出阀闭，混凝土吸入工作室。压出时活塞右移，吸入阀闭，压出阀开，工作室内的混凝土拌合料被活塞挤出进入导管。

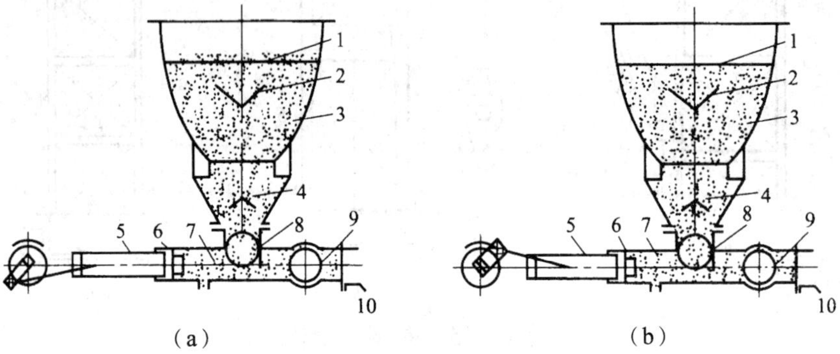

图4－37 混凝土泵工作原理图

1—筛网；2—拌合物；3—加料斗；4—喂料器；5—活塞；
6—气缸；7—工作室；8—吸入阀；9—压出阀；10—导管

液压活塞泵是一种较为先进的混凝土泵。其工作原理为：当混凝土泵工作时，搅拌好的混凝土拌合料装入料斗，吸入端片阀移开，排出端片阀关闭，活塞在液压作用下左移，混凝土混合料在自重及真空吸力作用下进入混凝土缸内。然后液压系统中压力油的进出方向相反，活塞右移，同时吸入端片阀关闭，压出端片阀移开，混凝土被压入管道，输送到浇筑地点。

由于混凝土泵的出料是一种脉冲式的，所以一般混凝土泵都有两套缸体左右并列，交替出料。通过Y形导管，进入同一管道，使出料稳定。

混凝土汽车泵（或移动泵车）是将液压活塞或混凝土泵安装在汽车底盘上，使用时开至需要施工的地点，进行混凝土泵送作业施工。一般情况下，此种泵车都附带装有全回转三段折叠臂架式的布料杆。整个泵车主要由混凝土推送机构、分配闸阀机构、料斗搅拌装置、悬臂布料装置、操作系统、清洗系统、传动系统、汽车底盘等部分组成。这种泵车使用方便，适用范围广，它还可以利用在工地配置装接的管道将混凝土输送到需要浇筑的地点。

施工时，现场规划要合理布置混凝土泵车的安放位置。一般混凝土泵应尽量靠近浇筑地点，并要满足两台混凝土搅拌输送车能同时就位，使混凝土泵能不间断地得到混凝土供应，进行连续压送，以充分发挥混凝土泵的有效能力。

固定式混凝土输送泵使用时，需用汽车将它拖带至施工地点，然后进行混凝土输送。这种形式的混凝土泵主要由混凝土推送机构、分配闸机构、料斗搅拌装置、操作系统、清洗系统等组成。它具有输送能力大，输送高度高等特点。

混凝土泵是通过输送管将混凝土送到浇筑地点的，混凝土输送管道一般是用钢管制成。管径通常有 100mm、125mm、150mm 几种，标准管管长 3m，配套管有 1m 和 2m 两种，另配有 90°、45°、30°、15°等不同角度的弯管，以供管道转折处使用。

输送管的管径选择主要根据混凝土骨料的最大粒径以及管道的输送距离、输送高度和其他工程条件决定。不同管径的输送管道，其容许采用的骨料最大粒径参见表 4－42。

表 4－42　混凝土输送管直径选用

输送管直径（mm）	骨料粒径（mm）
100	5～25
125	5～40
150	5～40

输送管道的敷设应符合“路线短、弯道少、接头密”的要求。混凝土输送管分水平管和垂直管两种，水平管又有地面水平管和楼面水平管之分。地面水平管一般是固定的，随着浇筑距离的由远而近，逐步予以拆除。楼面水平管每浇一层就要重新铺设一次。垂直管可以沿建筑物外墙或外柱铺接，也可以铺设在电梯井内。工地上更多的做法是因地制宜地利用塔吊的塔身等设置垂直管道。

泵送混凝土操作注意事项如下：

（1）混凝土在泵送以前，应先开机用水润湿整个管道，之后投入水泥浆或水泥砂浆，使管壁处于充分滑润状态，再正式泵送混凝土。

（2）开始送时要注意观察混凝土泵的液压表和各部位工作状态，一般在泵的出口处（即 Y 形管和锥管内）最易发生堵塞现象。如遇堵塞，应立即将泵机反转运行，使泵出口处堵塞分离的混凝土能回流到料斗内，将它搅拌后再进行泵送。这时油泵的转数应定在 1100r/min 以下，经这样处理 3～4 次仍不能见效时，应停泵拆管清除堵塞部位的混凝土。待清理完毕后，应重新安装好管道再行泵送。

（3）混凝土的供应必须保证混凝土泵能连续工作，应尽可能避免或减少泵送时中途停歇。如果混凝土供应不上，宁可降低压送速度，以保持泵送连续进行。如出现停料情况，迫使混凝土泵停车，则混凝土泵必须每隔 4～5min 进行约 4 个行程的动作。如果泵送停歇时间超过 45min 或混凝土出现离析时，应立即用压力水或其他方法排除管道内的混凝土，经认真清洗后再重新压送。

（4）在压送混凝土时，应注意不要把料斗内剩余的混凝土降低到 200mm 以下。如果剩料过少，不但会使输送量减少，而且易于吸入空气，造成堵塞。如果吸入空气致使转换开关阀间造成混凝土逆流，则需将泵机反转把混凝土退回料斗，除去空气后再正转压送。

（5）泵送时，应做到每 2h 换一次水洗槽里的水，并检查泵缸活塞行程，如有变化应及时调整。活塞行程可根据机械性能按需要予以确定。为了减少缸体内壁不均匀磨损和闸阀磨损，一般情况下，以尽量开动长行程为宜。

（6）垂直向上输送混凝土时，由于水锤作用使混凝土产生逆流，输送效率下降，这种现象随着垂直向上的高度越高而越明显。为此，应在泵车与垂直管之间设置一段 10～15m

的水平管，以抵消反坠冲力影响。并在混凝土泵出料口附近的输送管上加上一个上流阀。泵送开始时，将上流阀打开，混凝土就能顺利地输送。当暂停混凝土输送或混凝土出现倒流时，就及时予以关闭。

（7）往地下或基坑输送混凝土时，由于混凝土在倾斜的下行管道中容易离析造成堵塞，而压送中断时管内又会混入空气，对压送不利，为此应根据不同情况采取下列措施：

1）当管道的倾斜角度在4°~7°以下时，输送管里的混凝土一般不会出现自重流淌，可与水平管道同样对待。

2）当管道倾斜度在4°~7°时，管道里的混凝土会在自重下移动，造成石子与砂浆的分离，容易堵塞管道。为此应在下行倾斜管道的前端设置一段水平配管，长度要相当于5倍的落差，以减少混凝土产生离析的机会。如因场地等限制，不能设置水平管时，也可改用弯管等办法来达到此目的。另外泵车开始压送时，还可用塞进海绵或湿布、水泥纸袋等作为压送混凝土的先导，以防止其自重作用下的流淌，造成混凝土的离析。

3）当管道倾斜度超过7°时，为防止混凝土的自重流动，只用海绵等填塞物来阻止是很困难的，故一般应尽量避免做成这种角度的管道。但在不得已而使用时，除在斜管下端设置5倍于落差长度的水平管外，还应在下行管上部另装一个排气阀，在开始泵送以后按需要随时排气。

4）在高温施工条件下，要在水平输送管上覆盖两层湿草袋，以防止直接日照，并注意每隔一定的时间洒水湿润。这样能使管道中的混凝土不至于吸收大量热量而失水，导致管道堵塞，并能减少混凝土的温升。

5 混凝土工安全生产相关知识

5.1 混凝土工安全基本知识

混凝土工安全基本知识见表 5－1。

表 5－1 混凝土工安全基本知识

项目	图示及内容
持证上岗	混凝土工施工人员必须熟悉本专业相应的安全生产职责和安全操作规程，必须经过本工种的安全知识、安全技术操作规程的培训和教育，并经考核合格后方可上岗作业
安全教育	1. 安全教育、安全培训，必须从安全意识、安全知识、安全技能三个方面全面进行，忽视任何一方面都是错误的； 2. 施工企业职工安全教育、培训的目的，主要是训练职工的安全生产技能，提高安全意识，以保证在工作过程中提高工效。掌握安全生产知识和规律，一方面实现以预防为主的安全方针，另一方面在出现危险时，能及时采取正确的应急处理措施； 3. 施工企业职工安全生产培训教育应坚持目的性原则、理论与实践相结合的原则、调动教与学双方积极性的原则、巩固性与反复性原则、从严要求与注重质量的原则及传统教育与改革创新相结合的原则； 4. 施工企业职工安全生产培训教育的形式应多种多样，注意教育的及时性、严肃性、真实性，教育形式必须做到简明、醒目； 5. 对新招进场的工人，必须进行公司级安全教育、项目部级安全教育、班级岗位安全教育，并经考核合格后方可上岗作业；施工现场必须建立健全安全责任制； 6. 每年至少接受一次安全生产教育培训，教育培训及考核情况应统一归档管理； 7. 季节性施工、节假日后、待工复工或变换工种也必须接受相关的安全生产教育或培训 
权利和义务	1. 像其他从业人员一样，混凝土工有获得签订劳动合同的权利，也有履行劳动合同的义务； 2. 混凝土工有接受安全生产教育和培训的权利，也有掌握本职工作所需要的安全生产知识的义务； 3. 混凝土工有获得符合国家标准的劳动防护用品的权利，有正确佩戴和使用劳动防护用品的义务；

续表 5－1

项目	图示及内容
权利和义务	4. 混凝土工有了解施工现场及工作岗位存在的危险因素，防范措施及施工应急措施的权利；也有相互关心，帮助他人了解安全生产状况的义务； 5. 混凝土工有对安全生产工作的建议权，也有尊重、听从他人相关安全生产合理建议的义务； 6. 混凝土工有对安全生产工作提出批评、检举、控告的权利，也有接受管理人员及相关部门真诚批评、善意劝告、合理处分的义务； 7. 混凝土工有对违章指挥和强令冒险作业的拒绝权，有遵章守纪、服从正确管理的义务； 8. 混凝土工在施工中发生危及人身安全的紧急情况时，有权立即停止作业或者在采取必要的应急措施后撤离危险区域，同时有义务及时向本单位（或项目部）安全生产管理人员或主要负责人报告； 9. 混凝土工发生工伤事故时，有获得工伤及时救治、工伤社会保险及意外伤害保险的权利，也有反思事故教训，提高安全意识的义务
安全交底	混凝土工应接受工程技术人员书面的安全技术交底，并履行签字手续，同时应参加班前安全活动 
安全通道	混凝土工现场施工人员应按指定的安全通道行走，禁止在工作区域或建筑物内抄近路穿行或攀登跨越“禁止通行”的区域 

续表 5 –1

项目	图示及内容
设备安全	1. 不可随意拆卸或改变机械设备的防护罩； 2. 无证不得操作其他机械设备
安全设施	禁止随意拆改各类安全防护设施（如防护栏杆、预留洞口盖板等）
用电安全	1. 禁止私自乱拉乱接电源线； 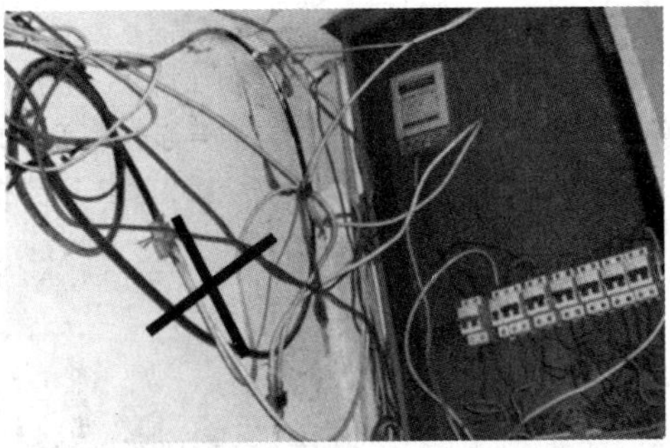 2. 不得随意接长手持、移动工具的电源线或更换其插头，施工现场禁止使用明插座或线轴盘； 3. 禁止在电线上挂晒衣物；  4. 发生意外触电，应立即切断电源后进行急救
防火安全	1. 应对吸烟指定“吸烟点”； 

续表 5－1

项目	图示及内容
防火安全	2. 禁止在宿舍使用煤油炉，液化气炉以及电炉、电热棒、电饭煲等电器； 3. 发现火情及时向有关人员报告
防护用品	1. 正确戴好安全帽可以有效地降低施工现场的事故发生频率，有很多事故都是因为进入施工现场的人不戴安全帽或戴安全帽不正确而引起的。 正确佩戴安全帽的方法是： ①帽衬顶端与帽壳内顶面必须保持 25～50mm 的垂直距离。有了这个空间，才能有效地吸收冲击能量，使冲击力分布在头盖骨的整个面积上，减轻对头部的伤害； ②必须系好下颌带，戴紧安全帽，女工则要把发辫盘在安全帽内；  ③安全帽必须戴正； ④安全帽要定期检查。 2. 在 2m 以上（含 2m）高处作业，必须系好安全带，安全带应高挂低用。 3. 禁止穿高跟鞋、硬底鞋、拖鞋及赤脚、光滑进入施工工地。 4. 作业时应做好“三紧”（袖口紧、下摆紧、裤脚紧）工作服
文明行为	1. 实行环保目标责任制，保护和改善施工现场环境； 2. 施工现场要勤打扫，保持整洁卫生，场地平整，各类建筑物资堆放整齐，现场道路畅通。做到施工现场无积水、无黑臭、无垃圾； 3. 职工宿舍做到整洁有序，宿舍内和宿舍四周保持干净，污水应倒入污水池，污物、生活垃圾应集中堆放并及时清运；  4. 应养成良好的卫生习惯，不吃变质饭菜，不喝生水，保持身体健康； 5. 讲究个人卫生，勤洗澡，勤换衣； 6. 出现身体不适或生病时，应及时就医，不要带病工作；

续表 5-1

项目	图示及内容
文明行为	7. 宿舍被褥应叠放整齐，个人用具按次序摆放，保持室内外环境整洁； 8. 员工应注意劳逸结合，积极参与健康的文体活动； 9. 施工现场的厕所，坚持天天打扫，使用后及时冲洗，严禁随地大小便； 10. 冬季取暖应预防煤气中毒
事故报告	当事故现场发生安全生产事故应立即向管理人员报告，并在管理人员的指挥下积极参与抢救受伤人员 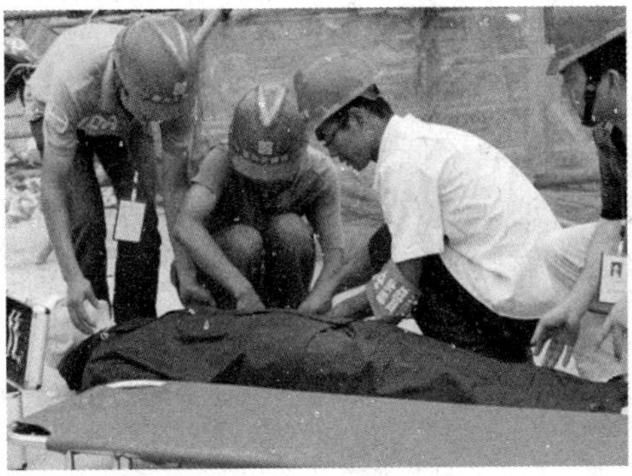

5.2 混凝土工安全技术操作规程

5.2.1 一般操作规程

（1）参加施工作业的所有人员，均必须遵守安全生产纪律，必须佩戴工作证或持卡，并按规定正确佩戴好安全帽进入施工现场。

（2）在施工作业过程中，严格遵守安全技术操作规程的有关规定，安全上岗，不违章作业，不擅离和乱串工作岗位，并按规定穿着衣鞋，正确使用和保管个人安全防护用品。

（3）参加施工作业的人员在施工现场行走时，必须走安全通道，禁止蹬踏土壁和固壁支撑，以及攀爬脚手架、垂直运输设备架体、模板支撑和钢筋骨架等上下。

（4）禁止用大步跨越或跳跃等方式进入脚手架或作业层面；禁止在未铺设脚手架板的脚手架上或未固定的梁底模上及刚砌筑完的墙面上作业或行走。

（5）高空作业前，必须对有关防护设施及个人安全防护用品进行检查，不得在存在安全隐患的情况下强行冒险作业。高空作业时，衣着要灵便，禁止穿着硬底或带钉易滑的鞋；在没有防护设施的高空、悬崖和陡坡面上施工时，必须按规定使用安全带，安全带必须高挂低用，挂设点必须安全、可靠。

（6）凡患有高血压、心脏病、贫血病、癫痫病、四肢有残缺以及其他不适于高空作业者（如饮酒者），严禁从事高空作业。

（7）在浇筑2m以上的框架、过梁、雨篷和平台时，不得站在模板或支撑件上进行操作。

（8）在浇筑拱形结构时，应向两边拱脚对称地相向进行。在浇筑筒形储仓时，筒仓下口应先行封闭，并搭设脚手架。

（9）室内外的井、洞、坑、池、楼梯应设置安全防护栏或防护盖、防护罩等设施。

（10）操作用的平台、操作架，必须经安全部门检查合格后方可使用。使用过程中，平台、操作架的结构，未经许可不得随意改动。

（11）在特殊情况下进行浇筑时，如无安全措施，必须挂好安全带，并扣好保险钩或在架设安全平网后方可进行作业。

（12）在浇筑混凝土前，对各项安全设施应认真检查是否安全可靠及有无隐患，尤其是模板的支撑，操作脚手架，架设的运输道路及指挥、联络信号等。对于重要的施工部件，其安全技术要求进行详细交底。

（13）用手推车运输混凝土时，不得用力过猛，手不准撤离车把。向坑或槽内倒混凝土时，必须沿坑或槽边设置不低于100mm高的挡车轮装置。推车人倒混凝土时，要站稳，并保持身体的平衡，并通知下方人员躲开。在脚手架上用手推车运送混凝土时，两车之间必须保持一定距离，并右侧通行，混凝土装车容量不得超过车斗容量的3/4。

（14）采用人工搅拌混凝土时，应采取两人对面翻拌作业，防止操作人员被铁锹等手工工具碰伤。由高空向下拨混凝土时，应注意不要用力过猛，以免由于惯性作用发生人员坠落和摔伤事故。

（15）浇筑混凝土使用溜槽或串筒时，溜槽或串筒的节间必须连接牢固；操作部位应设置防护栏杆，不可站在溜槽梆上进行操作。

（16）使用吊罐（斗）浇筑混凝土时，应经常检查吊罐（斗）、钢丝绳和卡具，如有隐患应及时处理或更换，施工时应设专人指挥。

（17）不得在养护窖（池）边上站立或行走，并注意窖盖板和地沟孔洞，防止失足坠落发生伤害。

5.2.2 混凝土施工夜间作业照明要求

夜间作业照明，一般场所宜选用额定电压为220V的照明器，对下列特殊场所应使用安全电压照明器。

（1）在特别潮湿的场所工作，照明电压不得大于12V。

（2）在潮湿和易触及带电体的场所，照明电压不得大于24V。

（3）隧道、人防工程，有高温、导电粉尘或灯具距地面高度室外低于3m、室内低于2.4m的场所，电源电压不得大于36V。

（4）使用行灯，电源电压不得大于36V。

5.2.3 混凝土施工机械设备安全使用要求

（1）施工机械设备要实行“三定制度”，即“定人、定岗位职责、定机”。操作工必须经培训合格后持证上岗，必须做到“三好四会”，即“管好、用好、修好；会使用、会保养、会检查、会排除故障”。

（2）建立各种规章制度，认真填写好各种记录：

1）建立交接班制度。

2）建立岗位责任制，安全操作规程。

3）建立运转记录，并认真填写。

（3）非机械操作人员，严禁开动机械设备。

（4）凡在运用的机械设备，应保证机械设备技术状况良好，安全保护装置齐全、灵敏可靠。

（5）各种搅拌机（除反转出料搅拌机外），均为单向旋转搅拌，因此在接电源时，注意搅拌筒的转向应符合搅拌筒上所标注的箭头方向。

（6）在常温条件下施工时，搅拌机械应安放在防雨棚内。冬期施工时，搅拌机械应安放在高温棚内。

（7）在混凝土搅拌站内，必须按规定设置良好的通风与防尘设备，以保证空气中粉尘的含量不得超过国家标准。

（8）搅拌机开机前，应先检查电气设备的绝缘和接地是否良好，带轮保护罩是否完整。

（9）内部或外部电动振动器在使用前，应先对电动机、导线、开关等设施进行检查，如导线破裂、开关不灵或无漏电保护装置等，应禁止使用。

（10）工作时，搅拌机应先启动，待机械运转正常后再边加料边加水搅拌，若遇中途停机、停电，应立即将料卸出，不允许中途停机后，重新启动搅拌机。同时，搅拌机料斗升起时，严禁任何人在料斗下停留或通过。

（11）电动振动器的操作者，在操作时，必须戴好绝缘手套、穿好绝缘鞋。停机后，应立即切断电源开关，并锁好开关箱。

（12）振动器不得在已初凝的混凝土、楼板、脚手架、道路和干硬的地方进行试振。搬移振动器时，应切断电源后进行，否则不准搬、抬或移动振动器。

（13）电动振动器必须采用按钮式开关，禁止采用插头式开关。电动振动器的扶手，必须套上绝缘橡胶管。电缆线上严禁堆压物品或让车辆挤压，严禁用电缆线拖拉或吊挂振动器。

（14）平板振动器与平板应保持紧密连接，电源线应固定在平板上，电气开关应装在便于操作的地方。

（15）各种振动器在做好保护接地的基础上，还必须安装漏电保护器。

（16）所有电气设备的安装、拆卸、检修，必须由专职电工负责进行，其他人员不得随意乱动。

（17）雨天作业时，必须将振动器加以遮盖，避免雨水浸入电动机导电伤人。

6 混凝土配合比设计

6.1 混凝土配合比设计基本规定

（1）混凝土配合比设计应满足混凝土配制强度及其他力学性能、拌合物性能、长期性能和耐久性能的设计要求。混凝土拌合物性能、力学性能、长期性能和耐久性能的试验方法应分别符合现行国家标准《普通混凝土拌合物性能试验方法标准》GB/T 50080—2016、《普通混凝土力学性能试验方法标准》GB/T 50081—2002 和《普通混凝土长期性能和耐久性能试验方法标准》GB/T 50082—2009 的规定。

混凝土配合比设计不仅仅应满足配制强度要求，还应满足施工性能、其他力学性能、长期性能和耐久性能的要求。

（2）混凝土配合比设计应采用工程实际使用的原材料；配合比设计所采用的细骨料含水率应小于 0.5%，粗骨料含水率应小于 0.2%。

基于我国骨料的实际情况和技术条件，我国长期以来一直在建设工程中采用以干燥状态骨料为基准的混凝土配合比设计，具有可操作性，应用情况良好。

（3）结构混凝土材料的耐久性基本要求应符合表 6－1 的规定。

表 6－1 结构混凝土材料的耐久性基本要求

环境等级	最大水胶比	最低强度等级	最大氯离子含量（%）	最大碱含量（kg/m^3）
一	0.60	C20	0.30	不限制
二 a	0.55	C25	0.20	3.0
二 b	0.50（0.55）	C30（C25）	0.15	
三 a	0.45（0.50）	C35（C30）	0.15	
三 b	0.40	C40	0.10	

注：1. 氯离子含量系指其占胶凝材料总量的百分比。
2. 预应力构件混凝土中的最大氯离子含量为 0.06%；其最低混凝土强度等级宜按表中的规定提高两个等级。
3. 素混凝土构件的水胶比及最低强度等级的要求可适当放松。
4. 有可靠工程经验时，二类环境中的最低混凝土结构等级可降低一个等级。
5. 处于严寒和寒冷地区二 b、三 a 类环境中的混凝土应使用引气剂，并可采用括号中的有关参数。
6. 当使用非碱活性骨料时，对混凝土中的碱含量可不作限制。

控制最大水胶比是保证混凝土耐久性能的重要手段，而水胶比又是混凝土配合比设计的首要参数。

（4）除配制 C15 及其以下强度等级的混凝土外，混凝土的最小胶凝材料用量应符合表 6－2 的规定。

表 6－2 混凝土的最小胶凝材料用量

最大水胶比	最小胶凝材料用量（kg/m^3）		
	素混凝土	钢筋混凝土	预应力混凝土
0.60	250	280	300
0.55	280	300	300
0.50	320		
≤0.45	330		

在控制最大水胶比的条件下，表 6－2 中最小胶凝材料用量是满足混凝土施工性能和掺加矿物掺合料后满足混凝土耐久性能的胶凝材料用量下限。

（5）矿物掺合料在混凝土中的掺量应通过试验确定。采用硅酸盐水泥或普通硅酸盐水泥时，钢筋混凝土中矿物掺合料最大掺量宜符合表 6－3 的规定，预应力混凝土中矿物掺合料最大掺量宜符合表 6－4 的规定。

表 6－3 钢筋混凝土中矿物掺合料最大掺量

矿物掺合料种类	水胶比	最大掺量（%）	
		采用硅酸盐水泥时	采用普通硅酸盐水泥时
粉煤灰	≤0.40	45	35
	>0.40	40	30
粒化高炉矿渣粉	≤0.40	65	55
	>0.40	55	45
钢渣粉	—	30	20
磷渣粉	—	30	20
硅灰	—	10	10
复合掺合料	≤0.40	65	55
	>0.40	55	45

注：1. 采用其他通用硅酸盐水泥时，宜将水泥混合材掺量 20% 以上的混合材量计入矿物掺合料。
2. 复合掺合料各组分的掺量不宜超过单掺时的最大掺量。
3. 在混合使用两种或两种以上矿物掺合料时，矿物掺合料总掺量应符合表中复合掺合料的规定。

表 6－4 预应力混凝土中矿物掺合料最大掺量

矿物掺合料种类	水胶比	最大掺量（%）	
		采用硅酸盐水泥时	采用普通硅酸盐水泥时
粉煤灰	≤0.40	35	30
	>0.40	25	20
粒化高炉矿渣粉	≤0.40	55	45
	>0.40	45	35

续表 6 –4

矿物掺合料种类	水胶比	最大掺量（%）	
		采用硅酸盐水泥时	采用普通硅酸盐水泥时
钢渣粉	—	20	10
磷渣粉	—	20	10
硅灰	—	10	10
复合掺合料	≤0.40	55	45
	>0.40	45	35

注：1. 采用其他通用硅酸盐水泥时，宜将水泥混合材掺量 20% 以上的混合材量计入矿物掺合料。
2. 复合掺合料各组分的掺量不宜超过单掺时的最大掺量。
3. 在混合使用两种或两种以上矿物掺合料时，矿物掺合料总掺量应符合表中复合掺合料的规定。

规定矿物掺合料最大掺量主要是为了保证混凝土耐久性能。矿物掺合料在混凝土中的实际掺量是通过试验确定的，在配合比调整和确定步骤中规定了耐久性试验验证，以确保满足工程设计提出的混凝土耐久性要求。当采用超出表 6 –3 和表 6 –4 给出的矿物掺合料最大掺量时，全盘否定不妥，通过对混凝土性能进行全面试验论证，证明结构混凝土安全性和耐久性可以满足设计要求后，还是能够采用的。

（6）混凝土拌合物中水溶性氯离子最大含量应符合表 6 –5 的规定，其测试方法应符合现行行业标准《水运工程混凝土试验规程》JTJ 270—1998 中混凝土拌合物中氯离子含量的快速测定方法的规定。

表 6 –5　混凝土拌合物中水溶性氯离子最大含量

环 境 条 件	水溶性氯离子最大含量（%，水泥用量的质量百分比）		
	钢筋混凝土	预应力混凝土	素混凝土
干燥环境	0.30	0.06	1.00
潮湿但不含氯离子的环境	0.20		
潮湿且含有氯离子的环境、盐渍土环境	0.10		
除冰盐等侵蚀性物质的腐蚀环境	0.06		

按环境条件影响氯离子引起钢筋锈蚀的程度简明地分为四类，并规定了各类环境条件下的混凝土中氯离子最大含量。采用测定混凝土拌合物中氯离子的方法，与测试硬化后混凝土中氯离子的方法相比，时间大大缩短，有利于配合比设计和控制。表 6 –5 中的氯离子含量是相对混凝土中水泥用量的百分比，与控制氯离子相对混凝土中胶凝材料用量的百分比相比，偏于安全。

（7）长期处于潮湿或水位变动的寒冷和严寒环境以及盐冻环境的混凝土应掺用引气剂。引气剂掺量应根据混凝土含气量要求经试验确定，混凝土最小含气量应符合表 6 –6 的规定，最大不宜超过 7.0%。

表 6－6 混凝土最小含气量

粗骨料最大公称粒径（mm）	混凝土最小含气量（%）	
	潮湿或水位变动的寒冷和严寒环境	盐冻环境
40.0	4.5	5.0
25.0	5.0	5.5
20.0	5.5	6.0

注：含气量为气体占混凝土体积的百分比。

掺加适量引气剂有利于混凝土的耐久性，尤其对于有较高抗冻要求的混凝土，掺加引气剂可以明显提高混凝土的抗冻性能。引气剂掺量要适当，引气量太少作用不够，引气量太多混凝土强度损失较大。

（8）对于有预防混凝土碱骨料反应设计要求的工程，宜掺用适量粉煤灰或其他矿物掺合料，混凝土中最大碱含量不应大于 3.0kg/m^3；对于矿物掺合料碱含量，粉煤灰碱含量可取实测值的 1/6，粒化高炉矿渣粉碱含量可取实测值的 1/2。

将混凝土中碱含量控制在 3.0kg/m^3 以内，并掺加适量粉煤灰和粒化高炉矿渣粉等矿物掺合料，对预防混凝土碱－骨料反应具有重要意义。混凝土中碱含量是测定的混凝土各原材料碱含量计算之和，而实测的粉煤灰和粒化高炉矿渣粉等矿物掺合料碱含量并不是参与碱－骨料反应的有效碱含量，对于矿物掺合料中有效碱含量，粉煤灰碱含量取实测值的 1/6，粒化高炉矿渣粉碱含量取实测值的 1/2，已经被混凝土工程界采纳。

6.2 混凝土配制强度的确定

（1）混凝土配制强度应按下列规定确定：

1）当混凝土的设计强度等级小于 C60 时，配制强度应按下式确定：

$$f_{cu,0} \geqslant f_{cu,k} + 1.645\sigma \tag{6-1}$$

式中 $f_{cu,0}$——混凝土配制强度（MPa）；

$f_{cu,k}$——混凝土立方体抗压强度标准值，这里取混凝土的设计强度等级值（MPa）；

σ——混凝土强度标准差（MPa）。

2）当设计强度等级不小于 C60 时，配制强度应按下式确定：

$$f_{cu,0} \geqslant 1.15 f_{cu,k} \tag{6-2}$$

（2）混凝土强度标准差应按下列规定确定：

1）当具有近 1 个月～3 个月的同一品种、同一强度等级混凝土的强度资料，且试件组数不小于 30 时。其混凝土强度标准差 σ 应按下式计算：

$$\sigma = \sqrt{\frac{\sum_{i=1}^{n} f_{cu,i}^2 - n m_{fcu}^2}{n-1}} \tag{6-3}$$

式中 σ——混凝土强度标准差；

$f_{cu,i}$——第 i 组的试件强度（MPa）；

m_{fcu}——n 组试件的强度平均值（MPa）；

n——试件组数。

对于强度等级不大于 C30 的混凝土，当混凝土强度标准差计算值不小于 3.0MPa 时，应按式（6－3）计算结果取值；当混凝土强度标准差计算值小于 3.0MPa 时，应取 3.0MPa。

对于强度等级大于 C30 且小于 C60 的混凝土，当混凝土强度标准差计算值不小于 4.0MPa 时，应按式（6－3）计算结果取值；当混凝土强度标准差计算值小于 4.0MPa 时，应取 4.0MPa。

2）当没有近期的同一品种、同一强度等级混凝土强度资料时，其强度标准差 σ 可按表 6－7 取值。

表 6－7　标准差 σ 值（MPa）

混凝土强度标准值	≤C20	C25～C45	C50～C55
σ	4.0	5.0	6.0

6.3　混凝土配合比计算

6.3.1　水胶比

（1）当混凝土强度等级小于 C60 时，混凝土水胶比宜按下式计算：

$$W/B=\frac{\alpha_a f_b}{f_{cu,0}+\alpha_a\alpha_b f_b} \qquad (6-4)$$

式中　W/B——混凝土水胶比；

α_a、α_b——回归系数，按（2）的规定取值；

f_b——胶凝材料 28d 胶砂抗压强度（MPa），可实测，且试验方法应按现行国家标准《水泥胶砂强度检验方法（ISO 法）》GB/T 17671—1999 执行；也可按（3）确定。

（2）回归系数（α_a、α_b）宜按下列规定确定：

1）根据工程所使用的原材料，通过试验建立的水胶比与混凝土强度关系式来确定；

2）当不具备上述试验统计资料时，可按表 6－8 选用。

表 6－8　回归系数（α_a、α_b）取值表

系数 ＼ 粗骨料品种	碎　石	卵　石
α_a	0.53	0.49
α_b	0.20	0.13

（3）当胶凝材料 28d 胶砂抗压强度值（f_b）无实测值时，可按下式计算：

$$f_b=\gamma_f\gamma_s f_{ce} \qquad (6-5)$$

式中 γ_f、γ_s——粉煤灰影响系数和粒化高炉矿渣粉影响系数，可按表6－9选用；

f_{ce}——水泥28d胶砂抗压强度（MPa），可实测，也可按（4）确定。

表6－9 粉煤灰影响系数（γ_f）和粒化高炉矿渣粉影响系数（γ_s）

掺量（%）＼种类	粉煤灰影响系数 γ_f	粒化高炉矿渣粉影响系数 γ_s
0	1.00	1.00
10	0.85～0.95	1.00
20	0.75～0.85	0.95～1.00
30	0.65～0.75	0.90～1.00
40	0.55～0.65	0.80～0.90
50	—	0.70～0.85

注：1. 采用Ⅰ级、Ⅱ级粉煤灰宜取上限值。

2. 采用S75级粒化高炉矿渣粉宜取下限值，采用S95级粒化高炉矿渣粉宜取上限值，采用S105级粒化高炉矿渣粉可取上限值加0.05。

3. 当超出表中的掺量时，粉煤灰和粒化高炉砂渣粉影响系数应经试验确定。

（4）当水泥28d胶砂抗压强度（f_{ce}）无实测值时，可按下式计算：

$$f_{ce}=\gamma_c f_{ce,g} \tag{6-6}$$

式中 γ_c——水泥强度等级值的富余系数，可按实际统计资料确定；当缺乏实际统计资料时，也可按表6－10选用；

$f_{ce,g}$——水泥强度等级值（MPa）。

表6－10 水泥强度等级值的富余系数（γ_c）

水泥强度等级值	32.5	42.5	52.5
富余系数	1.12	1.16	1.10

6.3.2 用水量和外加剂用量

（1）每立方米干硬性或塑性混凝土的用水量（m_{w0}）应符合下列规定：

1）混凝土水胶比在0.40～0.80范围时，可按表6－11和表6－12选取；

2）混凝土水胶比小于0.40时，可通过试验确定。

表6－11 干硬性混凝土的用水量（kg/m^3）

拌合物稠度		卵石最大公称粒径（mm）			碎石最大公称粒径（mm）		
项目	指标	10.0	20.0	40.0	16.0	20.0	40.0
维勃稠度（s）	16～20	175	160	145	180	170	155
	11～15	180	165	150	185	175	160
	5～10	185	170	155	190	180	165

表6－12 塑性混凝土的用水量（kg/m^3）

拌合物稠度		卵石最大公称粒径（mm）				碎石最大公称粒径（mm）			
项目	指标	10.0	20.0	31.5	40.0	16.0	20.0	31.5	40.0
坍落度（mm）	10～30	190	170	160	150	200	185	175	165
	35～50	200	180	170	160	210	195	185	175
	55～70	210	190	180	170	220	205	195	185
	75～90	215	195	185	175	230	215	205	195

注：1. 本表用水量系采用中砂时的取值。采用细砂时，每立方米混凝土用水量可增加5～10kg；采用粗砂时，可减少5～10kg。

2. 掺用矿物掺合料和外加剂时，用水量应相应调整。

（2）掺外加剂时，每立方米流动性或大流动性混凝土的用水量（m_{w0}）可按下式计算：

$$m_{w0}=m'_{w0}(1-\beta) \quad (6-7)$$

式中 m_{w0}——计算配合比每立方米混凝土的用水量（kg/m^3）；

m'_{w0}——未掺外加剂时推定的满足实际坍落度要求的每立方米混凝土用水量（kg/m^3），以表6－12中90mm坍落度的用水量为基础，按每增大20mm坍落度相应增加5kg/m^3用水量来计算，当坍落度增大到180mm以上时，随坍落度相应增加的用水量可减少。

β——外加剂的减水率（%），应经混凝土试验确定。

（3）每立方米混凝土中外加剂用量（m_{a0}）应按下式计算：

$$m_{a0}=m_{b0}\beta_a \quad (6-8)$$

式中 m_{a0}——计算配合比每立方米混凝土中外加剂用量（kg/m^3）；

m_{b0}——计算配合比每立方米混凝土中胶凝材料用量（kg/m^3）；

β_a——外加剂掺量（%），应经混凝土试验确定。

6.3.3 胶凝材料、矿物掺合料和水泥用量

（1）每立方米混凝土的胶凝材料用量（m_{b0}）应按式（6－9）计算，并应进行试拌调整，在拌合物性能满足的情况下，取经济合理的胶凝材料用量。

$$m_{b0}=\frac{m_{w0}}{W/B} \quad (6-9)$$

式中 m_{b0}——计算配合比每立方米混凝土中胶凝材料用量（kg/m^3）；

m_{w0}——计算配合比每立方米混凝土的用水量（kg/m^3）；

W/B——混凝土水胶比。

（2）每立方米混凝土的矿物掺合料用量（m_{f0}）应按下式计算：

$$m_{f0}=m_{b0}\beta_f \quad (6-10)$$

式中 m_{f0}——计算配合比每立方米混凝土中矿物掺合料用量（kg/m^3）；

β_f——矿物掺合料掺量（%）。

（3）每立方米混凝土的水泥用量（m_{c0}）应按下式计算：

$$m_{c0} = m_{b0} - m_{f0} \tag{6-11}$$

式中 m_{c0}——计算配合比每立方米混凝土中水泥用量（kg/m^3）。

6.3.4 砂率

（1）砂率（β_s）应根据骨料的技术指标、混凝土拌合物性能和施工要求，参考既有历史资料确定。

（2）当缺乏砂率的历史资料时，混凝土砂率的确定应符合下列规定：

1）坍落度小于10mm的混凝土，其砂率应经试验确定；

2）坍落度为10～60mm的混凝土，其砂率可根据粗骨料品种、最大公称粒径及水胶比按表6-13选取；

3）坍落度大于60mm的混凝土，其砂率可经试验确定，也可在表6-13的基础上，按坍落度每增大20mm、砂率增大1%的幅度予以调整。

表6-13 混凝土的砂率（%）

水胶比	卵石最大公称粒径（mm）			碎石最大公称粒径（mm）		
	10.0	20.0	40.0	16.0	20.0	40.0
0.40	26～32	25～31	24～30	30～35	29～34	27～32
0.50	30～35	29～34	28～33	33～38	32～37	30～35
0.60	33～8	32～37	31～36	36～41	35～40	33～38
0.70	36～41	35～40	34～39	39～44	38～43	36～41

注：1. 本表数值系中砂的选用砂率，对细砂或粗砂，可相应地减小或增大砂率。

2. 采用人工砂配制混凝土时，砂率可适当增大。

3. 只用一个单粒级粗骨料配制混凝土时，砂率应适当增大。

6.3.5 粗、细骨料用量

（1）当采用质量法计算混凝土配合比时，粗、细骨料用量应按式（6-12）计算；砂率应按式（6-13）计算。

$$m_{f0} + m_{c0} + m_{g0} + m_{s0} + m_{w0} = m_{cp} \tag{6-12}$$

$$\beta_s = \frac{m_{s0}}{m_{g0} + m_{s0}} \times 100\% \tag{6-13}$$

式中 m_{g0}——计算配合比每立方米混凝土的粗骨料用量（kg/m^3）；

m_{s0}——计算配合比每立方米混凝土的细骨料用量（kg/m^3）；

β_s——砂率（%）；

m_{cp}——每立方米混凝土拌合物的假定质量（kg），可取2350～2450kg/m^3。

（2）当采用体积法计算混凝土配合比时，砂率应按公式（6-13）计算，粗、细骨料用量应按公式（6-14）计算。

$$\frac{m_{c0}}{\rho_c}+\frac{m_{f0}}{\rho_f}+\frac{m_{g0}}{\rho_g}+\frac{m_{s0}}{\rho_s}+\frac{m_{w0}}{\rho_w}+0.01\alpha=1 \tag{6-14}$$

式中 ρ_c——水泥密度（kg/m^3），可按现行国家标准《水泥密度测定方法》GB/T 208—2014 测定，也可取 2900～3100kg/m^3；

ρ_f——矿物掺合料密度（kg/m^3），可按现行国家标准《水泥密度测定方法》GB/T 208—2014 测定；

ρ_g——粗骨料的表观密度（kg/m^3），应按现行行业标准《普通混凝土用砂、石质量及检验方法标准》JGJ 52—2006 测定；

ρ_s——细骨料的表观密度（kg/m^3），应按现行行业标准《普通混凝土用砂、石质量及检验方法标准》JGJ 52—2006 测定；

ρ_w——水的密度（kg/m^3），可取 1000kg/m^3；

α——混凝土的含气量百分数，在不使用引气剂或引气型外加剂时，α 可取 1。

6.4 混凝土配合比的试配、调整与确定

6.4.1 试配

（1）混凝土试配应采用强制式搅拌机进行搅拌，并应符合现行行业标准《混凝土试验用搅拌机》JG 244—2009 的规定，搅拌方法宜与施工采用的方法相同。

（2）试验室成型条件应符合现行国家标准《普通混凝土拌合物性能试验方法标准》GB/T 50080—2016 的规定。

（3）每盘混凝土试配的最小搅拌量应符合表 6－14 的规定，并不应小于搅拌机公称容量的 1/4 且不应大于搅拌机公称容量。

表 6－14 混凝土试配的最小搅拌量

粗骨料最大公称粒径（mm）	拌合物数量（L）
≤31.5	20
40.0	25

（4）在计算配合比的基础上应进行试拌。计算水胶比宜保持不变，并应通过调整配合比其他参数使混凝土拌合物性能符合设计和施工要求，然后修正计算配合比，提出试拌配合比。

（5）在试拌配合比的基础上应进行混凝土强度试验，并应符合下列规定：

1）应采用三个不同的配合比，其中一个应为上述（4）确定的试拌配合比，另外两个配合比的水胶比宜较试拌配合比分别增加和减少 0.05，用水量应与试拌配合比相同，砂率可分别增加和减少 1%。

2）进行混凝土强度试验时，拌合物性能应符合设计和施工要求。

3）进行混凝土强度试验时，每个配合比应至少制作一组试件，并应标准养护到 28d 或设计规定龄期时试压。

调整好混凝土拌合物并形成试拌配合比后，即开始混凝土强度试验。无论是计算配合比还是试拌配合比，都不能保证混凝土配制强度是否满足要求，混凝土强度试验的目的是通过三个不同水胶比的配合比的比较，取得能够满足配制强度要求的、胶凝材料用量经济合理的配合比。由于混凝土强度试验是在混凝土拌合物调整适宜后进行，所以强度试验采用三个不同水胶比的配合比的混凝土拌合物性能应维持不变，即维持用水量不变，增加和减少胶凝材料用量，并相应减少和增加砂率，外加剂掺量也作减少和增加的微调。

在没有特殊规定的情况下，混凝土强度试件在 28d 龄期进行抗压试验；当规定采用 60d 或 90d 等其他龄期的设计强度时，混凝土强度试件在相应的龄期进行抗压试验。

6.4.2 配合比的调整与确定

（1）配合比调整应符合下列规定：

1）根据混凝土强度试验结果，宜绘制强度和胶水比的线性关系图或插值法确定略大于配制强度对应的胶水比。

2）在试拌配合比的基础上，用水量（m_w）和外加剂用量（m_a）应根据确定的水胶比作调整。

3）胶凝材料用量（m_b）应以用水量乘以确定的胶水比计算得出。

4）粗骨料和细骨料用量（m_g和 m_s）应根据用水量和胶凝材料用量进行调整。

（2）混凝土拌合物表观密度和配合比校正系数的计算应符合下列规定：

1）配合比调整后的混凝土拌合物的表观密度应按下式计算：

$$\rho_{c,c} = m_c + m_f + m_g + m_s + m_w \tag{6-15}$$

式中 $\rho_{c,c}$——混凝土拌合物的表观密度计算值（kg/m^3）；

m_c——每立方米混凝土的水泥用量（kg/m^3）；

m_f——每立方米混凝土的矿物掺合料用量（kg/m^3）；

m_g——每立方米混凝土的粗骨料用量（kg/m^3）；

m_s——每立方米混凝土的细骨料用量（kg/m^3）；

m_w——每立方米混凝土的用水量（kg/m^3）。

2）混凝土配合比校正系数应按下式计算：

$$\delta = \frac{\rho_{c,t}}{\rho_{c,c}} \tag{6-16}$$

式中 δ——混凝土配合比校正系数；

$\rho_{c,t}$——混凝土拌合物的表观密度实测值（kg/m^3）。

（3）当混凝土拌合物表观密度实测值与计算值之差的绝对值不超过计算值的 2% 时，按上述（1）调整的配合比可维持不变；当二者之差超过 2% 时，应将配合比中每项材料用量均乘以校正系数（δ）。

（4）配合比调整后，应测定拌合物水溶性氯离子含量，试验结果应符合表 6－5 的规定。

（5）对耐久性有设计要求的混凝土应进行相关耐久性试验验证。

（6）生产单位可根据常用材料设计出常用的混凝土配合比备用，并应在启用过程中予以验证或调整。遇有下列情况之一时，应重新进行配合比设计：

1）对混凝土性能有特殊要求时。

2）水泥、外加剂或矿物掺合料等原材料品种、质量有显著变化时。

6.5 有特殊要求的混凝土

6.5.1 抗渗混凝土

（1）抗渗混凝土的原材料应符合下列规定：

1）水泥宜采用普通硅酸盐水泥。

2）粗骨料宜采用连续级配，其最大公称粒径不宜大于40.0mm，含泥量不得大于1.0%，泥块含量不得大于0.5%。

3）细骨料宜采用中砂，含泥量不得大于3.0%，泥块含量不得大于1.0%。

4）抗渗混凝土宜掺用外加剂和矿物掺合料，粉煤灰等级应为Ⅰ级或Ⅱ级。

原材料的选用和质量控制对抗渗混凝土非常重要。大量抗渗混凝土用于地下工程，为了提高抗渗性能和适合地下环境特点，掺加外加剂和矿物掺合料十分有利，也是普遍的做法。在以胶凝材料最小用量作为控制指标的情况下，采用普通硅酸盐水泥有利于提高混凝土耐久性能和进行质量控制。骨料粒径太大和含泥（包括泥块）较多都对混凝土抗渗性能不利。

（2）抗渗混凝土配合比应符合下列规定：

1）最大水胶比应符合表6-15的规定。

2）每立方米混凝土中的胶凝材料用量不宜小于320kg。

3）砂率宜为35%～45%。

表6-15 抗渗混凝土最大水胶比

设计抗渗等级	最大水灰比	
	C20～C30	C30以上
P6	0.60	0.55
P8～P12	0.55	0.50
>P12	0.50	0.45

采用较小的水胶比可提高混凝土的密实性，从而使其有较好的抗渗性，因此，控制最大水胶比是抗渗混凝土配合比设计的重要法则。另外，胶凝材料和细骨料用量太少也对混凝土抗渗性能不利。

（3）配合比设计中混凝土抗渗技术要求应符合下列规定：

1）配制抗渗混凝土要求的抗渗水压值应比设计值提高0.2MPa。

2）抗渗试验结果应满足下式要求：

$$P_t \geq \frac{P}{10} + 0.2 \tag{6-17}$$

式中 P_t——6 个试件中不少于 4 个未出现渗水时的最大水压值（MPa）；

P——设计要求的抗渗等级值。

抗渗混凝土的配制抗渗等级比设计值要求高，有利于确保实际工程混凝土抗渗性能满足设计要求。

（4）掺用引气剂或引气型外加剂的抗渗混凝土，应进行含气量试验，含气量宜控制在3.0% ~5.0%。

在混凝土中掺用引气剂适量引气，有利于提高混凝土抗渗性能。

6.5.2 抗冻混凝土

（1）抗冻混凝土的原材料应符合下列规定：

1）水泥应采用硅酸盐水泥或普通硅酸盐水泥。

2）粗骨料宜选用连续级配，其含泥量不得大于1.0%，泥块含量不得大于0.5%。

3）细骨料含泥量不得大于3.0%，泥块含量不得大于1.0%。

4）粗、细骨料均应进行坚固性试验，并应符合现行行业标准《普通混凝土用砂、石质量及检验方法标准》JGJ 52—2006 的规定。

5）抗冻等级不小于 F100 的抗冻混凝土宜掺用引气剂。

6）在钢筋混凝土和预应力混凝土中不得掺用含有氯盐的防冻剂；在预应力混凝土中不得掺用含有亚硝酸盐或碳酸盐的防冻剂。

采用硅酸盐水泥或普通硅酸盐水泥配制抗冻混凝土是一个基本做法，目前寒冷或严寒地区一般都这样做。骨料含泥（包括泥块）较多和骨料坚固性差都对混凝土抗冻性能不利。一些混凝土防冻剂中掺用氯盐，采用后会引起混凝土中钢筋锈蚀，导致严重的结构混凝土耐久性问题。现行国家标准《混凝土外加剂应用技术规范》GB 50119—2013 规定含亚硝酸盐或碳酸盐的防冻剂严禁用于预应力混凝土结构。

（2）抗冻混凝土配合比应符合下列规定：

1）最大水胶比和最小胶凝材料用量应符合表 6－16 的规定。

表 6－16 最大水胶比和最小胶凝材料用量

设计抗冻等级	最大水胶比		最小胶凝材料用量（kg/m^3）
	无引气剂时	掺引气剂时	
F50	0.55	0.60	300
F100	0.50	0.55	320
不低于 F150	—	0.50	350

2）复合矿物掺合料掺量宜符合表 6－17 的规定；其他矿物掺合料掺量宜符合表 6－3 的规定。

表6－17 复合矿物掺合料最大掺量

水胶比	最大掺量（%）	
	采用硅酸盐水泥时	采用普通硅酸盐水泥时
≤0.40	60	50
>0.40	50	40

注：1. 采用其他通用硅酸盐水泥时，可将水泥混合材掺量20%以上的混合材量计入矿物掺合料。
2. 复合矿物掺合料中各矿物掺合料组分的掺量不宜超过表6－3中单掺时的限量。

3）掺用引气剂的混凝土最小含气量应符合6.1中（7）的规定。

混凝土水胶比大则密实性差，对抗冻性能不利，因此要控制混凝土最大水胶比。在通常水胶比情况下，混凝土中掺入过量矿物掺合料也对混凝土抗冻性能不利。混凝土中掺用引气剂是提高混凝土抗冻性能的有效方法之一。

6.5.3 高强混凝土

（1）高强混凝土的原材料应符合下列规定：

1）水泥应选用硅酸盐水泥或普通硅酸盐水泥。

2）粗骨料宜采用连续级配，其最大公称粒径不宜大于25.0mm，针片状颗粒含量不宜大于5.0%，含泥量不应大于0.5%，泥块含量不应大于0.2%。

3）细骨料的细度模数宜为2.6～3.0，含泥量不应大于2.0%，泥块含量不应大于0.5%。

4）宜采用减水率不小于25%的高性能减水剂。

5）宜复合掺用粒化高炉矿渣粉、粉煤灰和硅灰等矿物掺合料；粉煤灰等级不应低于Ⅱ级；对强度等级不低于C80的高强混凝土宜掺用硅灰。

在水泥方面，由于高强混凝土强度高，水胶比低，所以采用硅酸盐水泥或普通硅酸盐水泥无论是技术还是经济都比较合理：不仅胶砂强度较高，适合配制高强等级混凝土；而且水泥中混合材较少，可掺加较多的矿物掺合料来改善高强混凝土的施工性能。

在骨料方面，如果粗骨料粒径太大或（和）针片状颗粒含量较多，不利于混凝土中骨料合理堆积和应力合理分布，直接影响混凝土强度，也影响混凝土拌合物性能。细度模数为2.6～3.0的细骨料更适用于高强混凝土，使胶凝材料较多的高强混凝土中总体材料颗粒级配更加合理；骨料含泥（包括泥块）较多将明显降低高强混凝土强度。

在减水剂方面，目前采用具有高减水率的聚羧酸高性能减水剂配制高强混凝土相对较多，其主要优点是减水率高，可不低于28%，混凝土拌合物保塑性好，混凝土收缩较小；在矿物掺合料方面，采用复合掺用粒化高炉矿渣粉和粉煤灰配制高强混凝土比较普遍，对于强度等级不低于C80的高强混凝土，复合掺用粒化高炉矿渣粉、粉煤灰和硅灰比较合理，硅灰掺量一般为3%～8%。

（2）高强混凝土配合比应经试验确定，在缺乏试验依据的情况下，配合比设计宜符合下列规定：

1）水胶比、胶凝材料用量和砂率可按表6－18选取，并应经试配确定。

表 6－18　水胶比、胶凝材料用量和砂率

强度等级	水胶比	胶凝材料用量（kg/m^3）	砂率（%）
≥C60，＜C80	0.28～0.34	480～560	35～42
≥C80，＜C100	0.26～0.28	520～580	
C100	0.24～0.26	550～600	

2）外加剂和矿物掺合料的品种、掺量，应通过试配确定；矿物掺合料掺量宜为 25%～40%；硅灰掺量不宜大于 10%。

3）水泥用量不宜大于 $500kg/m^3$。

近年来，高强混凝土研究已经较多，工程应用也逐渐增多。根据国内外研究成果和工程应用的实践经验，推荐高强混凝土配合比参数范围对高强混凝土配合比设计具有指导意义。当经过充分试验验证，确认所设计的混凝土配合比满足拌合物性能、力学性能、长期性能和耐久性能要求时，可不受此条限制。

（3）在试配过程中，应采用三个不同的配合比进行混凝土强度试验，其中一个可为依据表 6－18 计算后调整拌合物的试拌配合比，另外两个配合比的水胶比，宜较试拌配合比分别增加和减少 0.02。

高强混凝土水胶比变化对强度影响比一般强度等级混凝土敏感，因此，在试配的强度试验中，三个不同配合比的水胶比间距为 0.02 比较合理。

（4）高强混凝土设计配合比确定后，尚应采用该配合比进行不少于三盘混凝土的重复试验，每盘混凝土应至少成型一组试件，每组混凝土的抗压强度不应低于配制强度。

（5）高强混凝土抗压强度测定宜采用标准尺寸试件，使用非标准尺寸试件时，尺寸折算系数应经试验确定。

6.5.4　泵送混凝土

（1）泵送混凝土所采用的原材料应符合下列规定：

1）水泥宜选用硅酸盐水泥、普通硅酸盐水泥、矿渣硅酸盐水泥和粉煤灰硅酸盐水泥。

2）粗骨料宜采用连续级配，其针片状颗粒含量不宜大于 10%；粗骨料的最大公称粒径与输送管径之比宜符合表 6－19 的规定。

表 6－19　粗骨料的最大公称粒径与输送管径之比

粗骨料品种	泵送高度（m）	粗骨料最大公称粒径与输送管径之比
碎石	＜50	≤1∶3.0
	50～100	≤1∶4.0
	＞100	≤1∶5.0
卵石	＜50	≤1∶2.5
	50～100	≤1∶3.0
	＞100	≤1∶4.0

3）细骨料宜采用中砂，其通过公称直径为315μm筛孔的颗粒含量不宜少于15%。

4）泵送混凝土应掺用泵送剂或减水剂，并宜掺用矿物掺合料。

硅酸盐水泥、普通硅酸盐水泥、矿渣硅酸盐水泥和粉煤灰硅酸盐水泥配制的混凝土的拌合物性能比较稳定，易于泵送。良好的骨料颗粒粒型和级配有利于配制泵送性能良好的混凝土。在混凝土中掺用泵送剂或减水剂以及粉煤灰，并调整其合适掺量，是配制泵送混凝土的基本方法。

（2）泵送混凝土配合比应符合下列规定：

1）胶凝材料用量不宜小于300kg/m^3。

2）砂率宜为35%～45%。

如果胶凝材料用量太少，水胶比大则浆体太稀，黏度不足，混凝土容易离析，水胶比小则浆体不足，混凝土中骨料量相对过多，这些都不利于混凝土的泵送。泵送混凝土的砂率通常控制在35%～45%。

（3）泵送混凝土试配时应考虑坍落度经时损失。

泵送混凝土的坍落度经时损失值可以通过调整外加剂进行控制，通常坍落度经时损失控制在30mm/h以内比较好。

6.5.5 大体积混凝土

（1）大体积混凝土所用的原材料应符合下列规定：

1）水泥宜采用中、低热硅酸盐水泥或低热矿渣硅酸盐水泥，水泥的3d和7d水化热应符合现行国家标准《中热硅酸盐水泥　低热硅酸盐水泥　低热矿渣硅酸盐水泥》GB 200—2003规定。当采用硅酸盐水泥或普通硅酸盐水泥时，应掺加矿物掺合料，胶凝材料的3d和7d水化热分别不宜大于240kJ/kg和270kJ/kg。水化热试验方法应按现行国家标准《水泥水化热测定方法》GB/T 12959—2008执行。

2）粗骨料宜为连续级配，最大公称粒径不宜小于31.5mm，含泥量不应大于1.0%。

3）细骨料宜采用中砂，含泥量不应大于3.0%。

4）宜掺用矿物掺合料和缓凝型减水剂。

（2）当采用混凝土60d或90d龄期的设计强度时，宜采用标准尺寸试件进行抗压强度试验。

（3）大体积混凝土配合比应符合下列规定：

1）水胶比不宜大于0.55，用水量不宜大于175kg/m^3。

2）在保证混凝土性能要求的前提下，宜提高每立方米混凝土中的粗骨料用量；砂率宜为38%～42%。

3）在保证混凝土性能要求的前提下，应减少胶凝材料中的水泥用量，提高矿物掺合料掺量，矿物掺合料掺量应符合6.1中（5）的规定。

（4）在配合比试配和调整时，控制混凝土绝热温升不宜大于50℃。

（5）大体积混凝土配合比应满足施工对混凝土凝结时间的要求。

7 混凝土坍落度测定及试块制作

7.1 混凝土坍落度的选用

坍落度是表示混凝土拌合物稠度的一种指标，以此确定混凝土拌合物浇筑时的流动性。根据坍落度不同，混凝土拌合物分为：塑性混凝土（坍落度大于30mm）、低流动性混凝土（坍落度为10～30mm）和干硬性混凝土（坍落度小于10mm）。干硬性混凝土应以维勃稠度来评定拌合物的流动性。

混凝土坍落度以“mm”为单位表示，坍落度值小，说明混凝土拌合物的流动性小，流动性小的混凝土不易振捣密实，影响施工质量，甚至造成施工质量事故。坍落度过大的混凝土会使混凝土振捣时出现分层现象，使混凝土质量不均匀。所以，混凝土拌合物的坍落度应在一个适宜的范围内。混凝土拌合物的坍落度可根据结构种类、钢筋的疏密程度以及振捣方法按表7－1选用。

表7－1 混凝土浇筑时的坍落度选择

结构种类	坍落度（mm）
基础或地面等的垫层、无配筋的大体积结构（挡土墙、基础等）或配筋稀疏的结构	10～30
梁、板和大型及中型截面的柱子等	30～50
配筋密集的结构（薄壁、斗仓、筒仓、细柱等）	50～70
配筋特密的结构	70～90

注：1. 表中是采用机械振动的坍落度；采用人工振捣时可适当增大。
2. 需要配制大坍落度混凝土时，应掺外加剂。
3. 曲面和斜面结构混凝土，其坍落度值应根据实际需要另行选定。
4. 轻骨料混凝土的坍落度，宜比表中数值减少10～20mm。

7.2 混凝土坍落度的测定

7.2.1 使用工具

钢板、锹、圆锥形的坍落度筒（图7－1）、捣棒、抹子、30cm钢刀。

7.2.2 操作程度

放平钢板和坍落度筒→润湿坍落度筒→装填混凝土混合料→捣实→刮平→提筒→测量→记录。

（1）放平钢板和坍落度筒。在混凝土搅拌机前找一块平整场地，将钢板放置平整，并将坍落度筒放在钢板上一边。

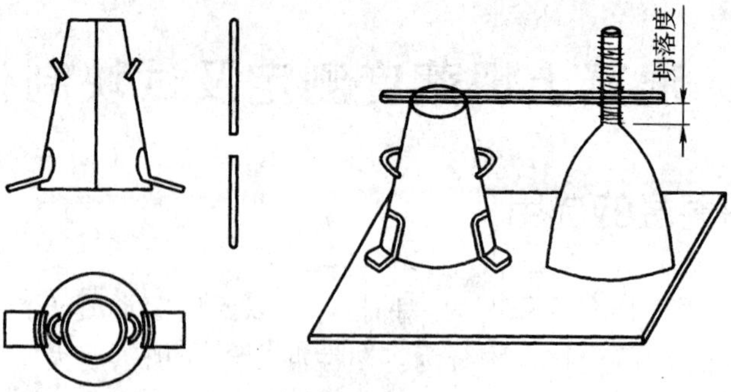

图 7-1 混凝土坍落度的测定

(2) 润湿坍落度筒。在放入混凝土混合料以前将坍落度筒内用清水润湿，然后将钢板面上的水用湿布擦净。

(3) 装填混凝土混合料。在混凝土搅拌机出料时，随机抽取一份试样，并分三次、三层装入筒内，每次装料高度应稍高于坍落度筒高度的 1/3。

(4) 捣实。每装一层用捣棒垂直插捣 25 次，直到第三层插捣完毕。

(5) 刮平。三层捣实完毕后，将筒上端溢出的混凝土用抹刀刮去，并抹平表面。

(6) 提筒。将坍落度筒垂直向上慢慢提起，并将坍落度筒放在已经塌落的混凝土试样一旁。

(7) 测量。用一根较长平直的木尺，放在坍落度筒上端，保持木尺水平状，然后用钢尺量出坍落度筒上端面至混凝土试样顶面中心的垂直距离。

(8) 记录。用事先准备好的表格纸，将每次测量的混凝土坍落度详细记录下来，以便鉴定混凝土坍落度值是否符合设计要求。

7.2.3 结果评定

混凝土坍落度以两次测定结果的算术平均值表示，每次须换用新的拌合物作测试材料。

做好坍落度测试的同时，可用目测方法测定混凝土拌合物的下列性质，并记在记录本上：

(1) 棍度。按插捣混凝土拌合物时的难易程度评定，分为“上”、“中”、“下”3 级。“上”表示插捣很容易；“中”表示插捣时稍有石子阻滞的感觉；“下”表示很难插捣。

(2) 含砂情况。按混凝土拌合物外观含砂多少而评定。分“多”、“中”、“少”3 级。“多”表示用抹子抹混凝土表面时，1~2 次即可将混凝土表面抹平，砂浆含量十分富余；“中”表示用抹子抹混凝土表面时，要抹 5~6 次才可将混凝土表面抹平；“少”表示抹平很困难，表面有麻面状态。

(3) 黏聚性。观察混凝土拌合物各组成成分相互黏聚情况，评定方法是用捣棒在已塌落的混凝土锥体一侧轻轻敲打，如果锥体在敲打后渐渐下沉，表示黏聚性好，如果锥体突然倒塌，部分崩裂或发生石子离析现象，即表示黏聚性不好。

(4) 析水情况。指水分从拌合物中析出情况，分“多量”、“少量”、“无”三级评定。“多量”表示提起坍落度圆锥筒后，有较多水分从底部析出；“少量”表示提起坍落度圆锥筒后，有少量水分从底部析出；“无”表示提起坍落度圆锥筒后，无水分从底部析出。

7.2.4 注意事项

(1) 每次测量混凝土坍落度前应将坍落度筒内外擦干净，用水湿润，放在用水湿润的平板上，用双脚踩紧踏板。

(2) 装料时应注意不要将混凝土拌合料掉落在铁板上，散落的拌合料应立即掺入到坍落度筒内，保持铁板上干净。装料应分3层装入筒内，每次装入量略高于1/3筒高，切不可一次装入过多。

(3) 振捣时应在全部面积上进行，沿螺旋线由边缘向中心振捣，插捣底层混凝土时，捣棒应插至底部，插捣其他两层时应插捣至下层表面为止。插捣时，捣棒需垂直（弹头形捣棒用直径为16mm、长为650mm的圈层棒制造）。

(4) 3层捣实完毕后，应立即将上端溢出的混凝土用抹子刮去，并抹平表面，将筒周围平板上的混凝土刮净，以免影响坍落度的测定。

(5) 提起坍落度筒时，应小心垂直向上提起，不得歪斜。坍落度筒提起后，应将筒放在锥体混凝土试样一旁后立即进行测量，水平尺应放置水平（可用长水平尺测量）。用钢尺量出筒顶面与塌落后混凝土试体顶面中心之间的高度差时，钢尺要垂直，不可歪斜，以确保测量数据的准确。

7.3 混凝土试块的制作

7.3.1 使用工具

标准试模、捣棒、锹、铁抹子、刷子。

7.3.2 操作程序

清理试模→涂刷隔离剂→装1/2料→插捣→再装料→继续插捣→表面抹平→养护。

(1) 清理试模。试模是用厚钢板加工制作的，使用前应用刮刀或小铲清理试模内外灰尘及锈迹，保证试模内外清洁。

(2) 涂刷隔离剂。将事先准备好的隔离剂（废机油等），用小刷子将试模内壁、底板全部刷满隔离剂（或废机油），保证混凝土试模能顺利脱模。

(3) 装1/2料。将搅拌机搅拌好的混凝土拌合料取足够的数量分别给每个试模装至试模高的1/2（1组为3个试模）。

(4) 插捣。用捣棒按操作要点及规定先将装入的混凝土拌合料插捣密实。

(5) 再装料。在前面的一半料捅捣密实后，应立即将剩下的一半混凝土拌合料迅速装入试模中。

(6) 继续插捣。当第二次装料完毕后，再继续用捣棒按中、上层操作方法和要求将混凝土试模中的拌合料插捣密实。

(7) 表面抹平。面层插捣完毕后，用抹刀沿四边模壁插捣数下，再将表面多余的混凝土刮去，并将试块表面抹光，使混凝土试块面高于试模。静置0.5h后，对试块表面进行第二次抹面，抹光抹平。

(8) 养护。试块成形后应立即用不透水的薄膜覆盖表面。采用标准养护的试件，应在温度为 (20±5)℃的环境中静置1昼夜至2昼夜，然后编号、拆模。拆模后应立即放入温度为 (20±3)℃、相对湿度为95%以上的标准养护室中养护，或在温度为 (20±3)℃的不流动的 $Ca(OH)_2$饱和溶液中养护。同条件养护试件，按现场实际情况进行养护，以求客观和较真实地反映施工现场的实际养护情况。

7.4 混凝土试块的抽样和强度测试

7.4.1 抽样

评定结构或构件混凝土强度质量的试块，应在浇筑处随机抽样制成，不得挑选。用于检查结构构件混凝土强度的试件，应在混凝土的浇筑地点随机抽取。取样与试件留置应符合混凝土施工检查中的规定。

按照规定留置的混凝土试块（每组3块试块），在规定条件下养护28d后立即进行抗压强度的测定。

7.4.2 强度测试

(1) 取3个试块的强度平均值（精确至0.01MPa）;

(2) 当3个试块强度值中的最大值或最小值之一与中间值之差的绝对值超过中间值的15%时，该组试件强度取中间值;

(3) 当3个试块强度值中的最大值和最小值与中间值之差的绝对值均超过中间值的15%时，该组试件强度作废，不应作为强度评定依据。

7.4.3 注意事项

(1) 混凝土抗压试块以三块为一组，制作每组试块所用混凝土应从同一盘或同一车运到的拌合物中取出。

(2) 试块试模的选择应根据拌合物中粗骨料的粒径来确定，可按表7－2确定。

表7－2 试块试模的选择

骨料最大粒径（mm）	试块尺寸（mm×mm×mm）
≤31.5	100×100×100
≤40	150×150×150
63	200×200×200

边长150mm的立方体试块为标准试块，边长100mm、200mm的试块为非标准试块。当采用非标准尺寸试块时，必须将其抗压强度乘以表7－3中规定的折算系数，折算成标

准试块强度值。

表 7－3　试块形状、尺寸及混凝土的抗压强值

试块尺寸（mm×mm×mm）	系　数
100×100×100	0.95
150×150×150	1.00
200×200×200	1.05

从表 7－3 中可以看出，试块形状、尺寸不同，会影响混凝土的抗压强度值。试块尺寸越小测得的抗压强度值越高，反之，则越低。因此，非标准试块要乘以系数。当混凝土强度等级≥C60 时，宜采用标准试件；使用非标准试件时，尺寸换算系数应由试验确定。

（3）在试模内涂刷隔离层时，不要将机油涂刷过多，只需在模内薄薄地涂上一层即可。如果用其他材料作隔离剂时，也只需按要求薄薄地涂上一层即可。

（4）往试块模中装料分两层装入，其厚度约相等，每层插捣次数按表 7－4 规定进行。

表 7－4　各种试块每层插捣次数

试块尺寸（mm×mm×mm）	每层插捣次数
100×100×100	12
150×150×150	25
200×200×200	50

每层插捣时应在混凝土全面积上均匀进行，由边缘渐向中心。插捣棒应达到试模底面。捣上层时捣棒应插入该层底面以下 2～3cm 处。

（5）面层插捣完毕后，再用抹子沿四边模壁插捣数下，以消除混凝土与试模接触面的气泡，并可避免蜂窝麻面现象，然后用抹子刮去表面多余的混凝土，将表面抹光，使混凝土面稍高于试模。静止 0.5h 后，对试块进行第二次抹面，将试块仔细抹光抹平，以便试块与标准尺寸的偏差不超过 ±1mm。

8 普通混凝土施工

8.1 混凝土的搅拌

混凝土的拌制是指将各种组成材料（水、水泥、粗细骨料）进行均匀拌合及混合的过程，通过搅拌，使材料达到强化、塑化的作用。

8.1.1 投料顺序和方法

混凝土搅拌的投料顺序和方法见表 8－1。

表 8－1 混凝土搅拌的投料顺序和方法

<table>
<tr><th>方法</th><th>图示及内容</th></tr>
<tr><td>一次投料法</td><td>向搅拌机加料时应先装砂子，然后装入水泥，使水泥不直接与料斗接触，避免水泥粘附在料斗上，最后装入石子。提起料斗将全部材料倒入拌桶中进行搅拌，同时开启水阀，使定量的水均匀洒布于拌合料中

</td></tr>
<tr><td>二次投料法</td><td>混凝土搅拌二次投料法，也称先拌水泥浆法，或水泥裹砂法。即制备混凝土时将水泥和水先进行充分搅拌制成水泥净浆；或将水泥、砂、水先搅拌，制成水泥砂浆，然后投入石子，再进行搅拌。这种方法称为二次投料法。二次投料法搅拌出的混凝土比一次投料法搅拌出的混凝土强度可提高 10% ~15%</td></tr>
</table>

续表 8－1

<table>
<tr><th>方法</th><th>图示及内容</th></tr>
<tr><td>二次投料法</td><td>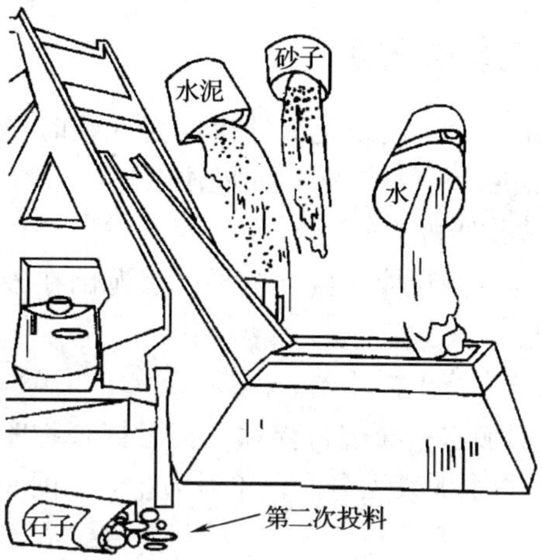

二次投料法是在不增加原料（主要是水泥）的情况下，通过投料程序的改变，使水泥颗粒充分分散并包裹在砂子表面，避免小水泥团的产生，因而可以提高强度
据实验资料表明：采用二次投料法搅拌混凝土，在减少水泥用量 15% 时，仍比一次投料法（不减水泥）28d 强度提高 9%</td></tr>
</table>

8.1.2 搅拌时间

搅拌时间是指将全部材料投入搅拌筒开始搅拌起至开始卸料止所经历的时间。它与混凝土的和易性要求、搅拌机的类型、搅拌容量、骨料的品种及粒径有关。搅拌时间的长短直接影响混凝土的质量，一般为 1～2min。搅拌时间过短，混凝土拌合物不匀，且强度及和易性降低；搅拌时间过长，不仅会影响搅拌机的生产效率，而且会降低混凝土的和易性或使不坚硬的粗骨料在大用量搅拌机中因脱角、破碎等影响混凝土的质量。混凝土全部原材料投入搅拌筒到开始卸料止的最短搅拌时间应符合表 8－2 的规定。

表 8－2 混凝土搅拌的最短时间（s）

混凝土坍落度（cm）	搅拌机型号	搅拌机容积（L）		
		小于 250	250～500	大于 500
小于或等于 3	自落式	90	120	150
	强制式	60	90	120
大于 3	自落式	90	90	120
	强制式	60	60	90

搅拌时间系按一般常用搅拌机的回转速度确定的，施工中不允许用超过搅拌机说明书规定的回转速度进行搅拌以缩短搅拌延续时间。因为当自落式搅拌机搅拌筒的转速达到某一极限时，筒内物料所受的离心力等于其重力，物料就贴在筒壁上不会下落，不能产生搅拌效果。

8.1.3 混凝土人工搅拌方法

当混凝土工程量较少，又缺乏搅拌机或野外临时作业，即条件困难时可采用人工拌和，人工拌和通常采用“三干三湿”的操作工艺。

人工搅拌施工操作步骤为：

(1) 先将过秤的砂倒在拌和板上扒平，水泥倒在砂上进行干拌均匀，直至颜色一致(至少左右拌和三次)。

(2) 再加入石子进行干拌均匀。

(3) 最后再一面加水一面进行拌和，直至拌合物完全均匀，颜色一致（至少左右拌和三次)，达到石子与水泥浆无分离现象时为止，如图 8－1 所示。

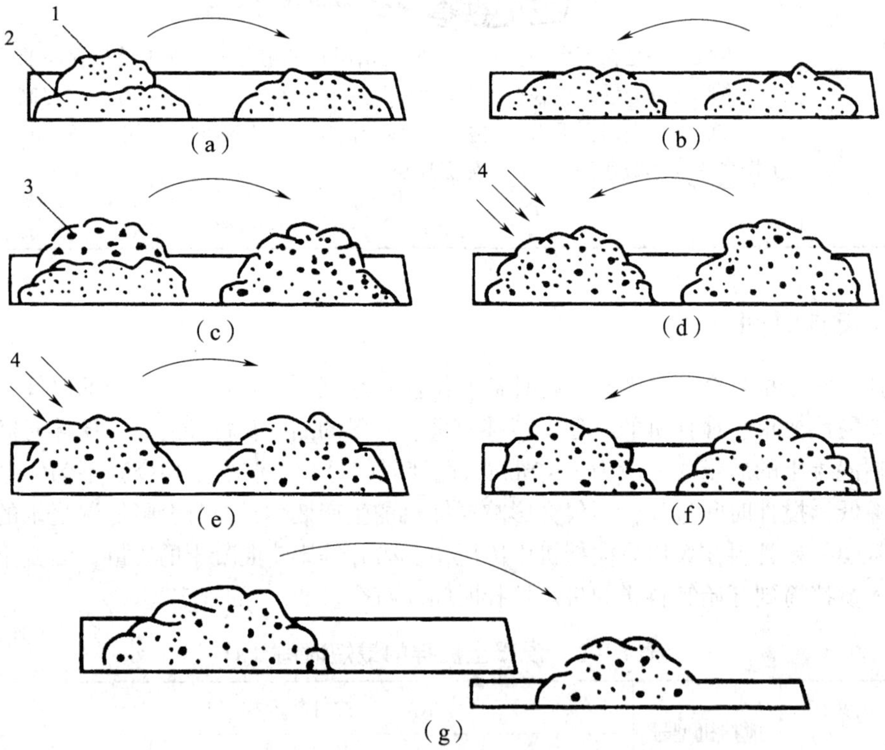

图 8－1 人工拌和“三干三湿”工艺

(a) 水泥、石子从左拌至右；(b) 水泥、砂从右拌至左（一干）；
(c) 加石子，从左拌至右（二干）；(d) 拌合物从右拌至左（三干）；
(e) 拌合物从左拌至右（一湿）；(f) 拌合物从右拌至左（二湿）；
(g) 拌合物从大拌板拌至小拌板（三湿）备用
1—水泥；2—砂；3—石子；4—水

8.1.4 混凝土搅拌注意事项

(1) 在搅拌混凝土前，先加水让搅拌机空转数分钟，使搅拌筒的内壁完全润湿，再将积水倒净。搅拌第一盘时，由于搅拌筒壁上的砂浆损失，因此，石子用量应按配合比规定数减半。

(2) 搅拌好的混凝土应做到一次性完全卸尽，在全部混凝土卸出之前，不得再投入拌合料，严禁采取边出料、边进料的方法进行操作。

8.2 混凝土的运输

8.2.1 运输时间

混凝土应以最少的转载次数和最短的时间，从搅拌地点运载至浇筑地点。混凝土从搅拌机中卸出后至浇筑完毕的延续时间应符合表 8 –3 的要求。

表 8 –3 混凝土从搅拌机中卸出后到浇筑完毕的延续时间

气温	延续时间（min）			
	采用搅拌车		其他运输设备	
	≤C30	＞C30	≤C30	＞C30
≤25℃	120	90	90	75
＞25℃	90	60	60	45

注：掺有外加剂或采用快硬水泥时延续时间应通过试验确定。

8.2.2 运输要求

混凝土在运输过程中，应保持其均匀性，避免产生分层离析现象，混凝土运至浇筑地点，应符合浇筑时所规定的坍落度，见表 8 –4；运输工作应保证混凝土的浇筑工作连续进行；运送混凝土的容器应严密，其内壁应平整光洁，不吸水，不漏浆，粘附的混凝土残渣应经常清除。

表 8 –4 混凝土浇筑时的坍落度

结 构 种 类	坍落度（mm）
基础或地面等的垫层、无配筋的厚大结构（挡土墙、基础或厚大的块体等）或配筋稀疏的结构	10 ~ 30
板、梁和大型及中型截面的柱子等	30 ~ 50
配筋密列的结构（薄壁、斗仓、筒仓、细柱等）	50 ~ 70
配筋特密的结构	70 ~ 90

注：1. 本表是指采用机械振捣的坍落度，采用人工捣实时可适当增大。

2. 需要配制大坍落度混凝土时，应掺用外加剂。

3. 曲面或斜面结构的混凝土，其坍落度值应根据实际需要另行选定。

4. 轻骨料混凝土的坍落度，宜比本表中数值少 10 ~ 20mm。

5. 自密实混凝土的坍落度另行规定。

8.2.3 运输工具的选择

（1）地面水平运输。当采用商品混凝土或运距较远时，宜采用混凝土搅拌运输车。在运输过程中，该车的搅拌筒可缓慢转动进行拌和，防止混凝土的离析。当距离过远时，可事先装入干料，在到达浇筑现场前15～20min再放入搅拌水，边行走边进行搅拌。

若现场搅拌混凝土，则可采用载重在1t左右、容量为400L的小型机动翻斗车或手推车运输。运距较远、运量又较大时可采用皮带运输机或窄轨翻斗车。

（2）垂直运输。垂直运输可采用塔式起重机、混凝土泵、快速提升斗和井架。

（3）混凝土楼面水平运输。混凝土楼面水平运输多采用双轮手推车，塔式起重机也可兼顾楼面水平运输，如用混凝土泵则可采用布料杆布料。

8.2.4 运输道路

（1）场内输送道路应尽可能平坦，以减少运输时的振荡，避免造成混凝土分层离析。

（2）还应考虑布置环形回路，施工高峰时宜设专人管理指挥，以免车辆互相拥挤阻塞。

（3）临时架设的桥道要牢固，桥板接头必须平顺。

（4）浇筑基础时，可采用单向输送主道和单向输送支道的布置方式。

（5）浇筑柱子时，可采用来回输送主道和盲肠支道的布置方式。

（6）浇筑楼板时，可采用来回输送主道和单向输送支管道相结合的布置方式。

（7）对于大型混凝土工程，还必须加强现场指挥和调度。

8.2.5 运输质量要求

（1）混凝土运送至浇筑地点，若混凝土拌合物出现离析或分层现象，则应对混凝土拌合物进行二次搅拌。

（2）混凝土运至浇筑地点时，应检测其稠度，所测稠度值应符合设计和施工要求。其允许偏差应符合有关标准的规定。

（3）混凝土拌合物运至浇筑地点时的温度宜为5～35℃。

8.3 混凝土的浇筑

一般结构混凝土浇筑施工操作要点见表8－5。

表8－5 一般结构混凝土浇筑施工操作要点

项目	图示及内容
浇筑前施工准备	（1）混凝土浇筑前，应对其模板及支架、钢筋和预埋件进行细致的检查，并做好自检和工序交接记录； （2）大型设备基础浇筑，还应进行各专业综合检查和会签，并将基土上的污泥、杂物，钢筋上的锈蚀、油污，模板内的垃圾等清除干净； （3）木模板洒水应充分湿润，缝隙应堵严，基坑内的积水应排除干净，如有地下水，应采取排水措施

续表 8－5

<table>
<tr><th>项目</th><th>图示及内容</th></tr>
<tr><td>浇筑前施工准备</td><td>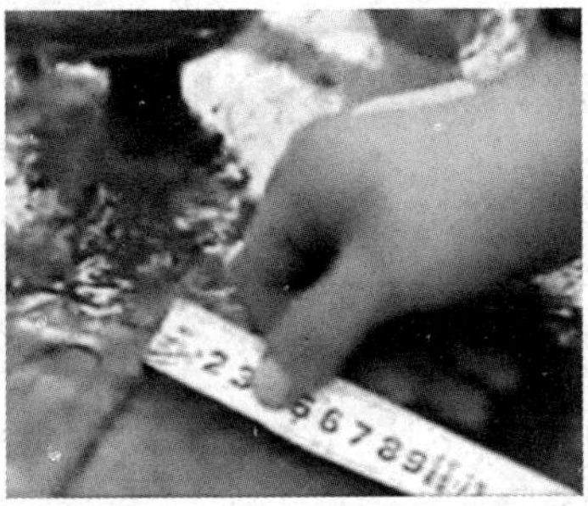</td></tr>
<tr><td>基本要求</td><td>（1）混凝土自高处倾落时，其自由倾落高度不宜超过 2m，若高度超过 2m，则应设置溜槽或串筒。也可在柱、墙模板上的适当部位留置上料孔，在往狭而深的模板内下料时，其顶部应设置轻便的卸料斗、漏斗或挡板；
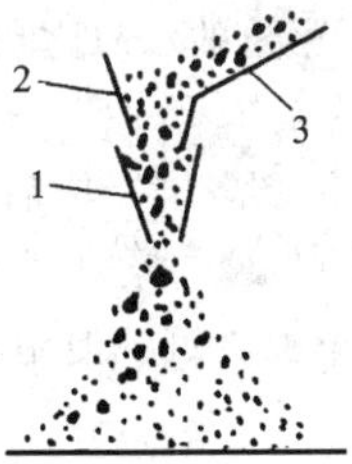
溜槽
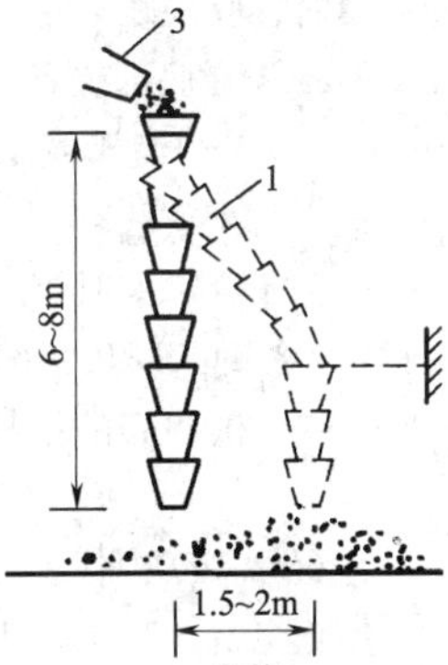
串筒
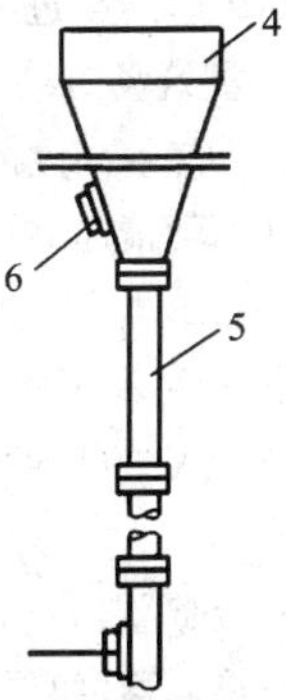
节管振动串筒
1—串筒；2—挡板；3—溜槽；4—漏斗；5—节管；6—振动器
（2）混凝土浇筑应分段、分层连续进行时，每层浇筑厚度要根据工程结构特点、配筋情况、浇筑及振捣方法等确定，一般不得超过下表的规定：
<table>
<tr><th colspan="2">振捣混凝土的方法</th><th>浇筑层的厚度（mm）</th></tr>
<tr><td colspan="2">插入式振捣</td><td>振捣器作用部分长度的 1.25 倍</td></tr>
<tr><td colspan="2">表面振捣</td><td>200</td></tr>
<tr><td rowspan="3">人工捣固</td><td>在基础、无筋混凝土式配筋稀疏的结构中</td><td>250</td></tr>
<tr><td>在梁、柱、墙板结构中</td><td>200</td></tr>
<tr><td>在配筋密列的结构中</td><td>150</td></tr>
<tr><td rowspan="2">轻骨料混凝土</td><td>插入式振捣</td><td>300</td></tr>
<tr><td>表面振动（振动时需加荷）</td><td>200</td></tr>
</table></td></tr>
</table>

续表 8－5

项目	图示及内容

基本要求

（3）为了保证混凝土结构的整体性，混凝土应连续浇筑，原则是不留或少留施工缝，若必须间歇，则间隙时间应尽量缩短，并在上一层混凝土初凝前将混凝土浇筑完毕。混凝土运输、浇筑和间歇最长时间无试验资料时，不应超过下表的规定：

混凝土强度等级	气　温	
	≤25℃	>25℃
≤C30	210min	180min
>C30	180min	150min

注：当混凝土中掺有促凝或缓凝型外加剂时，其允许时间应根据试验结果确定。

如间歇时间超过上表的规定时，应按施工缝的措施进行处理；

（4）浇筑竖向结构混凝土，应先在底部垫有 50～100mm 厚的与混凝土强度等级相同的水泥砂浆。当浇筑高度超过 3m 时，应采用溜槽或串筒。混凝土的水灰比和坍落度应随浇筑高度的上升而酌情递减；

（5）浇筑与柱和墙连成整体的梁和板时，应在柱和墙浇筑完毕后，停 1～1.5h，使混凝土获得初步沉实后，再继续浇筑，以防接缝处出现裂缝。梁和板应同时浇筑，较大尺寸的梁（梁的高度大于 1.0m）、拱和壳的结构，可单独浇筑，但施工缝的位置应符合有关规定；

（6）浇筑混凝土过程中，应经常观察模板、支架、钢筋、预埋件和预留孔洞的情况，当发现有变形、移位时，应立即停止浇筑，并应在已浇筑的混凝土凝结前修整好；

（7）在降雨、雪时，不宜露天浇筑混凝土，若必须浇筑，则应采取有效的防雨、雪措施，以确保混凝土质量。

混凝土下料、浇筑、振捣的方法如下图所示：

续表 8－5

项目	图示及内容
基本要求	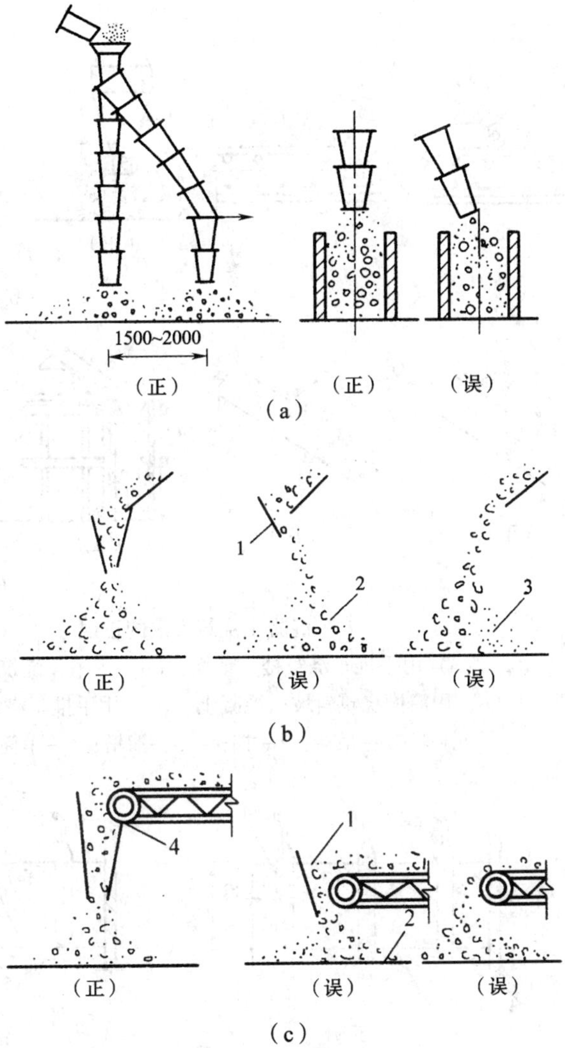 混凝土下料方法 （a）串筒浇筑混凝土方法；（b）溜槽浇筑混凝土方法；（c）带式运输机浇筑混凝土方法 1—挡板；2—石子；3—砂浆；4—橡胶刮板

续表 8 –5

项目	图示及内容
基本要求	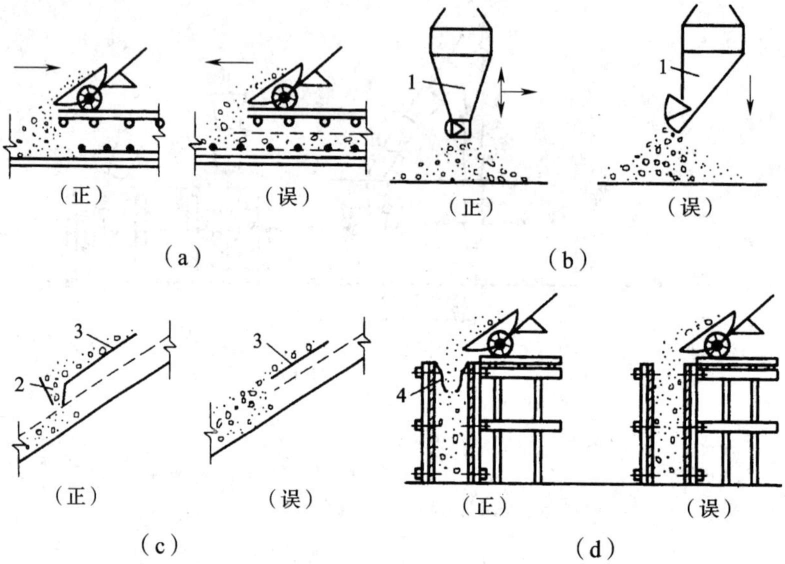 混凝土浇筑方法的正误 (a) 用手推车浇筑楼、地面；(b) 用吊斗浇筑混凝土； (c) 用溜槽浇筑斜坡面混凝土；(d) 用手推车浇筑狭深墙壁 1—吊斗；2—挡板；3—溜槽；4—串筒 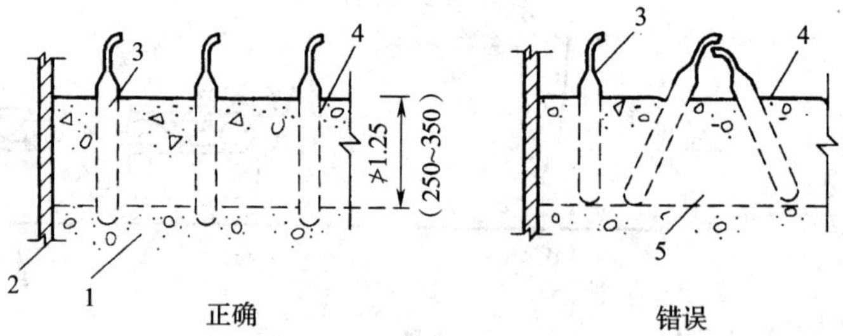 混凝土捣实方法 1—下层已捣实为初凝的混凝土；2—模板；3—振动棒； 4—新浇筑的混凝土；5—分层接缝

8.4 混凝土的振捣

（1）每一振点的振捣延续时间，应以混凝土表面呈现浮浆和不再沉落为宜。

（2）当采用插入式振动器时，捣实普通混凝土的移动间距，不宜大于振动器作用半径的1.5倍。捣实轻骨料混凝土的移动间距，不宜大于其作用半径；振动器与模板的距离，不应小于其作用半径的0.5倍，并应避免碰撞钢筋、模板、预埋件等（图8－2）；振动器插入下层混凝土内的深度应不小于50mm。一般每点振捣时间为20～30s，使用高频振动器时，最短时间不应少于10s，应以混凝土表面成水平不再显著下沉，不再出现气泡，表面泛出灰浆为准。振动器插点应均匀排列，可采用"行列式"或"交错式"（图8－3）的次序移动，不应混用，以免造成混乱而发生漏振。

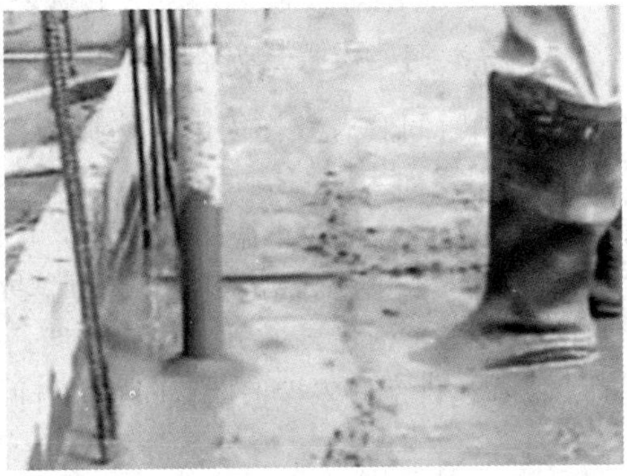

图8－2 避免碰撞钢筋、模板、预埋件等

（a） （b）

图8－3 振捣点的布置

（a）行列式；（b）交错式

（3）采用表面振动器时，在每一位置上应连续振动一定时间，正常情况下为25～40s，但以混凝土面均匀出现浆液为准（图8－4）。移动时应成排依次振动前进，前后位置和排与排之间相互搭接应有30～50mm间距，防止漏振。振动倾斜混凝土表面时，应从低处逐渐向高处移动，以保证混凝土振实。表面振动器的有效作用深度，在无筋及单筋平板中为200mm，在双筋平板中约为120mm。

图8-4 表面振动器振动

（4）采用外部振动器时，振动时间和有效作用由结构形状、模板坚固程度、混凝土坍落度及振动器功率大小等各项因素而定。一般每隔1～1.5m的距离设置一个振动器。当混凝土成一水平面并不再出现气泡时，可停止振动。必要时可通过试验确定振动时间。待混凝土入模后方可开动振动器。混凝土浇筑高度要高于振动器安装部位。当钢筋较密和构件断面较深较窄时，也可采用边浇筑边振动的方法。外部振动器的振动作用深度约为250mm，如构件尺寸较厚时，需在构件两侧安设振动器同时进行振捣。

8.5 混凝土的养护

8.5.1 自然养护

在自然气候条件下，采用浇水润湿或防风、保温等措施养护，称为自然养护，如图8-5所示。

图8-5 自然养护

采用自然养护，首先应遵守下列规定：

(1) 在浇筑完成后12h以内进行覆盖养护。

(2) 混凝土强度达到1.2N/mm^{2}以后，才允许操作人员在上面行走、安装模板和支架；但不得作冲击性或类似劈打木材的操作。达到1.2N/mm^{2}强度所需龄期见表8－6。

表8－6 达到1.2N/mm^{2}强度所需龄期的试验结果

外界温度（℃）	水泥品种及强度等级	混凝土强度等级	期限（h）
1～5	普通32.5	C15	48
		C20	44
5～10	普通32.5	C15	32
		C20	28
10～15	普通32.5	C15	24
		C20	20
15以上	32.5	C15	20以下
		C20	20以下

(3) 不允许用悬挑构件作为交通运输的通道，或作工具、材料的停放场。

1) 覆盖浇水养护。露天养护时，为保持一定的湿度，需在制品表面覆盖草垫等遮盖物，并定期浇水（覆盖塑料薄膜者除外），浇水次数参见表8－7；最少覆盖天数参见表8－8。

表8－7 露天自然养护制品浇水次数

气温	10℃		20℃		30℃		40℃	
浇水次数	A	B	A	B	A	B	A	B
	2	3	4	6	6	9	8	12

注：1. A为在阴影下，B为在日光照射下。
2. 气温系指当日中午的标准气温。
3. 此表作为计算用水量的参考，不作为实际生产的依据。

表8－8 露天自然养护制品覆盖天数

水泥品种	最少遮盖天数（d）			
	10℃	20℃	30℃	40℃
硅酸盐水泥	5	4	3	2
火山灰或矿渣水泥	7	5	4	3

在外界气温低于5℃时，不允许浇水。

2) 喷膜养护。喷膜养护是在混凝土表面喷洒一至两层塑料薄膜，它是将塑料溶液喷洒在混凝土表面上，溶剂挥发后，塑料与混凝土表面结合成一层薄膜，使混凝土表面与空气隔绝，封闭混凝土中的水分不再被蒸发，而完成水化作用。这种养护方法一般适用于表面积大的混凝土施工和缺水地区。

喷膜养护的操作要点是：

①喷洒压力以0.2～0.3MPa为宜，喷出来的塑料溶液呈较好的雾状为佳。压力小，不易形成雾状；压力大，会破坏混凝土表面，喷洒时应离混凝土表面50cm。

②喷洒时间，应掌握混凝土水分蒸发情况，在不见浮水，混凝土表面以手指轻按无指印时，即可进行喷洒。过早会影响塑料薄膜与混凝土表面结合，过迟则影响混凝土强度。

③溶液喷洒厚度以溶液的耗用量衡量，通常以每平方米耗用养护剂2.5kg为宜，喷洒厚度要求均匀一致。

④通常要喷两遍，待第一遍成膜后再喷第二遍，喷洒时要求有规律，固定一个方向，前后两遍的走向应互相垂直。

⑤溶液喷洒后很快形成塑料薄膜。为达到养护目的，必须保护薄膜的完整性，要求不得有损坏破裂，不得在薄膜上行人、拖拉工具，如发现损坏应及时补喷。如气温较低，应设法保温。

8.5.2 蒸汽养护

混凝土制品蒸汽养护的实质，是在湿热介质作用下，引起混凝土一系列物理、化学及力学变化，从而加速其内部结构的形成，获得早强快硬的效果。

蒸汽养护是缩短养护时间的有效方法之一。混凝土在较高温度和湿度条件下，可迅速达到所要求的强度，如图8－6所示。

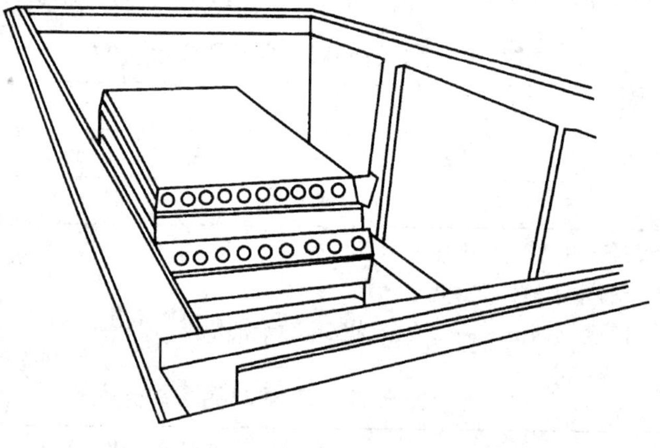

图8－6 蒸汽养护

蒸汽养护又分常压及高压湿热养护两种。

（1）常压蒸汽养护制度：

1）预养期。用以增加混凝土对升温期结构破坏作用的抵抗能力，于制品成型后及蒸汽养护开始前所进行的室温养护期为预养期，又称静停期，一般为2～4h。

2）升温期。升温期取决于混凝土的允许升温速度及最高养护温度。升温过快易使混凝土内部产生微裂缝等缺陷。表8－9给出了混凝土的最大升温速度参考值。按此升温速度及最高养护温度可算出升温期。

表 8－9 混凝土最大升温速度参考值（℃/h）

预养时间（h）	干硬度（s）	刚性模型密闭养护	带模养护	脱模养护
>4	>30	不限	30	20
	<30	不限	25	—
<4	>30	不限	20	15
	<30	不限	15	—

3）恒温期。升温至要求温度后即应在此温度下恒温养护一段时间，以使混凝土获得一定的强度。

以不同水泥配制的混凝土要求有不同的恒温温度（表 8－10）及恒温时间范围。表 8－11 给出普通硅酸盐水泥混凝土在不同温度下养护的临界恒温时间。

表 8－10 混凝土的恒温温度

水泥品种	恒温温度（℃）
普通硅酸盐	80～85
矿渣及火山灰水泥	95～100
铝酸盐水泥	<70

表 8－11 普通硅酸盐水泥配制混凝土的临界恒温时间

温度（℃）	临界恒温时间（h）
100	4～7
80	12～18
60	20～40

一般来讲，硅酸盐水泥要求较低的恒温温度，应适当延长恒温时间，而矿渣硅酸盐水泥则要求较高的恒温温度。

4）降温期。经一定期的恒温养护后，需要缓慢降温，由恒温温度降至室温的时间为降温期。降温速度与构件尺寸及混凝土的水灰比有关。不同尺寸构件的最大允许降温速度见表 8－12。混凝土构件表面与气温的温差极限见表 8－13。

表 8－12 混凝土降温速度限值（℃/h）

水灰比	厚大尺寸构件	细薄尺寸构件
≥0.4	30	35
<0.4	40	50

表 8－13 混凝土构件表面温度与气温的温差限值

混凝土强度（MPa）	混凝土构件表面温度与气温之差（℃）
≤30.0	≤60
≥45.0	≤75

为了避免蒸汽温度骤然升降而引起混凝土构件产生裂缝变形，必须严格控制升温和降温的速度。出槽的构件温度与室外温度相差不得大于40℃，当室外为负温度时，相差不得大于20℃。

（2）高压蒸汽养护制度。高压蒸汽养护一般用于多孔混凝土制品及高强度混凝土桩的养护，蒸汽压力可高达8个大气压。根据升压方法又分为排气法、真空法和快速升压法。不同混凝土制品的压蒸制度见表8－14。

表8－14 不同混凝土制品的压蒸制度

制品厚度（mm）		各期时间（h）				总压蒸周期（h）
		升压至1.1MPa	恒压	1.1→0.3MPa	0.3→0.1MPa	
100		1	5	0.5	0.5	7
≥200	*a*	1～2	7	1	1	10～11
	b	1	6	0.5	0.5	8
	c	1～2	4	1	1	7～8
≥300	*a*	1～2	10	2	2	15～16
	b	1	8	0.5	0.5	10
	c	1～2	5	1.5	1.5	9～10

注：1. 表列代号“*a*”及“*b*”分别为容重650～800kg/m³及400～500kg/m³的多孔混凝土制品，“*c*”为大孔的密实混凝土制品。

2. 有足量高压蒸汽时，升压时间可减至0.5h。

3. 硅酸盐混凝土恒压时间延长2～3h，泡沫混凝土降压时间延长2～3h。

4. 最高压力为0.9MPa时，恒压时间延长1h。

（3）间歇式养护设施：

1）普通养护坑。当构件品种、规格经常变换时，选用坑式养护是比较合理的，坑的几何尺寸可从两方面来考虑决定：一是制品及模板的外形尺寸；一是成型台面的尺寸，详见表8－15。

表8－15 养护坑净空尺寸参考表

类型		净空尺寸（mm）		
		长	宽	深
成型台面尺寸（mm）	2000×6000	7000	2500	2500
	3000×6000	7000	3750	2500
	3000×1200	14500	4000	3000
按单一产品及模板外形尺寸决定		①养护坑净深 H： $H=nh_1+h_2+(n-1)h_3+h_4$ n—模板块数；h_1—模板高度；h_2—坑底垫块高，约为150～200mm；h_3—模板间空隙约30～50mm；h_4—顶部预留间隙约为200～300mm ②模板水平间隙：大于200mm； ③模板与坑壁（或保护滑轨）间距：200～300mm		

普通养护坑的构造见图 8－7。

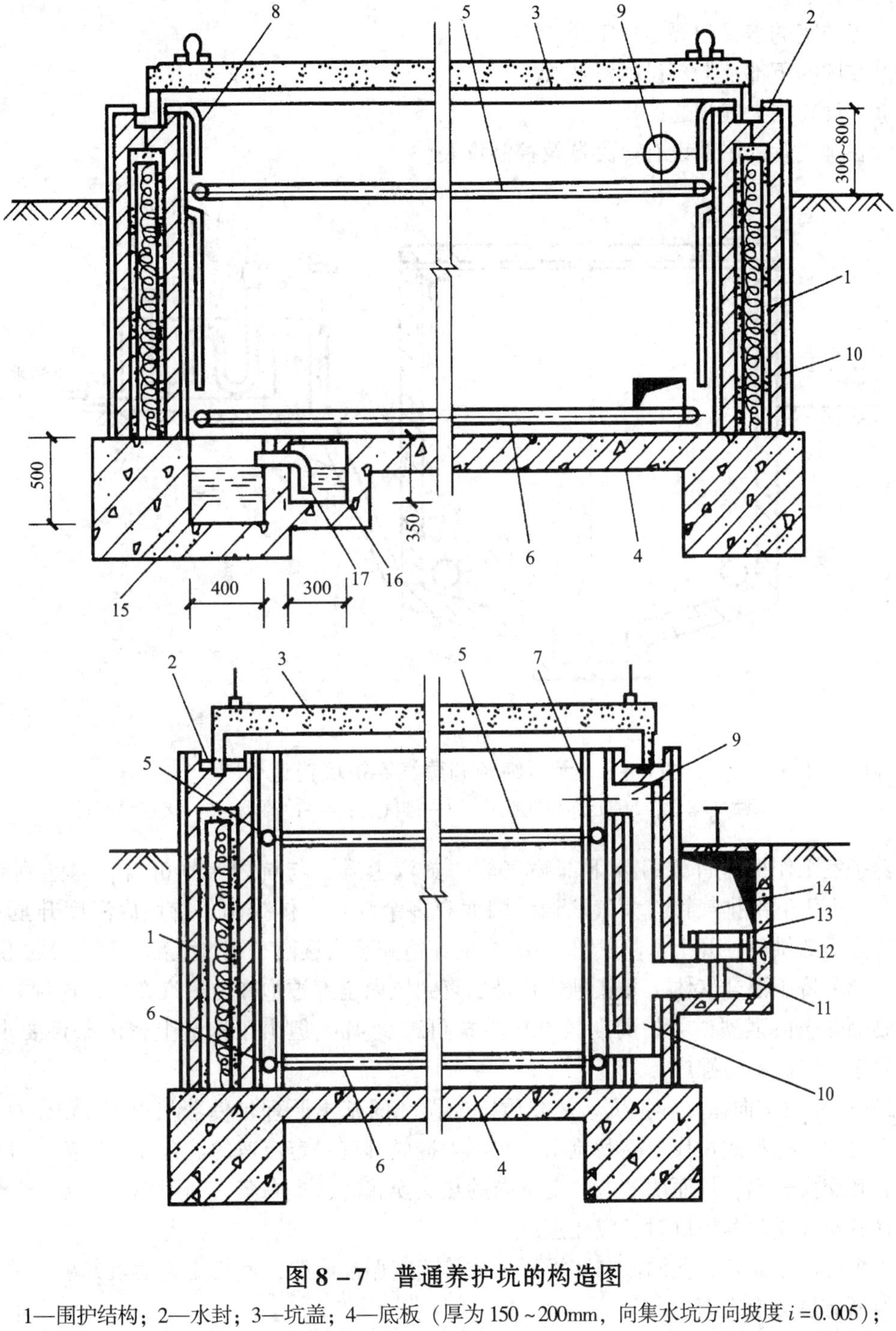

图 8－7 普通养护坑的构造图

1—围护结构；2—水封；3—坑盖；4—底板（厚为 150～200mm，向集水坑方向坡度 $i = 0.005$）；5—上部蒸汽管；6—下部蒸汽管；7—自动横担；8—保护槽钢；9—上部抽风口；10—通风管；11—导管；12—水封；13—通风阀门；14—通风道（一般为 700mm × 400mm～700mm × 600mm）；15—集水坑；16—排水沟；17—溢水管，$D_g = 50$

2）无压纯饱和蒸汽养护坑。此种养护坑的构造简图见图 8－8，它与常压蒸汽养护坑不同之处在于：

①养护室的盖或门要尽量密闭。

②在坑的下部及上部设喷汽花管。

③下设有与大气相通的排气管。

④在排气管的尾部设有冷凝器及控制仪表。

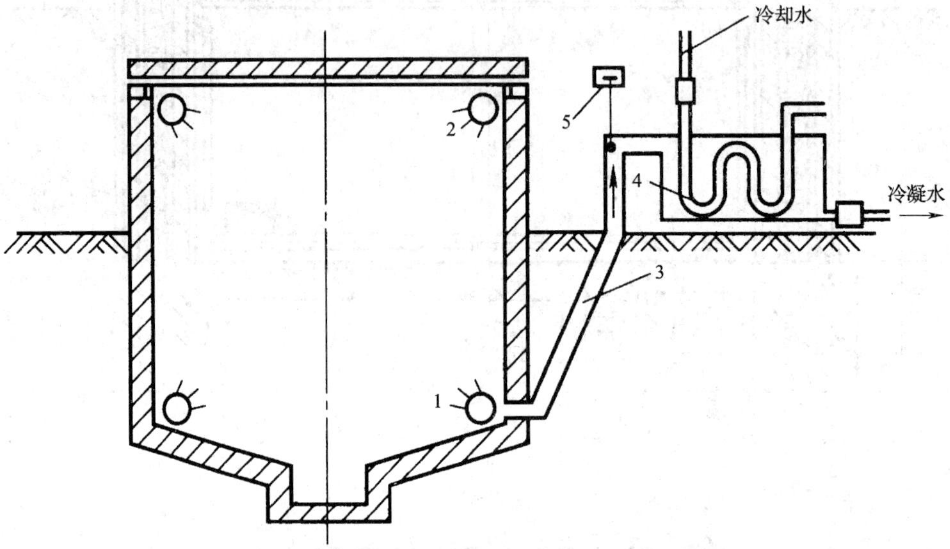

图 8－8　无压纯饱和蒸汽养护坑构造简图

1—下部喷气花管；2—上部喷气花管；3—排气管；4—冷凝器；5—接点温度计

养护室工作时，首先打开下部喷气管，蒸汽上升，与坑内空气混合，当达到 80～90℃时，由于下部排气管与大气联通，因而有多余混合气体排出，待坑内温度升至 95℃时，停止下部供气，开上部喷气管，100℃的纯饱和蒸汽逐渐布满坑上部，随着不断供汽，纯蒸汽向下挤压混合气体，并从排气管排出直到坑内全部被饱和纯蒸汽充满。这种方法蒸汽与制品热交换强烈，养护周期较常压养护可减少 4h，但由于构造上密闭条件要求高，操作复杂，因而不易推广。

3）热介质定向循环养护坑。热介质定向循环的基本原理是使蒸汽以 1.5MPa 左右的压力经过大口径点式拉伐尔喷嘴流出，在坑内造成具有一定流速的混合介质气流，气流流经所有热交换表面，从而明显地改变坑内的热交换状况，提高蒸汽利用率。

在新建或改建养护坑时，应注意：

①根据产品品种，孔洞方向和堆码方式等确定循环回路，使气流流动阻力小，并均匀地流经所有热交换表面。

②坑外供气管道设减压阀，以调节并稳定供汽压力，加装带有回汽管的冷凝式水封器，以保证坑内压力的基本稳定。

③合理布置坑内集气管，正确确定喷嘴数量、尺寸及安装角度。

④养护坑坑壁内侧应设置保温层和防水隔汽层，以小热容和较大热阻的围护结构代替原有的结构。

⑤采用合理的测控温方式，以保证最佳的热养护制度。

⑥设置集汽管时，应考虑防止被撞击的措施，如凹进坑壁和设置护轨等。

⑦应尽量提高养护坑的填充系数，同时应保证热介质能够沿其循环回路流动而不产生多余的气体流动阻力，从而保证湿热处理的均匀性。模板之间的缝隙应大于50mm，以减小模板之间的气体流动阻力；模板与坑底之间的间隙为200～300mm，以减小冷的坑底对下部制品的影响；上部制品与坑盖的间隙应保证为50～100mm，坑的拐角应做成圆角，以减少循环气流转弯时的能量损失。

⑧最重要的是，在改造供汽系统的同时，必须对养护坑围护结构进行改造。因为对围护结构改造的节能效果远比对供汽系统改造后的节能效果好（表8－16）。

表8－16 养护坑围护结构类型及热工性能

围护结构类型	$Q_{总热耗}$（MJ/m^2）	$Q_{热损失}$（MJ/m^2）	效率 $\eta=\left(1-\frac{Q_{热}}{Q_{总}}\right)\times 100\%$
坑壁与坑底采用普通混凝土制作	600	425	28
坑壁与坑底采用200号陶粒轻混凝土制作	533	294	45
坑壁采用普通混凝土，内设保温层和隔汽防水层	277	39.5	88
坑壁采用普通混凝土，中间设有若干个空气隔层，内用石棉水泥板保护	282	42	85

图8－9为热介质定向循环养护坑构造简图。

4）养护浅池。养护浅池适用于异形构件及构配件的养护，国内已采用浅池构造较简单，一般池深为70～80cm，宽度与露天台座相似，长度由生产线的长短而定。池顶加盖，池壁以砖砌成，炉渣保温，由蒸汽花管供热，温度约为70℃，构件养护时间较长。这种设施投产快、机动灵活，但周转慢。

（4）连续式养护窑。国内连续式养护窑分水平隧道窑、折线形隧道窑及立窑，后两者为湿热养护窑，水平隧道窑又分单层及双层两种。双层窑上下之间又有隔开和连通，而单层隧道窑又分升、恒、降温带隔开与不隔开等不同形式。按加热方式又可分为干热及干湿热两种。

1）隧道窑。较适宜于养护两面光的大楼板。在恒温区适当喷蒸汽以防止制品水分的过分蒸发。这种养护窑的缺点是升温、恒温、降温区域无明显分界区，干、湿段交界处不明显。为此有些隧道窑在干—湿段交界处试验设置机械门或热风幕，以达到干、湿区分界的目的（图8－10）。

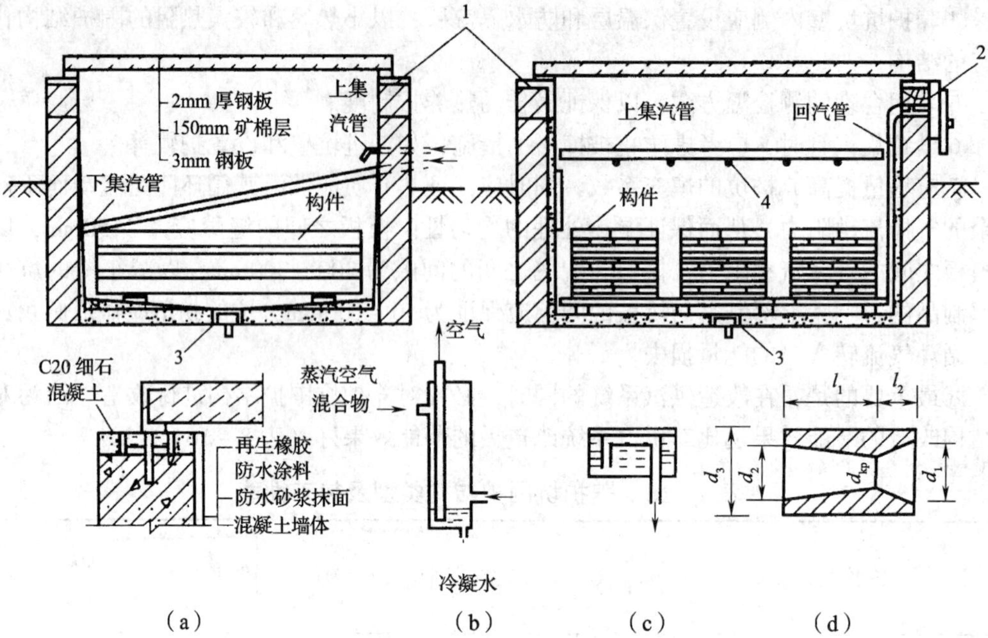

图 8-9 热介质定向循环养护坑构造示意图

1—坑盖水封；2—冷凝水水封；3—坑底水封；4—喷嘴示意

d_{kp}—喷嘴喉径；d_1—喷嘴出口直径；d_2—喷嘴入口直径；

d_3—喷嘴宽度；l_1—入口长度；l_2—出口长度

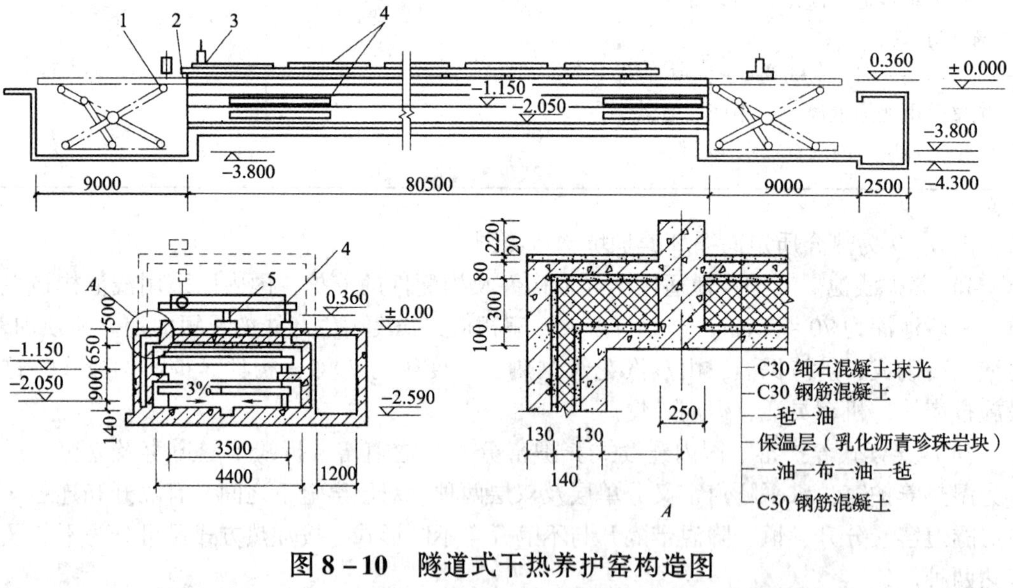

图 8-10 隧道式干热养护窑构造图

1—升降顶推机（推力 8t，升降升程为 2.5m）；2—窑门（重 2.5t）；

3—截筋机；4—模板车；5—推杆装置

乳化沥青珍珠岩块的做法：1）乳化沥青由沥青: 石灰: 水 = 1: 1: 1 加热而成。

2）乳化沥青: 珍珠岩块 = 1: 4 混合而成乳化沥青珍珠岩块。

2）折线窑。折线窑是由水平隧道窑演变而来的湿热养护设施，窑的两端不设窑门，蒸汽靠折线起拱高度造成的几何压头来阻止其外溢，折线窑相对压力分布见图 8－11。

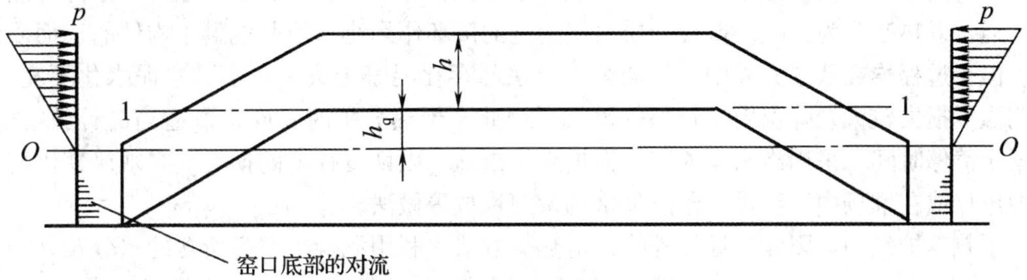

图 8－11 折线窑相对压力分布图

1－1 及 0－0—等压面；h_q—起拱高度（m）；h—折线窑内截面高度（m）；p—窑内相对压力

折线窑起拱高度可定性地按下式估算：

$$h_q = \frac{\Delta p}{\gamma_y - \gamma_n} \tag{8-1}$$

式中 h_q——折线窑起拱高度（m），实际计算中可取 1.1～1.5m；

Δp——1－1 面上内、外介质的相对静压差（kg/m^2）；

γ_n、γ_y——窑内、外介质的平均比重（kg/m^2）。

3）立窑。立窑是利用热空气比重较轻的原理，形成自然的升温、恒温、降温区段。但由于立窑是湿热养护设施，窑体的隔汽、防水不易处理，冷凝水滴落到制品表面，影响外观。立窑设备复杂、构件规格品种不易改变、耗钢量大，造价高、窑壁易开裂、热工性能并不理想。因此，近几年来，已不提倡。

（5）热台座。当采用台座法生产混凝土制品时，为了加快台座的周转。常采用热台座的养护方式，热台座上或加养护罩，或盖两层塑料布。

露天混凝土热台座纵向每 10m 高设一温度缝，台座内加热管的布置应使其加热均匀，并设排汽及排水孔，如图 8－12 所示。

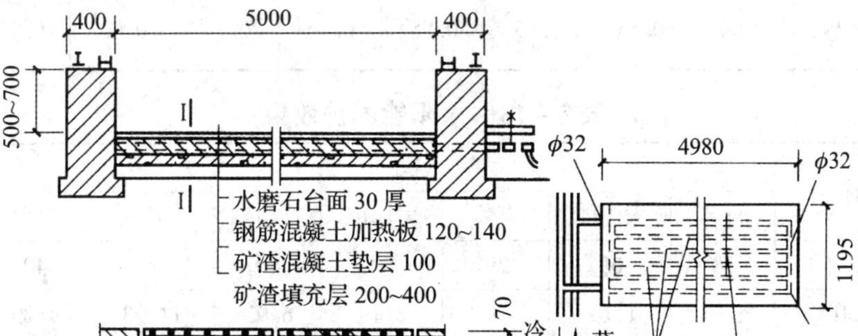

图 8－12 热台座构造图（单位：mm）

8.5.3 干热养护

在升温过程中混凝土不增湿或少增湿，甚至以水分蒸发过程为主的养护称为干热养护。通常以热空气为介质。低湿介质对混凝土的破坏作用小，因此混凝土构件的表面质量好。但全过程均在低湿介质中养护的全干热法却存在混凝土失水过多、水泥水化不充分、后期强度损失较大、降温效果较差等弊端。因此全干热养护时，应采取适当的补救措施，如延长静停时间，采用浇水、喷雾等强迫降温措施，以恢复强度的损失。必须严禁出窑后立即出厂或在堆场中继续进行干燥失水的常规堆放等做法。

干热养护是用太阳能、远红外线、电热等方法，利用混凝土本身所含的水分及外加热源，达到养护的目的。此养护法近年来发展较快。

图 8－13　太阳能养护

（1）太阳能养护。太阳能养护属于露天自然条件下高温介质的养护，利用辐射及热容效应建成的太阳能养护罩、池是较简单的太阳能养护设施，如图 8－13 所示。

太阳能养护罩罩面材料要求密封性好、透光率高，一般采用透明塑料薄膜及玻璃钢，罩面的倾角 α 应使罩内获得最大的辐射强度。

太阳能养护罩、池的内衬选择，直接影响对太阳辐射热的吸收。一般内衬常涂黑色，也可考虑以真空镀铝涤纶薄膜做内衬，以增加辐射强度。内衬材料对辐射强度的影响见表 8－17 所示，太阳能养护效果见表 8－18 所示。

表 8－17　内衬材料对辐射强度的影响

内衬种类	测试时间（h）									
	9	10	11	12	13	14	15	16	17	18
镀铝薄膜	0.35	0.75	0.90	1.18	1.26	0.70	0.69	0.45	0.29	0.07
涂黑板漆	0.19	0.50	0.56	0.65	0.55	0.46	0.50	0.33	0.17	0.04

表 8－18　太阳能养护效果

项目名称	冬季		春、秋季		夏季		全年	
	自养	太阳能	自养	太阳能	自养	太阳能	自养	太阳能
介质最高温度（℃）	18	60	29	80	40	90	40	90
抗压 R_{1d}（MPa）	1.98	8.62	3.97	8.19	6.93	11.73	4.29	9.51
强度 $R_{1d}/R_{设}$（%）	10	43	20	41	35	59	23	48

（2）远红外线养护。远红外线加热可以用电、煤气、液化气、蒸汽等为热源。基本原理是在散热器表面涂刷远红外线辐射材料，涂料分子受热后，便向四周发射电磁波，电

磁波被混凝土吸收，成为分子运动动能，引起混凝土内部的分子振荡因而使混凝土的温度能内外同步升高，从而达到养护的目的。混凝土在养护过程中，由于内部有游离水存在，水对红外线有较宽的吸收带，混凝土在60～100℃时，对红外线的吸收率为90%左右，因此，用远红外线养护混凝土，可以使混凝土内部温度均匀升高，取得养护时间短、强度高、节约能源等效果。

（3）电热养护。电热养护可分为直接加热法和间接加热法。直接加热法即电极法，一般采用圆钢或铁皮做成电极，将电流输入电极，电流通过混凝土中的游离水，构成电流回路，因混凝土中有一定的电阻值，从而产生热量。一般电极法多应用在混凝土浇筑的早期，以达到提早拆模的目的。

间接加热法有工频涡流加热法及电热毯保温法等，多用于冬期施工。

目前我国电力紧张，在用其他养护方法困难时，才选用电热养护。

9　混凝土工程施工

9.1　混凝土基础施工

混凝土基础施工见表 9－1。

表 9－1　混凝土基础施工

项目	图示及内容
杯形基础	杯形基础主要用于装配式房屋预制柱下基础，以钢筋混凝土单层工业厂房的柱下基础使用较多。根据设计，分为单杯口基础、双杯口基础、锥式杯形基础和高杯口基础四种形式。这几种杯形基础的浇筑方法基本相同，应根据施工方案，从搅拌台开始，由远而近，逐条轴线、逐个柱基础进行浇筑。 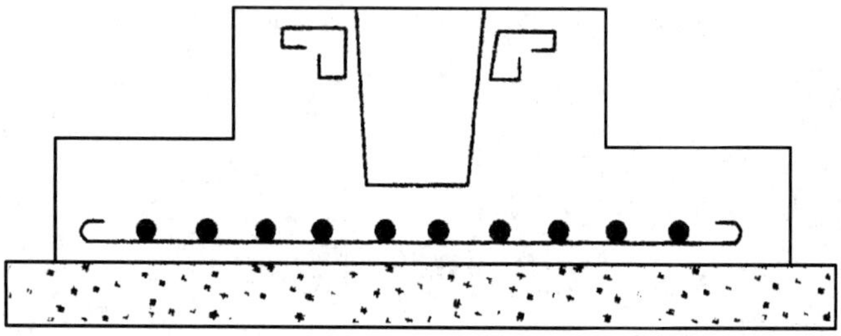 单杯口基础 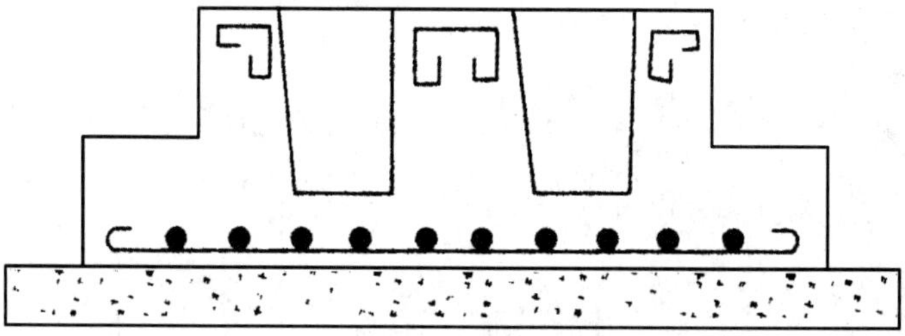 双杯口基础 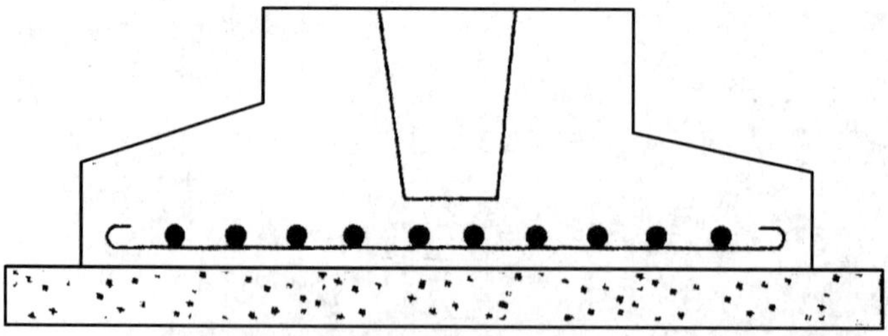 锥式杯形基础

续表 9 - 1

项目	图示及内容
杯形基础	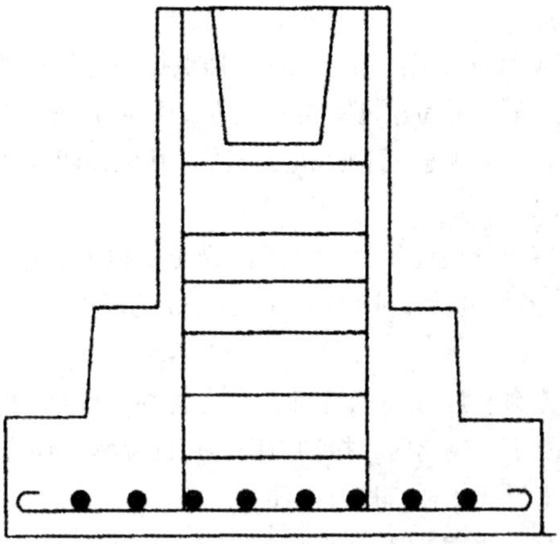 高杯口基础 1. 浇筑准备： （1）浇筑前，必须对模板安装的几何尺寸、标高、轴线位置进行复查； （2）检查模板及支撑的牢固程度，如需加固时必须在浇筑前进行。避免在浇筑过程中模板产生变形、移位；模板拼接时的缝隙应用水泥袋纸或纸筋灰填塞，较大缝隙应用木板加以堵塞，防止浇筑时漏浆，影响混凝土的浇筑质量； （3）基础底部钢筋网片的规格、间距应与设计要求一致，绑扎应牢固；钢筋网片下的保护层垫块应铺垫正确，一般有垫层的钢筋保护层厚度为 35mm，无垫层的保护层厚度为 70mm； （4）清除模板内的木屑、泥土等杂物，混凝土垫层表面要清洗干净，不留积水；木模板应浇水充分湿润； （5）基础周围做好排水准备工作，防止施工水、雨水流入基坑或冲刷新浇筑的混凝土。 2. 混凝土的浇筑： （1）对深度在 2m 内的基坑，可在基坑上部铺设脚手板并放置铁皮拌盘，将运输来的混凝土料先卸在拌盘上，用铁铲向模板内浇筑混凝土，铁铲下料时，应采用“带浆法”操作，使混凝土中的水泥浆能充满模板； （2）对于深度大于 2m 的基坑，应采用串筒或溜槽下料，以避免混凝土产生离析现象； （3）基础混凝土浇捣应一次连续完成，不允许留施工缝；下料时应由边角开始向中间浇筑混凝土；分层混凝土厚度一般为 250 ~ 300mm，并应凑合在基础截面变化部位；每层混凝土要一次卸足，用拉耙和铁铲配合拉平，待该层混凝土振捣完毕后，再进行第二层混凝土的浇筑； 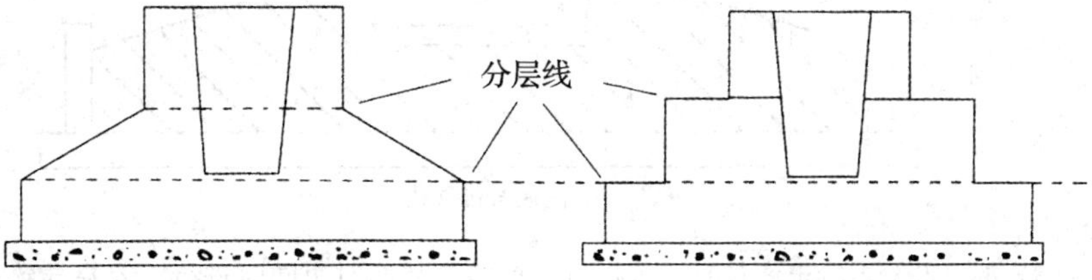 （4）混凝土的浇筑施工中必须保证模板位置的正确性，尽量减少混凝土的自由降落高度，以减少对模板的冲击变形和移位。混凝土的自由降落高度一般不宜大于 2m。

续表 9－1

项目	图示及内容
杯形基础	3．混凝土的振捣： （1）混凝土振捣应用插入式振动器，每一插点振捣时间一般为 20～30s，以混凝土表面泛浆后无气泡为准；对边角处不易振捣密实的地方，可人工插钎配合捣实；插点布置宜为行列式；当浇筑到斜坡时，为减少或避免下阶混凝土落入基坑，四周 20cm 范围内可不必摊铺，振捣时如有不足可随时补加； （2）上下台阶混凝土分层浇筑时，上层混凝土的插入式振动器应进入下层混凝土的深度不少于 50mm。外露台阶面混凝土应预留 20～30mm 的高度，以防上一阶混凝土在浇筑时造成下一阶过高； （3）为确保杯形基础杯底标高的正确，宜先将杯芯底部的混凝土先捣实，然后再浇筑杯芯模板四周以外的混凝土；浇捣时，振动时间尽可能缩短，还应两侧对称浇筑，以免杯口模板挤向一侧或由于混凝土泛起使杯口模板上浮； （4）为确保杯芯模板下混凝土的密实性，防止杯底混凝土出现空洞，应预先在杯芯底模上钻几个排气孔，浇筑时便于空气及时排出，避免出现凹坑；排气孔直径一般为 1～2cm。即使有了排气孔，当混凝土浇至该部位时，仍需用敲击法，根据声音判定虚实，若仍有空洞，需将底板凿开，从上面向里面补填混凝土，捣实后再将其封严； 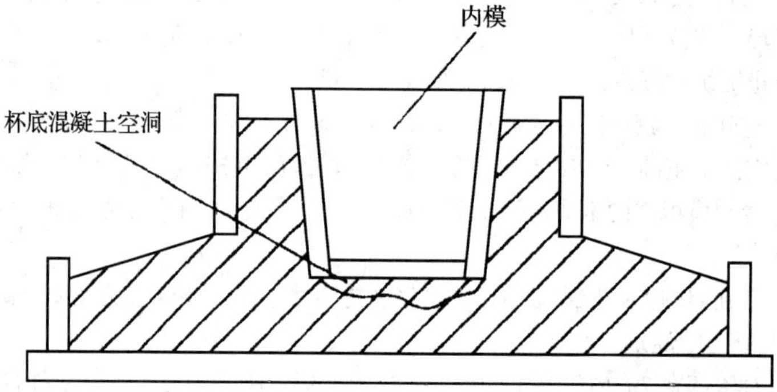 内模无排气孔 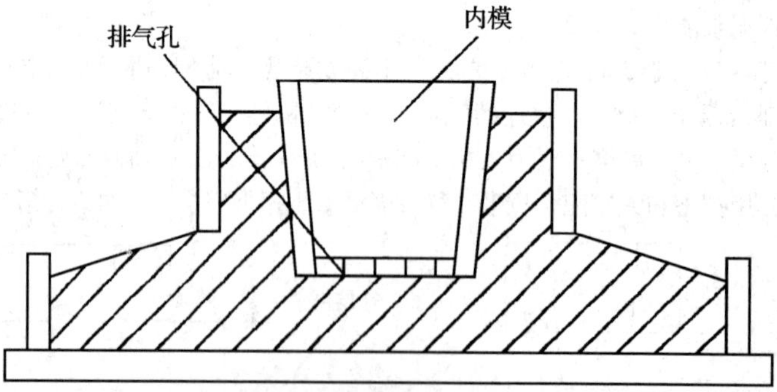 内模有排气孔 （5）杯口部分混凝土浇筑时，若投料和振捣不从两对边同时进行，容易导致杯芯模板被挤向一边，造成位移，因此两对应边应同时投料，对称振捣，同时投料不宜过厚；杯口部分的振捣时间不宜过长，宜控制在 20s 左右。

续表 9－1

项目	图示及内容
杯形基础	4. 基础表面的修整： 杯形基础浇筑完毕和拆除模板后，应尽早对混凝土表面进行修整，使其符合设计尺寸。 （1）对于锥式杯形基础，铲填工作由低处向高处进行，铲高填低。对于低洼和不足模板尺寸部分应补加混凝土填平、拍实；斜坡部分用直尺检查其外形是否准确，坡面不平处应加以修整； （2）基础表面压光时先用大铲将凸起的石料拍平，拍一段压光一段，随拍随抹；对于局部因砂浆不足无法抹光的，应随时补浆收光。锥式基础的斜坡面的收光，应从高处向低处进行； （3）对于挤入杯芯模板内多余的混凝土或使杯芯模上浮所增加的那一部分混凝土，待混凝土初凝后、终凝前，杯芯模板拆除后应及时清理铲除、修整，使之满足设计标高要求； （4）对拆除模板后的混凝土部分，对其外观出现的蜂窝、麻面、孔洞、露筋和露石等缺陷，应按修补方案及时进行修补压光。 （5）混凝土的养护： 混凝土基础采用自然养护，将草帘、草袋等覆盖物预先用水浸湿，覆盖在基础混凝土的表面，每隔一段时间浇水一次，保证混凝土表面一直处于湿润状态，浇水养护时间应不少于7昼夜。浇水要适当，不能让基础浸泡在水中
条形基础	条形基础一般为墙壁等围护结构的基础，四周连通或与内部横墙相连，通常利用地槽土壁作为两侧模板。条形基础的混凝土，分为支模浇筑和原槽浇筑两种施工方法，通常以原槽浇筑为多见。但对于土质较差，不支模难以满足基础外形和尺寸的情况，应采用支模浇筑。 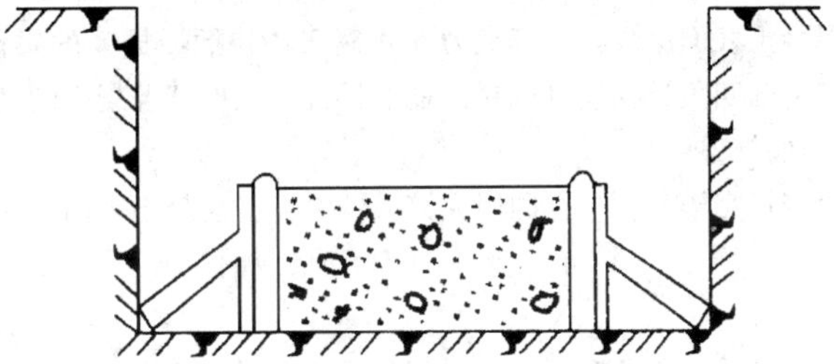 支模浇筑 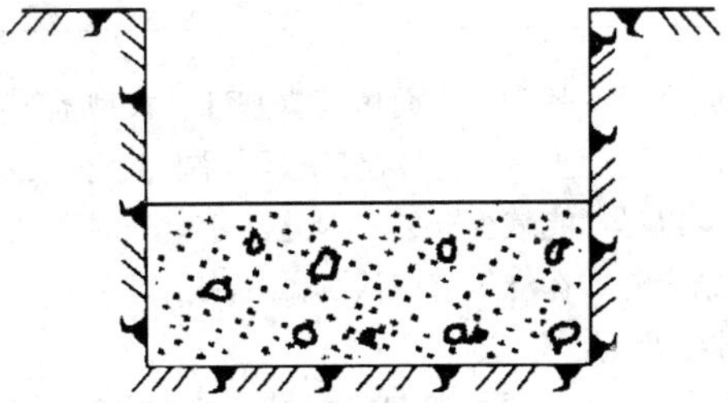 原槽浇筑

续表 9－1

项目	图示及内容
条形基础	1. 浇筑前的准备工作： （1）浇筑前，经测设并在两侧土壁上交错打入水平桩，桩面高度为基础顶面设计标高；水平桩长约为10cm，间距约为3m、水平桩外露2～3cm；若采用支模浇筑，其浇筑高度则以模板上口高度或高度线为准； （2）清理干净基底表面的浮土、木屑等杂物；对于无垫层的基底表面应修整铲平，对于有垫层的，则应用清水清扫干净并排除积水；干燥的非黏性地基土应适量洒水润湿； （3）有钢筋网片的，应绑扎牢固、保证间距，按规定加垫好混凝土保护层垫块； （4）模板缝隙，应用水泥袋纸堵塞。模板支撑应合理、牢固，并满足浇筑要求；木模板在浇筑前应浇水润湿； （5）做好通道、拌料铁盘的设置、施工水的排除等其他准备工作。 2. 混凝土的灌注： （1）从基槽最远一端开始浇筑，逐渐缩短混凝土的运输距离； （2）条形基础灌注时，按基础高度分段、分层连续浇筑，每段浇灌长度宜控制在3m左右；第一层灌注并集中振捣后再进行第二层的灌注和振捣； （3）基槽深度小于2m且混凝土工程量不大的条形基础，应将混凝土卸在拌盘上，用铁锹集中投料。混凝土工程量较大，且施工场地通道条件不太好时，可在基槽上铺设通道桥板，用手推车直接向基槽投料； （4）基槽深度大于2m时，为防止混凝土离析，必须用溜槽下料；投料时均采用先边角、后中间的方法，以保证混凝土的浇筑质量。 3. 混凝土的振捣： 条形基础的振捣宜选用插入式振捣器并以“交错式”布置插点。控制好每个插点的振捣时间，一般以混凝土表面泛浆、无气泡为准并遵守“快插慢拔”的操作要领。同时应注意分段、分层结合处、基础四角及纵模基础交接处的振捣，以保证混凝土的密实。 4. 基础表面的修整： 混凝土分段浇筑完毕后，应立即用大铲或铁铲背将混凝土表面拍平、压实，或反复搓平，坑凹处用混凝土补平。 5. 混凝土的养护： 基础混凝土终凝后，在常温下其外露部分用已润湿的草袋、草帘覆盖，并适时浇水养护。其养护时间一般不少于7昼夜
大体积基础	大体积基础包括大型设备基础、大面积满堂基础、大型构筑物基础等。大体积混凝土尺寸很大，整体性要求很高，混凝土必须连续浇筑，不留施工缝。必须采取措施解决水化热及随之引起的体积变形问题，以尽可能减少开裂。因此，除应分层浇筑、分层捣实外，还必须保证上下层混凝土在初凝前结合好。在浇筑前应认真做好施工方案，确保基础的浇筑质量。 1. 混凝土浇筑准备要点： （1）混凝土灌注时，除用起重机等起重机械直接向基础模板内下料外，凡自高处自由倾落高度超过2m时，须采用串筒、溜槽下料，以保证混凝土不致发生离析现象；

续表 9 –1

项目	图示及内容
大体积基础	（2）串筒的布置应适应浇筑面积、浇筑速度和混凝土摊平的能力；串筒间距一般不应大于3m，其布置形式可为交错式或行列式，一般以交错式为宜，这样有利于混凝土的摊平； （3）每个串筒卸料点，成堆的混凝土应用插入式振动器，增加流动性而迅速摊平，插入的速度应小于混凝土的流动速度。 2. 混凝土的浇筑要点： 大体积混凝土浇筑方案应根据整体连续浇筑的要求，结合结构物的大小、钢筋疏密、混凝土供应条件（垂直与水平运输能力）等具体情况，选择如下三种方式： （1）全面分层：在整个结构物内，采取全面分层浇筑混凝土，做到第一层全面浇筑完毕后，开始浇筑第二层时，已施工的第一层混凝土还未初凝，如此逐层进行，直至浇筑完成；这种方案适用于结构物的平面尺寸不太大的工程，施工时宜从短边开始，沿长边推进；也可分为两段，从中间向两端或从两端向中间同时进行； 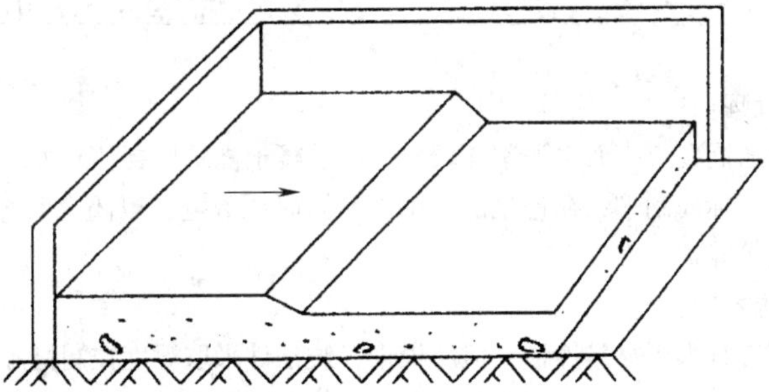 （2）分段分层：适用于厚度不太大而面积或长度较大的工程，施工时混凝土先从底层开始浇筑，进行至一定距离后浇筑第二层，如此依次向前浇筑其他各层； 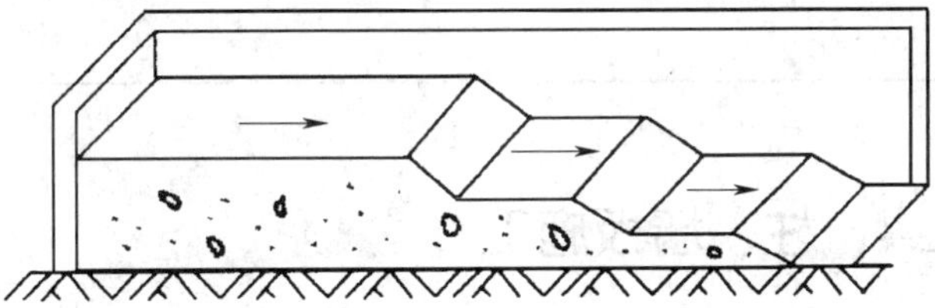 （3）斜面分层：适用于结构的长度超过厚度的 3 倍的工程。振捣工作应从浇筑层的下端开始，逐渐上移，此时向前推进的浇筑混凝土摊铺坡度应小于 1∶3，以保证分层混凝土之间的施工质量。 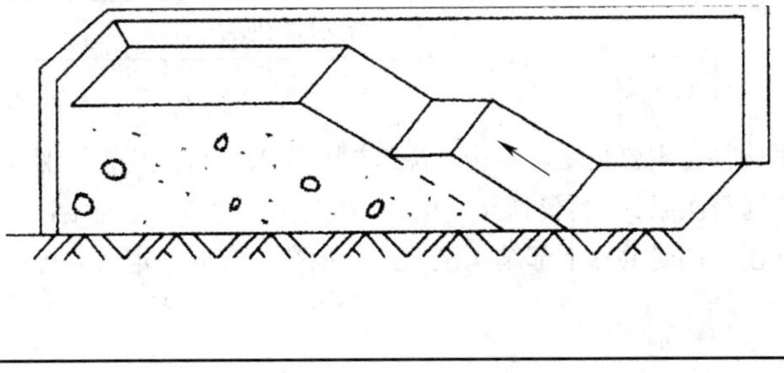

续表 9－1

项目	图示及内容
大体积基础	3．混凝土振捣要点： 对于普通混凝土可采用分层振捣，其操作要点同条形基础。对于泵送混凝土可将分层振捣的方式改为在斜坡的头、尾部进行振捣，使上下两层有钢筋网处的混凝土得以密实。另外，在侧模的边缘，还可辅以竹竿插振，以有效防止这部分混凝土出现漏振现象。 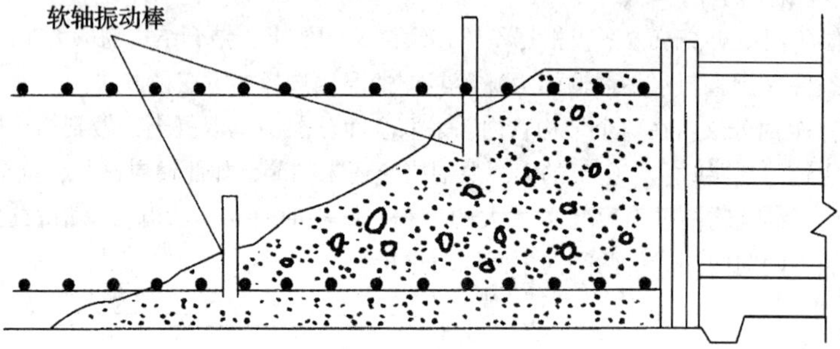 4．表面处理： 大体积泵送混凝土表面水泥浆比较厚，在混凝土浇筑后要认真处理。一般可在初凝前1～2h，先用长刮尺按标高刮平；在初凝前再用铁滚筒碾压数遍，以闭合收缩裂缝，12～14h 后，才可覆盖湿草袋等养护。 5．混凝土养护： 大体积基础宜采用自然养护，但应根据气候条件采取温度控制措施。并按需要测定浇筑后的混凝土表面和内部温度，使温度控制在设计要求的温差以内；当设计无要求时，温差不宜超过25℃

9.2 混凝土梁、柱、墙板施工

混凝土梁、柱、墙板施工见表 9－2。

表 9－2 混凝土梁、柱、墙板施工

项目	图示及内容
混凝土梁	梁是水平构件，主要是受弯结构，浇筑工艺要求较高，其架构形式如下图所示：各种荷载先由楼板 1 传递至次梁 2，再传递至主梁 3，再传递至柱 4，是自上而下传递的，但混凝土浇筑程序则自下而上，同时要在下部结构浇筑后体积有一定的稳定后方可逐步向上浇筑。

续表 9－2

项目	图示及内容
混凝土梁	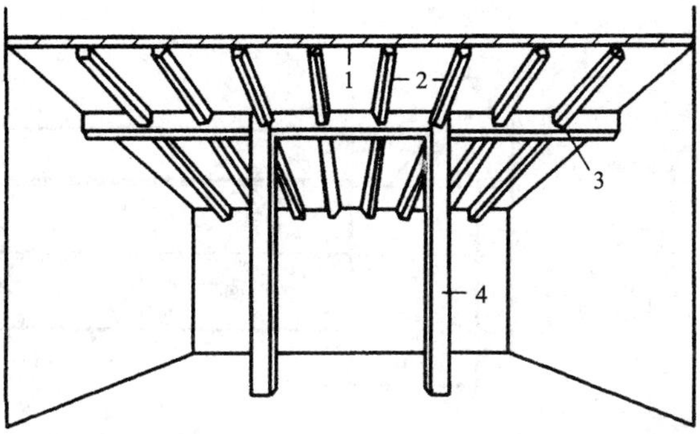 1—楼板；2—次梁；3—主梁；4—柱子 安装工作平台后即可开始工作，工作中严禁踩踏钢筋： 1. 为保证工程的整体性，主梁和次梁应同时浇筑，若有现浇楼板的也应同时浇筑； 2. 为保证钢筋骨架保护层垫块的数量和完好性，应采用留置保护层的做法；禁止采用先布料后提钢筋网的办法； 3. 为避免因卸料或摊平料堆而导致钢筋位移，布料时，混凝土应卸在主梁或少筋的楼板上，不应卸在边角或有负筋的楼板上； 4. 布料时，因在运输途中振动，拌合物可能骨料下沉、砂浆上浮；或搅拌运输车卸料不均，均可能使拌合物出现“这车浆多，那车浆少”的现象；施工中应注意卸料时不应叠高，而是用一车压半车，或一斗压半斗，做到卸料均匀； 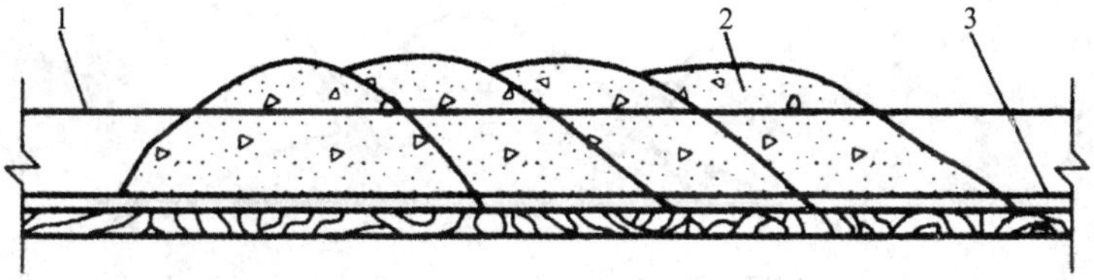 1—楼板厚度线；2—混凝土；3—钢筋网 5. 若用人工布料和捣固，则可先用赶浆捣固法浇筑梁；应分层浇筑，第一层浇至距离后再回头浇筑第二层，成阶梯状前进； 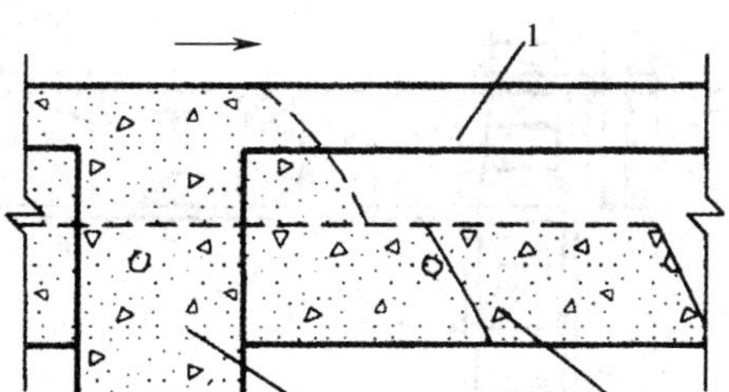 主梁高小于 1m 的梁 1—楼板；2—次梁；3—主梁

续表 9-2

项目	图示及内容
混凝土梁	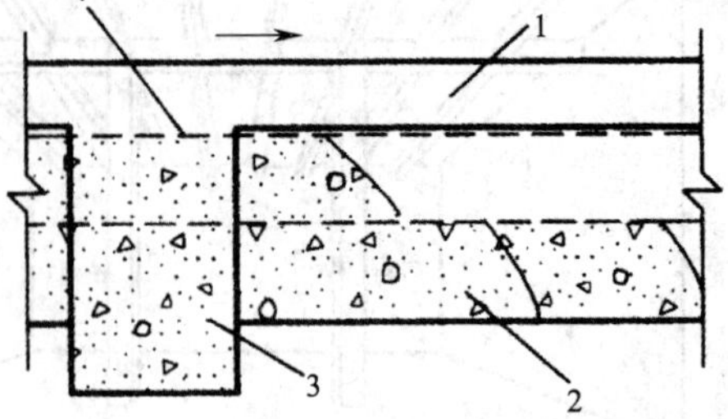 主梁高大于 1m 的梁 1—楼板；2—次梁；3—主梁；4—施工缝 6. 堆放的拌合物，可先用插入式振捣器摊平混凝土的方法将之摊平，再用平板振捣器或人工进行捣固； 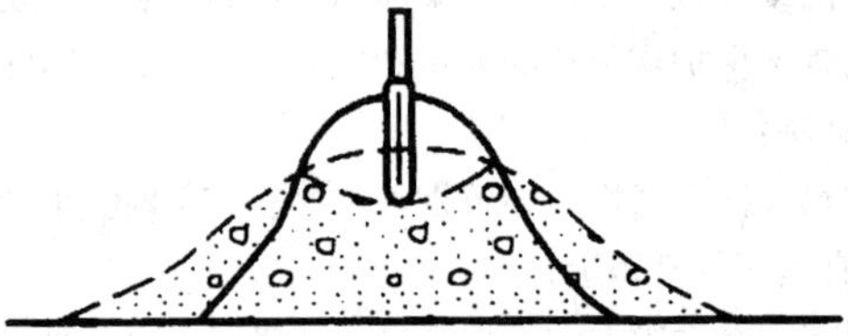 正确  错误 7. 主次梁交接部位或梁的端部是钢筋密集区，浇筑操作较困难时，通常采用下列技巧： (1) 在钢筋稀疏的部位，用振动棒斜插振捣； 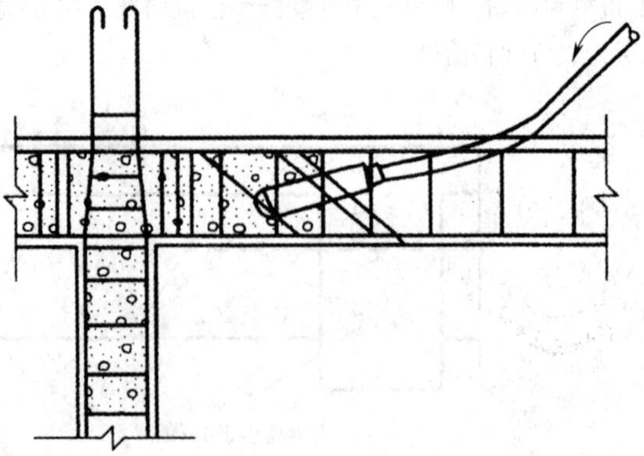

续表 9－2

项目	图示及内容
混凝土梁	（2）在振捣棒端部焊上厚为 8mm、长为 200～300mm 的扁钢片，做成剑式振捣棒进行振捣；剑式振捣棒的作用半径较小，振点应加密，在模板外部用木槌轻轻敲打； 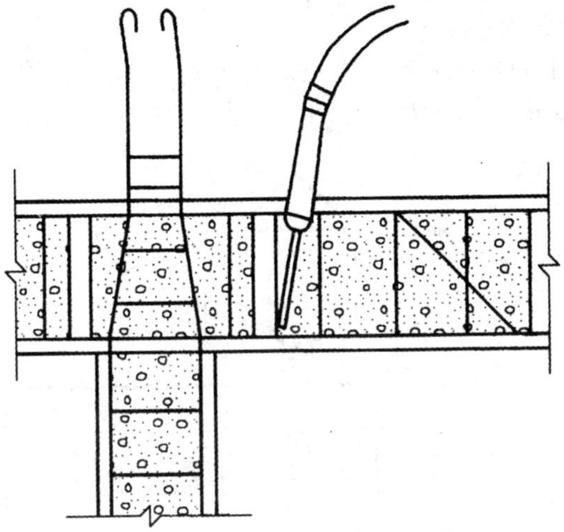 8. 反梁的浇筑。反梁的模板通常采用悬空支撑，用钢筋将反梁的侧模板支离在楼板面上。若浇筑混凝土时将反梁与楼板同时浇筑，因反梁的混凝土仍处在塑性状态，将向下流淌，形成断脖子现象。正确的方法是浇筑楼板时，先浇筑反梁下的混凝土楼板，并将其表面保留凹凸不平。待楼板混凝土至初凝，约在出搅拌机 40～60min 后，再继续按分层布料、捣固的方法浇筑反梁混凝土，捣固时插入式振捣棒应伸入混凝土 30～50mm，使前后混凝土紧密凝结成一体 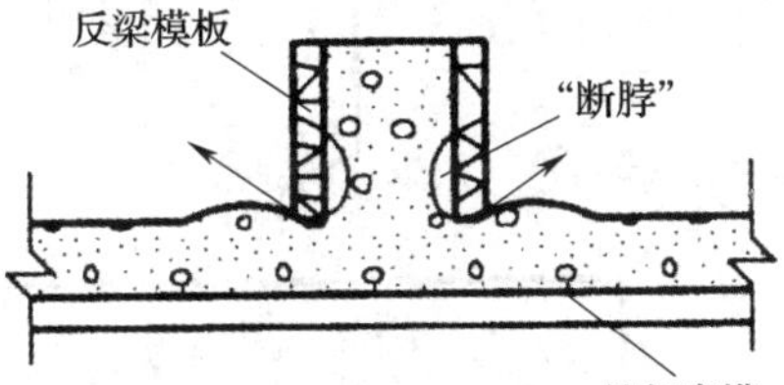 板梁同时浇筑 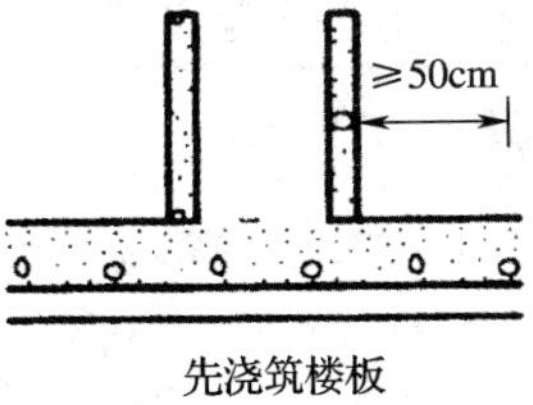 先浇筑楼板 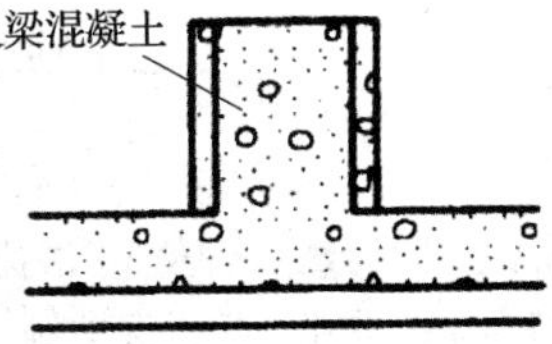 后浇筑反梁

续表 9－2

项目	图示及内容
混凝土柱	1. 混凝土柱的浇筑： （1）先在底部铺设与构件混凝土同强度、同品质的 50～100mm 厚的水泥砂浆层； （2）为了避免用泵送或料斗投送或人工布料时的混乱，每个工作点仅能由一人专职布料； （3）当泵送或吊斗布料的出口尺寸较大，而柱的短边长度较小时，为避免拌合物散落在模外或冲击模具变形，不得直接布料入模，可在柱上口旁设置布料平台，先将拌合物卸在平台的拌板上，再用人工布料； （4）若有条件直接由布料杆或吊斗卸料入模时，应注意两点：一是拌合物不可直接冲击模型，避免模型变形；二是卸料时不可集中一点，避免造成离析，应移动式布料； 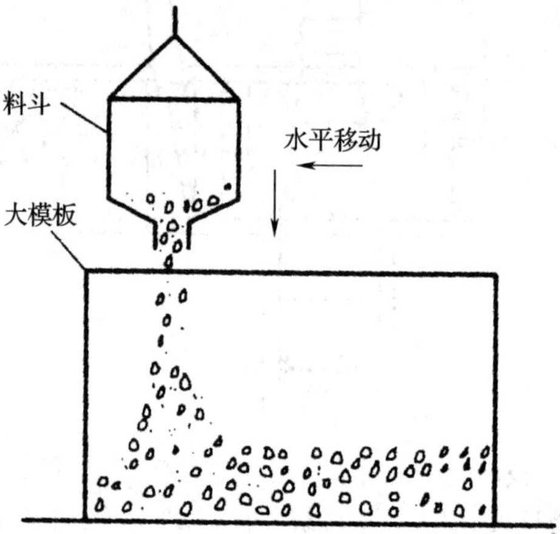 正确，料斗沿大模板移动混凝土均匀 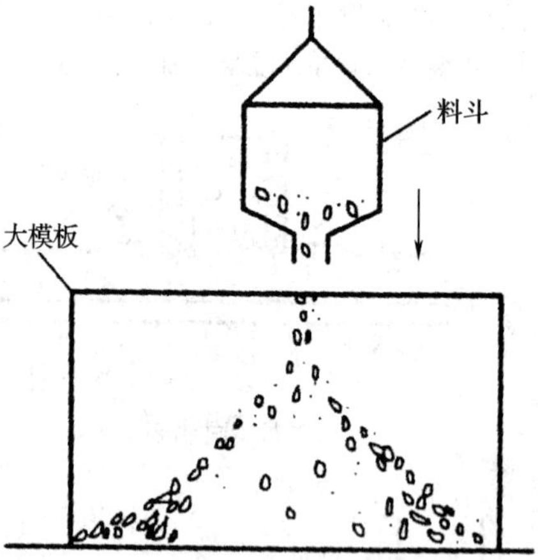 错误，固定一点浇筑混凝土，产生离析 （5）需要说明的是，插入式振捣器/振动棒长度一般约为 300mm，但其实际工作的作用部分不超过 250mm；另外，为了保护振捣棒与软轴接合处的耐用性，在使用时插入混凝土的长度不应超过振捣棒长度的 3/4；对于用软轴式振捣器的混凝土，其浇灌厚度每层可定为 300mm； （6）捣固工作由 2 人负责，1 人用振捣器或用手工工具对中心部位进行捣固，另 1 人用刀式插棒对构件外周进行捣固，以保证周边的饱满平正；

续表 9－2

<table>
<tr><th>项目</th><th>图示及内容</th></tr>
<tr><td>混凝土柱</td><td>
（7）使用软轴式振捣器宜选用软轴较长的，操作时，待振捣棒就位后方可通电，避免振捣棒打乱钢筋或预埋件；
（8）振捣棒宜由上口垂直伸入，易于控制；
（9）在浇筑大截面柱时，若模板安装较为牢固，则可在模板外悬挂轻型外部振捣器振捣；
（10）浇筑竖向构件时，在模板外面应指派专人观察模板的稳定性，也可用木槌轻轻敲打模板，使外表砂浆饱满；
（11）竖向构件混凝土浇筑成型后，粗骨料下沉，有浮浆缓慢上浮，在柱、墙上表面将出现浮浆层，待其静停 2h 后，应派人将浮浆清出，方可继续浇筑新混凝土。
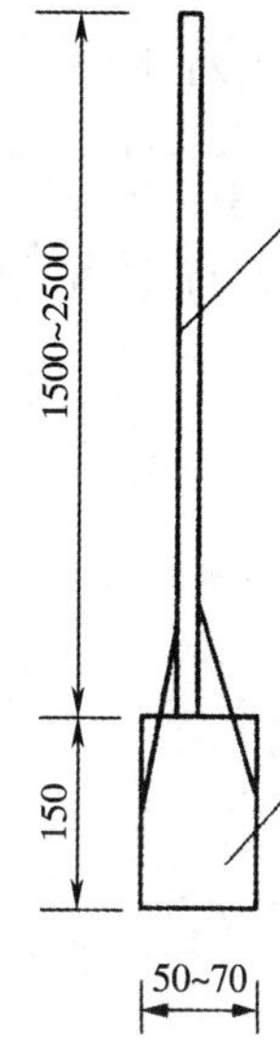

1—ϕ16mm 空心钢管；
2—δ＝1.5～2.5mm 薄钢板
2．混凝土柱的灌注：
（1）柱高不大于 3m，柱断面大于 40cm×40cm 且又无交叉箍筋时，混凝土可自柱模顶部直接倒入；当柱高大于 3m 时，必须分段灌注，每段的灌注高度不大于 3m；
（2）柱断面在 40cm×40cm 以内或有交叉箍筋的分段灌注混凝土，每段的高度不大于 2m；若柱箍筋妨碍斜溜槽的装置，则可将箍筋一端解开向上提起，混凝土浇筑后，门子板封闭前将箍筋重新按原位置绑扎，并将门子板封上，用柱箍箍紧；使用斜溜槽下料时，可将其轻轻晃动，以加快下料速度；分层浇筑时切忌一次投料过多，以免影响浇筑质量；
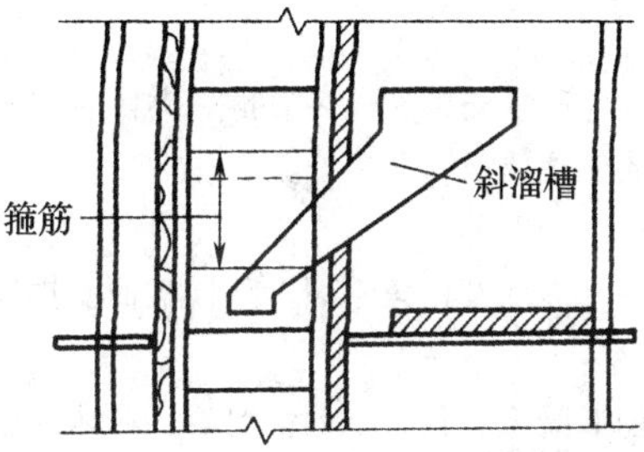

（3）柱混凝土灌注前，柱基表面应先填有 5～10cm 厚与混凝土内砂浆成分相同的水泥砂浆，然后再灌注混凝土；
（4）在灌注断面尺寸狭小且混凝土柱又较高时，为防止混凝土灌至一定高度后，柱内聚积大量浆水而可能造成混凝土强度不均的现象；在灌注至一定高度后，应适量减少混凝土配合比的用水量；
（5）采用竖向串筒、溜管导送混凝土时，柱子的灌注高度可不受限制；
（6）浇筑一排柱子的顺序应由两端同时开始向中间推进，不可从一端开始向另一端推进。
3．混凝土柱的振捣：
（1）柱混凝土多采用插入式振捣器，当振捣器的软轴比柱长 0.5～1.0m 时，待下料达到分层厚度后，即可将振捣器从柱顶伸入混凝土层内进行振捣；注意插入深度，振捣器软轴不要振动过大，以避免碰撞钢筋；
</td></tr>
</table>

续表 9－2

项目	图示及内容
混凝土柱	（2）振捣器找好振捣位置后，方可合闸振捣； （3）混凝土的浇捣，需 3～4 人协同操作，2 人负责卸料，1 人负责振捣，另 1 人负责开关振捣器； （4）当插入式振捣器的软轴短于柱高时，则应从柱模板侧面的门洞将振捣器插入； 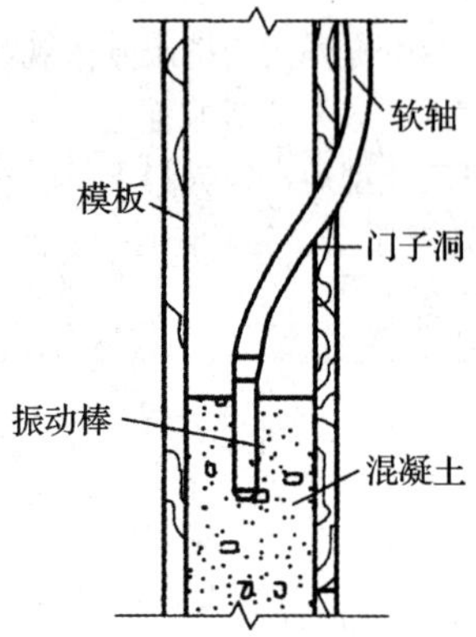 （5）振捣时，每个插点的振捣时间不宜过长，若振捣时间过长，在分层浇筑时，振捣器的棒头应伸入至下层混凝土内 5～10cm，以保证上下层混凝土结合处的密实性。操作时应采用“快插慢拔”的方法，以保证混凝土振捣密实； （6）当柱断面较小，钢筋较密时，可将柱模一侧全部配成横向模板，由下至上，每浇筑一节模板封闭一节。 4．柱模板拆除顺序： 柱模板的拆除顺序应为后装先拆、先装后拆。拆模时切忌用力过猛过急，以免造成柱边角缺棱掉角，影响混凝土的外观质量。 5．模板的拆除时间： 当混凝土强度能保证其表面及棱角不因拆除模板而受损坏时，方可拆模。 6．混凝土捣实的观察： 用肉眼观察振捣过的混凝土，具有下列情况者，可认为已达到沉实饱满的要求： （1）模型内混凝土不再下沉； （2）表面基本形成水平面； （3）边角无空隙； （4）表面泛浆； （5）不再冒出气泡； （6）模板的拼缝处，在外部可见水迹
混凝土墙	1．混凝土墙的灌注： （1）墙体混凝土灌注时应遵循先边角后中部，先外部后内部的顺序，以保证外部墙体的垂直度；

续表 9－2

项目	图示及内容
混凝土墙	（2）高度在 3m 以内，且截面尺寸较大的外墙与隔墙，可从墙顶向模板内卸料，卸料时须安装料斗缓冲，以防混凝土离析；对于截面尺寸狭小且钢筋较密集的墙体，以及高度大于 3m 的任何截面墙体混凝土的灌注，均应沿墙高度每 2m 开设门子洞、装上斜溜槽卸料； （3）若泵送或吊斗布料的出口尺寸较大而墙厚时，不可直接布料入模，避免拌合物散落在模外或冲击模具变形，若在墙体的上口旁设置布料平台，则应先将拌合物卸在平台的拌板上，再用人上布料； （4）灌注截面较狭且深的墙体混凝土时，为避免混凝土浇筑至一定高度后，由于积聚大量的浆水，而可能造成混凝土强度不匀的现象，宜在灌至适当高度时，适当减少混凝土用水量； （5）墙壁上有门、窗及工艺孔洞时，应在其两侧同时对称下料，以确保孔洞位置； （6）墙模灌注混凝土时，应先在模底铺一层厚度为 50～80mm 并与混凝土内成分相同的水泥砂浆，再分层灌注混凝土。 2. 混凝土墙的振捣： （1）对于截面尺寸厚大的混凝土墙，可使用插入式振捣器振捣；而一般钢筋较密集的墙体，则可采用附着式振捣器振捣，其振捣深度约为 25cm； （2）墙体混凝土应分层灌注，分层振捣；下层混凝土初凝前，应进行上层混凝土的浇捣，同一层段的混凝土应连续浇筑； （3）在墙角、墙垛、悬臂构件支座、柱帽等结构节点的钢筋密集处，可采用小口径振动棒或人工捣固，保证密实； （4）在浇筑较厚墙体时，若模板安装较为牢固，则可在模板外悬挂轻型外部振捣器振捣； （5）使用插入式振捣器，若遇门、窗洞口时，应两侧对称振捣，避免将门、窗洞口挤偏； （6）对于设计有方形孔洞的墙体，为防止孔洞底模下出现空鼓，通常浇至孔洞底标高后，再安装横板，继续向上浇筑混凝土； （7）墙体混凝土使用插入式振捣器振捣时，若振捣器软轴较墙高长时，待下料达到分层厚度后，即可将振捣器从墙顶伸入墙内振捣； 若振捣器软轴较墙高短时，应从门子洞伸入墙内振捣，首先找到振捣位置，然后再合闸振捣，以避免振捣器撞击钢筋；使用附着式振捣器振捣时，可分层灌注、分层振捣，也可边灌注、边振捣等； （8）当顶板与墙体整体现浇时，顶板端部分的墙体混凝土应单独浇捣，以保证墙体的整体性和抗震能力；同一层的剪力墙、筒体墙、与柱连接的墙体，均属一个层段的整体结构，其浇筑方法应与进度同步进行； （9）竖向构件混凝土浇筑成形后，粗骨料下沉，有浮浆缓慢上浮，在墙上表面将出现浮浆层，待其静停 2h 后，应将浮浆清出，方可继续浇筑新混凝土； （10）对柱、墙、梁捣插时，宜轻插、密插，捣插点应呈螺旋式均匀分布，由外围向中心线靠拢；边角部位宜多插，上下抽动幅度在 100～200mm 之间，并应与布料深度同步；截面较大的构件，应由 2 人或 3 人同时捣插，也可同时在模板外面轻轻敲打，以免出现蜂窝等缺陷

9.3 混凝土特殊部位施工

混凝土特殊部位施工见表9－3。

表9－3 混凝土特殊部位施工

项目	图示及内容
悬挑构件	悬挑构件是指悬挑出墙、柱、圈梁及楼板以外的构件，如阳台、雨篷、天沟、屋檐、牛腿、挑梁等。根据构件截面尺寸大小和作用分为悬臂梁和悬臂板。悬臂构件的受力特征与简支梁正好相反，其构件上部承受拉力，下部承受压力。悬臂构件靠支撑点（砖墙、柱等）与后部的构件平衡。 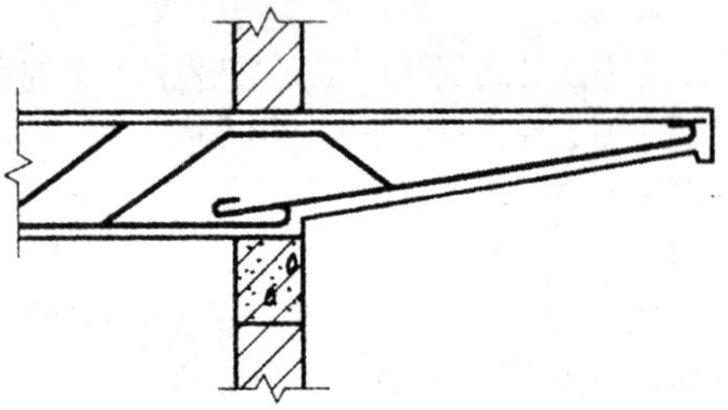 悬臂梁 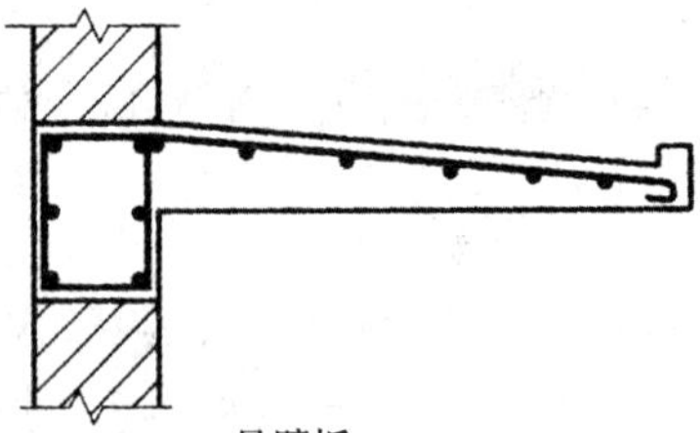 悬臂板 1．悬挑构件的悬挑部分与后面的平衡构件的浇筑必须同时进行，以保证悬挑构件的整体性； 2．浇筑时，应先内后外，先梁后板，一次连续浇筑，不允许留置施工缝； 3．对于悬臂梁，因工程量不大，宜将混凝土料卸在钢板拌盘上，再用铁锹或小铁桶传递下料；可一次将混凝土料下足后，集中用插入式振动器振捣，对于支点外的悬挑部分，如因钢筋密集，可采用带导片的插入式振动器振捣或配合人工捣固的方法使混凝土密实；对于条件不具备的。也可用人工“赶浆法”捣固； 4．对于悬臂板，应顺支撑梁的方向，先浇筑梁，待混凝土浇到平板底后，同时浇筑梁板，切不可待梁混凝土浇筑完后，再回过头来浇筑板；对于支撑梁，可用插入式振动器振捣，也可用人工“赶浆法”捣固。对于悬挑板部分，因板厚较小，宜采用人工带浆法捣固，板的表面用锹背拍平、拍实，并反复揉搓至表面出浆为准； 5．混凝土初凝后，表面即可用草帘等覆盖，终凝后即浇水养护，养护时间不少于7d； 6．悬挑构件的侧板拆除时间，以混凝土强度能保证其表面及棱角不因拆模而破坏为宜，而对悬挑部分的底模应按有关规定的要求拆除

续表 9－3

项目	图示及内容
楼梯	现浇楼梯混凝土的浇筑，因工作面较小，其操作位置又不断变化，因此操作人员不宜过多。 1. 现浇楼梯的结构形式主要有板式和梁式，都由休息平台分为两段或若干段斜向楼梯段，对楼梯段混凝土的浇筑顺序应按其位置进行划分：在休息平台下的混凝土由下一楼层进料，在休息平台上的混凝土由上层楼面进料，由下向上逐步浇筑完毕； 2. 施工缝的留设：楼梯混凝土在浇筑过程中，若上一层混凝土楼面未浇筑时，可在梯段长度的跨中附近预留施工缝。在上下层楼面混凝土已浇筑完毕时，楼梯的浇筑应一次性完成，不得留施工缝； 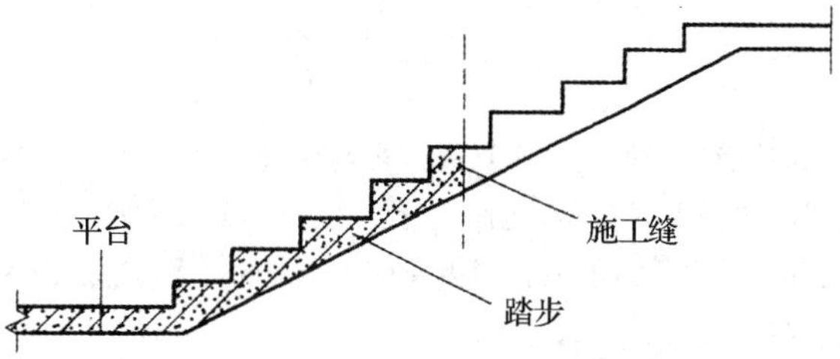 3. 从下层往上层浇筑。随踏步的上升一步一步地浇捣密实； 4. 防止把支撑踏步的挡板的小木条碰掉，要保证挡板不陷入混凝土中；小木条要随浇捣一步，取走一步； 5. 在踏步中振捣要适度，不要将挡板振胀或振弯，造成拆模后踏步侧面不垂直、平面成弧形的情况出现； 6. 由于楼梯要向上升起，因此要浇上几个踏步，并留置与上面连接的施工缝；施工缝一般留在向上层的第二或第三步平面的地方； 7. 当再施工往上踏步混凝土时，一定要把施工缝处清理干净，浇水湿润，加浆结合，防止夹渣夹屑；在拆模之后要看不出有接缝，表面应光洁顺畅； 8. 楼梯混凝土浇筑完毕后，应自上而下沿踏步表面进行修整；应将表面拍平、拍实，对高出踏步表面的混凝土应剔去，不足部分用混凝土及时填补；表面石多浆少的局部应加浆拍平，用木抹子搓抹后，用铁抹子压光
圈梁	圈梁一般设置在砖墙上，圈梁的厚度通常为 12～24cm，宽度同墙厚。因此，圈梁的浇筑是在砖墙上进行的，其特点是工作面窄而长，易漏浆。圈梁的支模方法分为通用法和硬架法两种。通用法即先在墙上支模浇筑混凝土，后安装楼板。硬架法即先支模安装楼板，后浇筑混凝土。 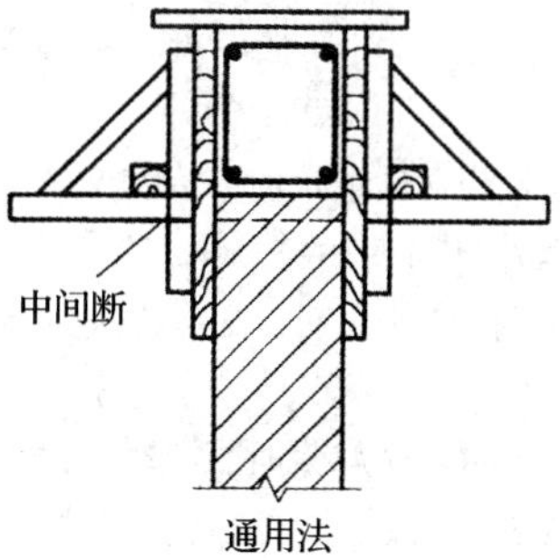 通用法

续表 9－3

项目	图示及内容
圈梁	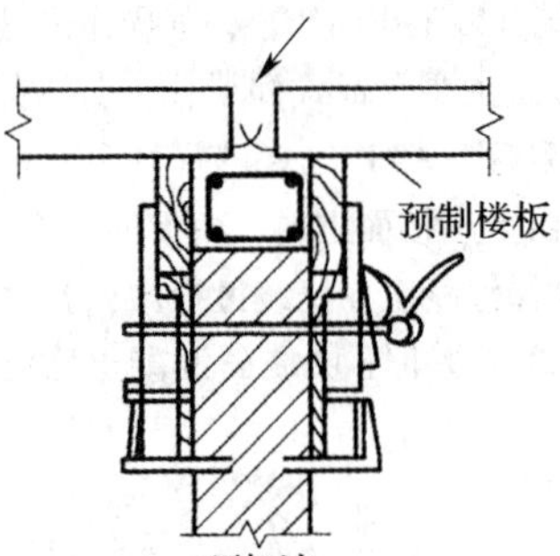 硬架法 1．浇筑前应对钢筋、模板进行复查，看是否符合设计要求，并特别检查模板与墙体是否贴紧，缝隙是否填塞；木模板和砖墙，应提早浇水充分湿润； 2．圈梁浇筑宜采用反锹下料，即锹背朝上下料，下料时应先两边后中间，分段一次灌满后集中振捣，分段长度一般为 2～3m； 3．施工缝留设：因圈梁较长，一次无法浇筑完毕时，可留置施工缝，但施工缝不能留在砖墙的十字、丁字、转角、墙垛处及门窗、大中型管道、预留孔洞上部等位置； 4．圈梁混凝土的振捣：圈梁振捣一般采用插入式振动器。而对于厚度较小的圈梁，也可采用“带浆法”配合“赶浆法”人工捣固。接槎处一般留成斜坡向前推进

9.4 框架结构混凝土施工

框架结构混凝土施工见表 9－4。

表 9－4　框架结构混凝土施工

项目	图示及内容
原材料检验	1．水泥。若对来料水泥的性能有怀疑，则可抽取不同部位 20 处 （如随机抽 20 袋，每袋抽 1kg 左右），总量至少为 12kg，送试验室做强度测试和安全性试验，待试验结果合格后方可使用； 2．砂、石。使用前对砂、石进行抽样检验，即在来料堆上的中间和四角等不同部位抽取 10kg 以上送试验室进行测试。测试内容：级配情况是否合格；含泥量、有机有害物质的含量是否超标；表观密度为多少；对高强混凝土的石子可能还要做强度试验，可用压碎指标来反映； 3．水。当采用非饮用水、非自来水时，有必要对水进行化验。测定其 pH 值和有机含量，确认对水泥、砂、石无害后才可使用； 4．外加剂。若混凝土要掺加外加剂，则也应进试验室经试配得出掺量的结果后，确定在混凝土中如何掺用； 5．掺和料。用掺和料（如粉煤灰）时，必须弄清来料等级，从外观检盘细度，其掺量应按试验室试配确定的掺量为准，在施工时加入搅拌材料中进行搅拌；

续表 9－4

项目	图示及内容
机具及劳动力的准备	1. 检查原材料的质量、品种与规格是否符合混凝土配合比设计要求，各种原材料应满足混凝土一次连续浇筑的需要； 2. 检查施工用的搅拌机、振动器、水平及垂直运输设备、料斗及串筒、备品及配件设备的情况。所有机具在使用前应试转运行，以确保其在使用过程中运转良好； 3. 浇筑混凝土用的料斗、串筒应在浇筑前安装就位，浇筑用的脚手架、桥板、通道应提前搭设好，并保证安全可靠； 4. 对砂、石料的称量器具应检查校正，保证其称量的准确性； 5. 准备好浇捣点的混凝土振动器、临时堆放由小车推来的混凝土的钢板（1～2mm 厚，1m×2m 的黑钢板）、流动电闸箱（给振动器送电用）、铁锹和夜间施工需要的照明或行灯（有些过深的部位仅上部照明看不见，还要有手提的照射灯）等
模板及钢筋的检查	1. 检查模板安装的轴线位置、标高、尺寸与设计要求是否一致，模板与支撑是否牢固可靠，支架是否稳定，模板拼缝是否严密，锚固螺栓和预埋件、预留孔洞位置是否准确，发现问题应及时处理； 2. 检查钢筋的规格、数量、形状、安装位置是否符合设计要求，钢筋的接头位置，搭接长度是否符合施工规范要求，控制混凝土保护层厚度的砂浆垫块或支架是否按要求铺垫，绑扎成型后的钢筋是否有松动、变形、错位等，检查发现的问题应及时要求钢筋工处理。检查后应填写隐蔽工程记录
混凝土开拌前的清理工作	1. 将模板内的木屑、绑扎丝头等杂物清理干净；木模在浇筑前应充分浇水润湿，模板拼缝缝隙较大时，应用水泥袋纸、木片或纸筋灰填塞，以防漏浆影响混凝土质量； 2. 对粘附在钢筋上的泥土、油污及钢筋上的水锈应清理干净
混凝土的运输	混凝土从搅拌机出料后到浇筑地点，必须经过运输。目前混凝土的运输有以下两种情况： 1. 工地搅拌，工地浇筑要求应以最少的转载次数、最短的时间运至浇筑点。施工工地内的运输一般采用手推车或机动翻斗车。要求容器不吸水、不漏浆，容器使用前其表面要先润湿。对车斗内的残余混凝土要清理干净，运石灰之类的车不能用来运输混凝土。运输时间一般应不超过规定的最早初凝时间，即 45min。 运输过程中要保持混凝土的均匀性，做到不分层、不离析、不漏浆。不能因发现干硬了而任意加水。此外要求混凝土运至浇筑的地点时，还应具有规定的坍落度。若运至浇筑地点后发现混凝土出现离析或初凝现象，则必须在浇筑前进行二次搅拌，待达到均匀后方可入模。

续表 9 –4

项目	图示及内容
混凝土的运输	2. 采用商品混凝土的工地浇筑要求运送的搅拌车能满足泵送的连续工作。因此，根据混凝土厂至工地的路程要制定出用多少搅拌车运送，估计每辆车的运输时间，防止因间隙过大而造成输送管道阻塞。在工地上，从泵车至浇筑点的运输，全部依靠管道进行。因此，要求输送管线要直，转弯宜缓，接头严密。若管道向下倾斜，则应防止混入空气产生阻塞。泵送前应先用适量的与混凝土内成分相同的水泥砂浆润滑输送管内壁。万一泵送间歇时间超过 45min，或混凝土出现离析现象时，应立即用压力水或其他方法冲洗出管内残留的混凝土。由于目前商品混凝土均掺有缓凝型外加剂，间歇时间超过 45min 时，也不一定会发生问题。但必须注意，并积累经验，便于处理出现的问题
混凝土的浇筑和振捣	浇筑多层框架混凝土时，要分层分段组织施工。水平方向以结构平面的伸缩缝或沉降缝为分段基准，垂直方向则以每一个使用层的柱、墙、梁、板为一结构层，先浇筑柱、墙等竖向结构，后浇筑梁和板。因此，框架混凝土的施工实际上是除基础外的柱、墙、梁、板的施工。 1. 混凝土向模板内倾倒下落的自由高度，不应超过 2m，超过的要用溜槽或串筒送落； 2. 浇筑竖向结构的混凝土，第一车应先在底部浇填与混凝土内砂浆成分相同的水泥砂浆，即第一盘为按配合比投料时不加石子的砂浆； 3. 每次浇筑所允许铺设的混凝土厚度：振捣时，用插入式，允许铺设的厚度为振动器作用部分长度的 1.25 倍，一般约为 50cm；用平板振动器（振楼板或基础），则允许铺设的厚度为 200mm。若有些地区实在没有振动器，而用人捣固的，则一般铺 200mm 左右，或根据钢筋稀密程度确定； 4. 在浇捣混凝土过程中，应密切观察模板、支架、钢筋、预埋件和预留孔洞的情况，当发现有变形、位移时应及时采取措施进行处理； 5. 当竖向构件柱、墙与横向梁板整体连接时，柱、墙浇筑完毕后应使其自沉 2h 左右，才能浇筑梁板与其结合。若没有间歇地连续浇捣，往往会由于竖向构件模板内的混凝土自重下沉还未稳定，上部混凝土又浇下来，从而导致拆模后结合部出现横向水平裂缝，这是不利的
框架柱的混凝土浇筑	框架结构施工中，一般在柱模板支撑牢固后，先行浇筑混凝土。这样做可保证上部模板支撑的稳定性，浇筑时可单独一个柱搭一架子进行，或在梁、板支撑好后先浇筑混凝土，然后绑扎梁、板钢筋。 1. 浇灌前先清理柱内根部的杂物，并用压力水冲净湿润，封好根部封口模板，准备下料； 2. 用与混凝土内砂浆配比相同的水泥砂浆先填铺 5 ~ 10cm，用铁锹在柱根处均匀撒开，再根据柱子高度下料：若超过 3m，则需用一串筒挂入送料；不超过 3m 时，可直接用小车倒入； 3. 当柱高不超过 3.5m，柱断面大于 40cm × 40cm 且无交叉钢筋时，混凝土可从柱模顶直接倒入；当柱高超过 3.5m 时，必须分段灌筑混凝土，每段高度不得超过 3.5m；

续表 9－4

<table>
<tr><th>项目</th><th>图示及内容</th></tr>
<tr><td>框架柱的混凝土浇筑</td><td>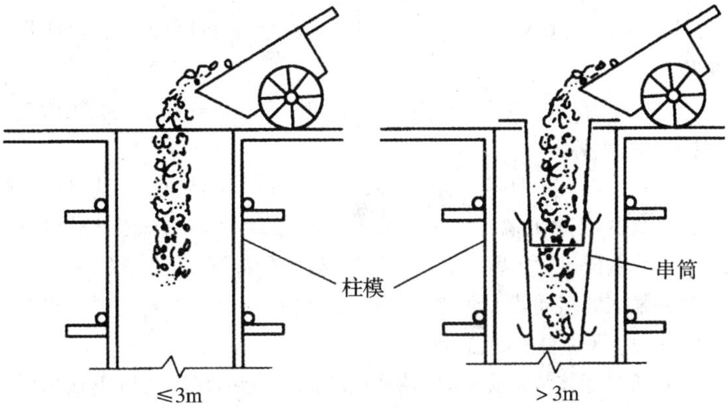

4. 凡柱断面在 40cm×40cm 以内或有交叉箍筋的任何断面的混凝土柱，均应在柱模侧面开设的门子洞上装设斜溜槽分段灌筑，每段高度不得大于 2m。若箍筋妨碍斜溜槽安装，则可将箍筋一端解开提起，待混凝土浇至门子洞下口时，卸掉斜溜槽，将箍筋重新绑扎好，用门子板封口，柱筋箍紧，继续浇上段混凝土；采用斜溜槽下料时，可将其轻轻晃动，加快其下料速度。采用串筒下料时，柱混凝土的灌筑高度可不受限制；
5. 浇捣中要注意柱模不可胀模或鼓肚；要保证柱子钢筋的位置，即在全部完成一层框架后，到上层放线时，钢筋应在柱子边框线内</td></tr>
<tr><td>墙体混凝土的浇筑和振捣</td><td>1. 墙体混凝土浇筑，应遵循先边角后中部，先外墙后内墙的顺序，以保证外部墙体的垂直度；

2. 混凝土灌注时应分层，分层厚度：人工振捣不大于 35cm；振动器振捣不大于 50cm；轻骨料混凝土不大于 30cm；
3. 高度在 3m 以下的外墙和内墙，混凝土可从墙顶向板内卸料，卸料时必须在墙顶安装料斗缓冲，以防混凝土产生离析；对于截面尺寸狭小且钢筋密集的墙体，则应在侧模上开门子洞，大面积的墙体，均应每隔 2m 开门子洞，装斜溜槽投料；</td></tr>
</table>

续表 9－4

项目	图示及内容
墙体混凝土的浇筑和振捣	4. 墙体上开有门窗洞或工艺洞口时，应从两侧同时对称投料，以防将门窗洞或工艺洞口模板挤变形； 5. 墙体在灌注混凝土前，必须先在底部铺设 5～10cm 厚与混凝土内成分相同的水泥砂浆； 6. 混凝土的振捣： （1）对于截面厚大的混凝土墙，可采用插入式振动器振捣，其方法与柱的振捣相同；对一般或钢筋密集的混凝土墙，宜采用在模板外侧悬挂附着式振动器振捣，其振捣深度约为 25cm；若墙体截面尺寸较厚，则可在两侧悬挂附着式振动器振捣； （2）使用插入式振动器如遇有门窗洞及工艺洞口时，应两边同时对称振捣，并不得用棒头猛击预留孔洞、预埋件和闸盒等； （3）当顶板与墙体整体现浇时，楼顶板端头部分的混凝土应单独浇筑，以保证墙体的整体性和抗震能力
框架梁、板的混凝土浇筑和振捣	1. 施工准备。清理梁、板模上的杂物；对缺少的保护层垫块，应补加垫好。模板要浇水湿润，大面积框架楼层的湿润工作，可随浇筑进行随时湿润。 根据混凝土量确定浇筑台班，组织劳动力。框架梁、板宜连续浇筑施工，确实有困难时应留置施工缝。 2. 一般从最远端开始，以逐渐缩短混凝土运距，避免捣实后的混凝土受到扰动。浇灌时应先低后高，即先浇捣梁，待浇捣至梁上口后，再一起浇捣梁、板，浇筑过程中尽量使混凝土面保持水平状态。深于 1m 的梁，可单独先浇捣，然后再与别处拉平。 3. 向梁内下混凝土料时，应采用反馈下料，这样可避免混凝土离析。当梁内下料有 30～40cm 深时，开始进行振捣，振捣时直插、斜插、移点等均应按前面介绍的规定实施。 4. 梁板浇捣一段后（一个开闸或一柱网），应采用平板振动器，按浇筑方向拉动机器振实面层。平板振捣后，由操作人员随后按楼层结构标高面，用木杠及木抹子搓抹混凝土表面，使之达到平整
梁、柱节点混凝土浇筑	1. 框架梁、柱节点的特点，框架的梁、柱交叉的位置称为梁、柱节点，由于其受力的特殊性，主筋的连接接头的加强以及箍筋的加密造成钢筋密集，采用一般的浇筑施工方法，混凝土难以保证其密实度； 2. 混凝土中的粗骨料要适应钢筋密集的要求，按施工图设计的要求，采用强度等级相同或高一级的细石混凝土浇筑； 3. 混凝土的振捣，用较小直径的插入式振动器进行振捣，必要时可用人工振捣辅助，以保证其密实性； 4. 为了防止混凝土初凝阶段在自重作用以及模板横向变形等因素的影响下导致高度方向的收缩，柱子浇捣至箍筋加密区后，可停 1～1.5h（不能超过 2h）后再浇筑节点混凝土；节点混凝土必须一次性浇捣完毕，不得留有施工缝

9.5 混凝土施工中常见质量缺陷及通病

9.5.1 蜂窝（图9-1）

（1）产生原因：

1）振动不实或漏振；

2）模板缝隙过大导致水泥浆流失；

3）钢筋较密或石子粒径相对过大。

（2）预防措施：

1）按规定使用和移动振捣器；

2）中途停息后在浇基础时，新旧接缝范围要小心振捣；

3）模板安装前清理模板表面积模板拼接处的黏浆，使接缝严密；

图9-1 蜂窝

4）接缝宽度超过2.5mm时，应采取措施填缝，箍筋过密时应选择相应的石子粒径。

图9-2 麻面

9.5.2 麻面（图9-2）

（1）产生原因：

1）模板表面不光滑；

2）模板湿润不够；

3）漏涂隔离剂。

（2）预防措施：

1）模板应平整光滑，安装前要把黏浆清除干净，并涂满隔离剂；

2）浇捣前对模板要浇水湿润。

9.5.3 漏筋（图9-3）

（1）产生原因：

1）钢筋保护层垫块不足，导致钢筋紧贴模板；

2）振捣不实。

（2）预防措施：

1）钢筋垫层厚度等要符合设计规定的保护层厚度；

2）垫层放置间距适当，钢筋直径较大时垫块间距宜小些，使钢筋放进下垂挠度较少；

图9-3 漏筋

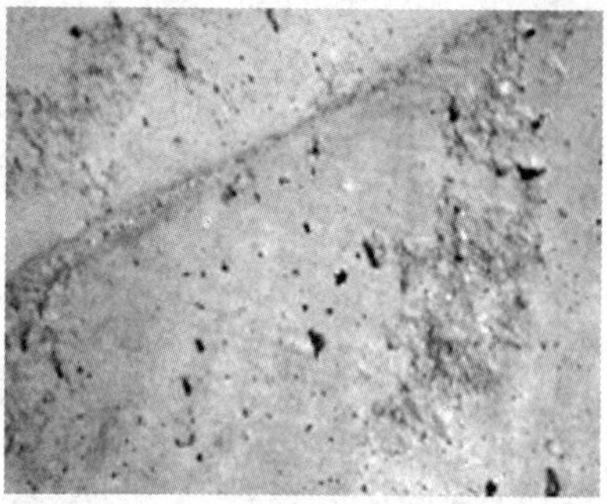

图 9-4 孔洞

3）使用振捣器必须待混凝土中的气泡完全排除后才移动。

9.5.4 孔洞（图 9-4）

（1）产生原因：在钢筋较密部位，钢筋土被卡住或漏振。

（2）预防措施：

1）对钢筋较密的部位（如梁柱接头）应分次下料，缩小分层振捣的厚度；

2）按照规程使用振捣棒。

9.5.5 缝隙及夹渣（图 9-5）

（1）产生原因：施工缝没有按规定进行清理和浇浆，特别是柱头和梯板脚。

（2）预防措施：浇筑前对柱头、施工缝、梯板脚等部位重新检查，清理杂物、泥沙、木屑。

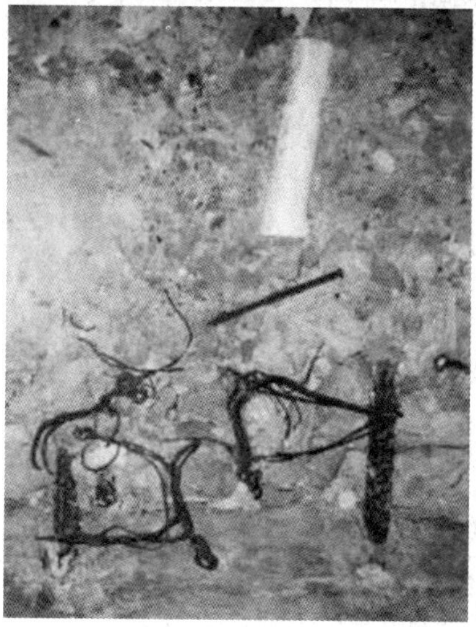

图 9-5 缝隙及夹渣

9.5.6 缺棱掉角（图 9-6）

（1）产生原因：

1）投料不准确，搅拌不均匀，出现局部强度低的现象；

2）拆模板过早，拆模板方法不当。

（2）预防措施：

1）指定专人监控投料，投料计量准确；

2）搅拌时间要足够；

3）拆除时对构件棱角应予以保护。

图 9-6 缺棱掉角

9.5.7 混凝土基础柱底部烂根（图9－7）

（1）产生原因：

1）模板下口缝隙不严密，导致水泥漏浆；

2）浇筑前没有先浇足够50mm厚以上同强度等级水泥砂浆。

（2）预防措施：

1）模板缝隙宽度超过2.5mm时应予以填塞严密，特别要防止侧板吊脚；

2）浇筑混凝土前先浇足50mm厚同强度等级的水泥砂浆。

图9－7 混凝土基础柱底部烂根

9.5.8 立柱结点（接头）断面尺寸偏差过大

（1）产生原因：

1）柱头模板刚度差；

2）缺乏质量控制和监督。

（2）预防措施：安装模板前，先检查其断面尺寸、垂直度、刚度，符合要求才允许接梁模板。

9.5.9 混凝土基础表面平整度差

（1）产生原因：

1）未设现浇板厚度控制点，振捣后没有用拖板、刮板抹平；

2）没有符合尺寸的模板定位；

3）混凝土未凝固就在上面行人和操作。

（2）预防措施：浇灌混凝土前做好板厚控制点，提倡使用拖板或刮板抹平，跌级要使用平直、厚度符合要求的模具定位；混凝土抗压强度达到1.2MPa后才允许在混凝土面操作。

9.5.10 基础轴线位移，螺孔、埋件位移

（1）产生原因：

1）模板支撑不牢；

2）埋件固定措施不当；

3）浇筑时受到碰撞。

（2）预防措施：

1）基础混凝土模板支撑系统要予以充分考虑；

2）当混凝土捣至螺孔底时，要进行复线检查，及时纠正；

3）浇筑混凝土时应在螺孔周边均匀下料，对重要的预埋螺栓尚应采用钢架固定；

4）必要时进行二次浇筑。

9.5.11 混凝土表面不规则裂缝（图9-8）

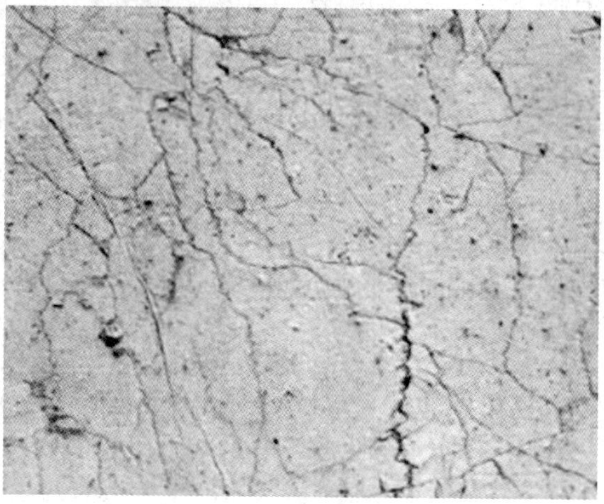

图9-8 混凝土表面不规则裂缝

（1）产生原因：产生表面不规则裂缝有多种原因，主要是温度和湿度的变化，混凝土的脆性和不均匀性，以及结构不合理，原材料不合格（如碱骨料反应），模板变形，基础不均匀沉降或淋水保养不及时，湿润不足，水分蒸发过快等。

（2）预防措施：

1）采用改善骨料级配，用干硬性混凝土掺混合料，加引气机或塑化剂等措施以减少混凝土中的水泥用量；

2）拌合混凝土时加水或用水将碎石冷却——降低混凝土的浇筑温度；

3）热天浇筑混凝土时减少浇筑厚度，利用浇筑层面散热；

4）在混凝土中埋设水管，通入冷水降温；

5）规定合理的拆模时间，气温骤降时进行表面保温，以免混凝土表面发生急剧的温度梯度。

6）施工中长期暴露的混凝土浇筑块表面薄壁结构，在寒冷季节采取保温措施；

7）混凝土终凝后立即进行淋水保养；

8）高温或干燥天气要加麻袋、草袋等覆盖，保持结构构件有较久湿润时间。

9.5.12 混凝土后浇带设置在受力较大和易变形的部位

（1）产生原因：由于受到较大应力和变形的作用，容易把后浇带的接缝拉裂，如有防水要求时，则会导致渗漏。

（2）预防措施：后浇带是为了在现浇钢筋混凝土结构施工过程中，克服因为温度、收缩而可能产生有害裂缝而设置的临时施工缝，其位置按照设计要求确定，通常应在受力和变形较小且容易于施工处理的部位。

后浇带的设置距离，应该考虑在有效降低温差和收缩应力的条件下，通过计算确定。

在正常的施工条件下，有关规范对此的规定是，如混凝土置于室内或土中，则为30m；例如在露天，则为20m。后浇带的宽度应考虑施工简便，防止应力集中，通常宽度为700～1000mm。后浇带构造可做成平直缝、企口缝和台阶缝等，如图9－9所示。有防水要求时，宜在接缝界面中间设置遇水膨胀止水条或者再加外贴式止水带。结构主筋不宜在缝中断开，如必须断开，那么主筋搭接长度应大于45倍主筋直径，并应按照设计要求加设附加钢筋。

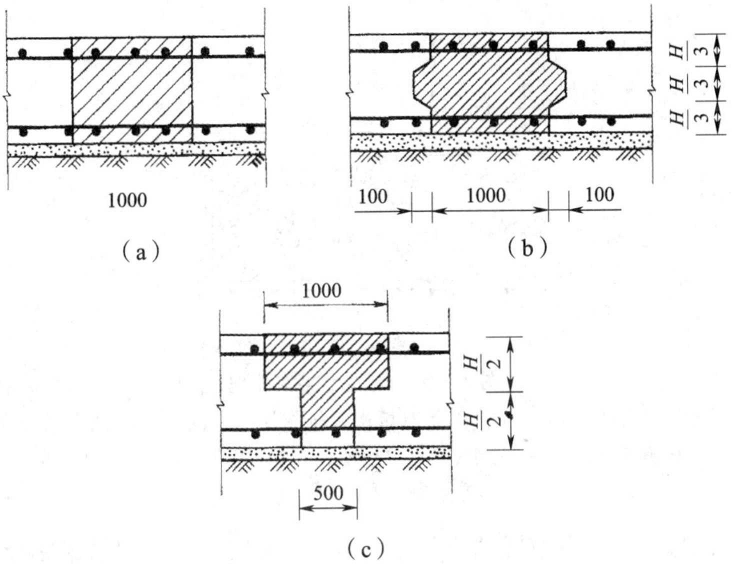

图9－9 后浇带构造图

(a) 平接式；(b) 企口式；(c) 台阶式

9.5.13 大体积混凝土施工时，不处理表面浮浆及泌水

（1）产生原因：大流动性混凝土在浇筑、振捣过程中，表面将有浮浆和泌水，若不作处理，混凝土表面浮浆导致混凝土表面强度降低，混凝土表面形成收缩裂缝。

（2）预防措施：大体积混凝土在浇筑和振捣过程中，上涌的泌水和浮浆应排除，以避免影响混凝土的表面强度，常用泌水和浮浆处理方法如下：

1）施工混凝土垫层时，事先将混凝土垫层做出横向20mm的坡度，并在两侧基础模板留出排水孔，如图9－10（a）示意，或留集水坑，如图9－10（b）所示。大流动性混凝土在浇筑、振捣过程中，上涌的泌水和浮浆顺混凝土坡面下流到坑底，大部分泌水顺垫层坡度流向两侧模板底部预留孔排出坑外，或流向集水坑用泥浆泵抽走。少量来不及排除的泌水随着混凝土浇筑向前推进被赶至基坑顶端，由顶端模板下部的预留孔排出坑外。与此同时当大坡面的坡脚接近顶端模板时，改变混凝土浇筑方向，即从顶端往回浇筑，与原斜坡相交成一个集水坑，另外有意识地加强两侧模板处的混凝土浇筑强度，这样集水坑逐步在中间缩小成水潭，利用泥浆泵立即排除，见图9－10（c）。

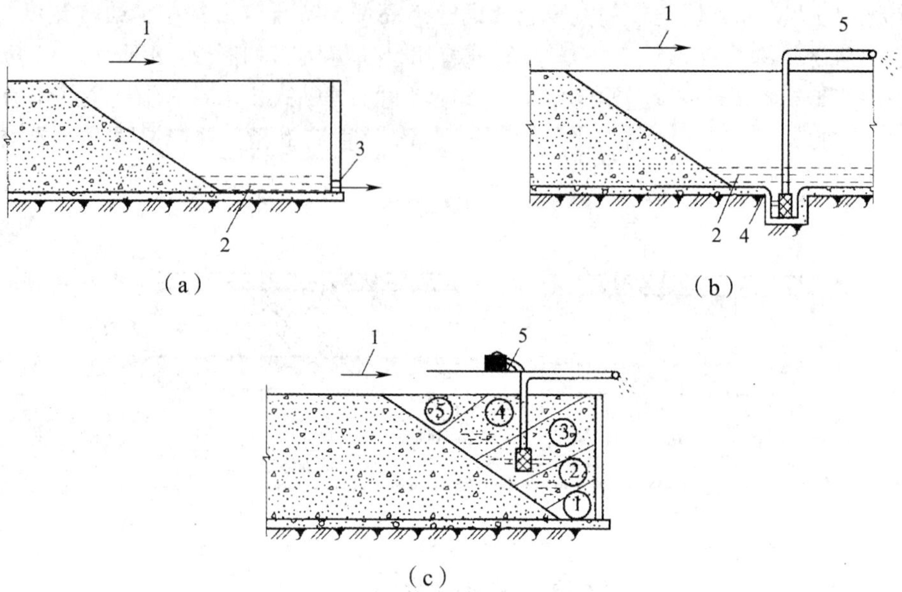

图 9-10 混凝土泌水处理

（a）模板留孔排除泌水；（b）设集水坑用泵排除泌水；（c）用软轴水泵排除泌水

1—浇筑方向；2—泌水；3—模板留孔；4—集水坑；5—软轴水泵

①、②、③、④、⑤—浇筑次序

2）混凝土浇捣后，表面做好“三压三平”。首先按面标高用铁锹拍板压平，长刮尺刮平，其次初凝前用铁滚筒碾压数遍滚平，最后用木蟹打磨压实，用闭合收水裂缝，经过12～14h后，覆盖塑料薄膜和草包两层并且充分洒水润湿养护。

9.5.14 大体积混凝土施工时，未根据实际施工条件选择浇筑方式

（1）产生原因：容易造成混凝土浇筑沿上升高度不均匀，浇筑高差过大，或分层层次不清，振捣不密实或漏振，影响混凝土的整体性；同时局部混凝土散热面小，水化热过大积聚，增大了温度应力而导致混凝土开裂。

（2）预防措施：大体积混凝土浇筑方式，应按照设计要求的整体性、结构的形式及大小，配筋的疏密，混凝土的供应以及利于混凝土散热等具体情况，可选用以下3种方式：

1）全面分层法：在整个浇筑体上将混凝土分层循环连续浇筑，各层之间的搭接须在混凝土初凝前浇捣完毕，直至浇筑结束为止。适用于结构的平面尺寸不很大的工程。浇捣作业可从短边开始，沿长边推进。例如作业面较大时也可分为两段同时作业，从中间向两端或从两端向中央推进，见图9-11（a）。

2）分段分层方法：适用于板式结构大体积混凝土浇筑，其厚度不宜过大，但是面积或长度属于较大的混凝土结构。混凝土的浇筑从底层开始，进行到一定距离后再回来浇筑第二层，分别向前浇筑以上各分层。各分层浇筑工序须在上、下层混凝土初凝前完成，见图9-11（b）。

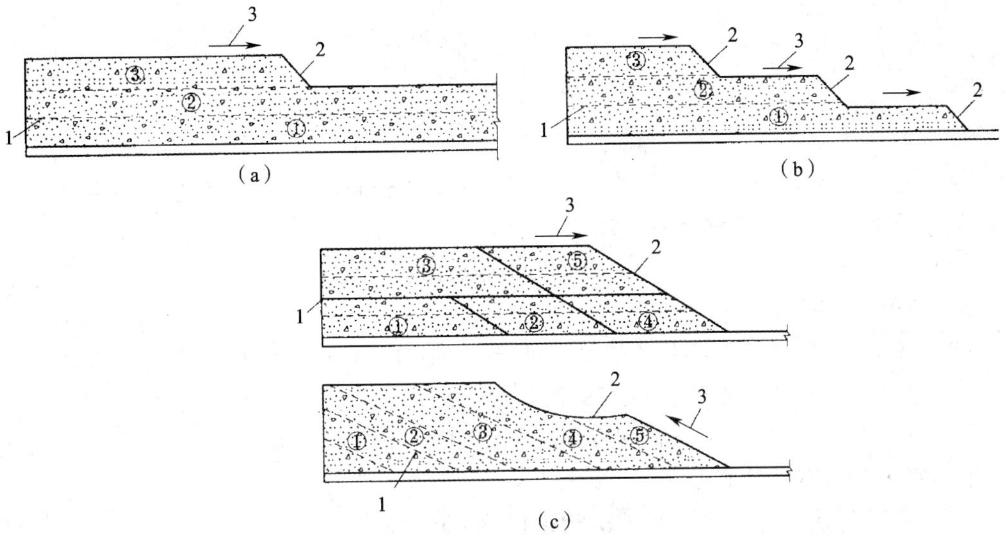

图 9－11 大体积混凝土底板浇筑方式

(a) 全面分层；(b) 分段分层；(c) 斜面分层

1—分层线；2—新浇灌的混凝土；3—浇筑方向

3）斜面分层法：适用于结构的长度超过厚度三倍的情况。振捣作业应该从浇筑层的下端开始，逐层上移，以保证混凝土的浇筑质量，见图 9－11（c）。

分层厚度决定于振捣器的振动棒长度和振动力的大小，也要考虑混凝土作业量大小和可能浇筑的工程量多少，通常为 200～300mm。

参考文献

[1] 中华人民共和国住房和城乡建设部. GB/T 50001—2010 房屋建筑制图统一标准 [S]. 北京：中国计划出版社，2010.

[2] 中国建筑科学研究院. GB/T 50080—2016 普通混凝土拌合物性能试验方法标准 [S]. 北京：中国建筑工业出版社，2017.

[3] 中华人民共和国住房和城乡建设部. GB/T 50105—2010 建筑结构制图标准 [S]. 北京：中国建筑工业出版社，2010.

[4] 中华人民共和国住房和城乡建设部. GB/T 50164—2011 混凝土质量控制标准 [S]. 北京：中国建筑工业出版社，2012.

[5] 中国建筑科学研究院. GB 50204—2015 混凝土结构工程施工质量验收规范 [S]. 北京：中国建筑工业出版社，2015.

[6] 中华人民共和国住房和城乡建设部. JGJ/T 314—2016 建筑工程施工职业技能标准 [S]. 北京：中国建筑工业出版社，2016.

[7] 中华人民共和国住房和城乡建设部. JGJ 55—2011 普通混凝土配合比设计规程 [S]. 北京：中国建筑工业出版社，2011.

[8] 杨建华. 混凝土工技能 [M]. 北京：机械工业出版社，2007.

[9] 高崇云. 混凝土工 [M]. 北京：中国电力出版社，2014.

[10] 崔鹏. 混凝土工工长手册 [M]. 北京：中国建筑工业出版社，2009.

[11] 尹国元. 混凝土工基本技术 [M]. 北京：金盾出版社，2007.